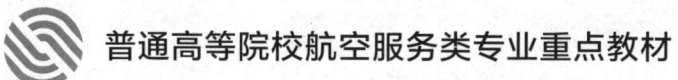普通高等院校航空服务类专业重点教材

民航飞机客舱设备管理与使用

主　编◎高　宏　魏丽娜
副主编◎马　璐　宋晓晨　路　攀　李璇璇

清华大学出版社
北京

内 容 简 介

根据教材的使用对象和教学要求，本书采取逻辑性的分篇结构形式，分为基础知识、主要机型的客舱设备与使用、客舱设备管理 3 篇内容，共 8 章。在注重讲解理论基础知识的同时，全书提供了大量反映客舱情况的真实照片，图文并茂的编排方式直观鲜明，使学生学有所依，便于理解。同时，本书提供了大量的思政拓展、知识拓展、延伸阅读资料等，使教材体系更加丰富。

本书既可作为民航院校航空服务类专业的教学用书，亦可作为航空公司的员工培训教材，还可作为有志于从事民航服务类职业人士的求职面试的参考用书和在职人员的专业读物。

本书封面贴有清华大学出版社防伪标签，无标签者不得销售。
版权所有，侵权必究。举报：010-62782989，beiqinquan@tup.tsinghua.edu.cn。

图书在版编目（CIP）数据

民航飞机客舱设备管理与使用 / 高宏，魏丽娜主编. —北京：清华大学出版社，2024.5（2024.8重印）
普通高等院校航空服务类专业重点教材
ISBN 978-7-302-66388-1

Ⅰ．①民… Ⅱ．①高… ②魏… Ⅲ．①民用飞机—客舱—舱室设备—高等学校—教材 Ⅳ．①V223

中国国家版本馆 CIP 数据核字（2024）第 111492 号

责任编辑：杜春杰
封面设计：刘　超
版式设计：文森时代
责任校对：马军令
责任印制：刘海龙

出版发行：清华大学出版社
网　　址：https://www.tup.com.cn，https://www.wqxuetang.com
地　　址：北京清华大学学研大厦 A 座　　邮　　编：100084
社 总 机：010-83470000　　邮　　购：010-62786544
投稿与读者服务：010-62776969，c-service@tup.tsinghua.edu.cn
质量反馈：010-62772015，zhiliang@tup.tsinghua.edu.cn
印 装 者：涿州汇美亿浓印刷有限公司
经　　销：全国新华书店
开　　本：185mm×260mm　　印　　张：15.25　　字　　数：379 千字
版　　次：2024 年 7 月第 1 版　　印　　次：2024 年 8 月第 2 次印刷
定　　价：65.00 元

产品编号：096053-01

普通高等院校航空服务类专业重点教材编委会

顾　问	刘　永（北京中航未来科技集团有限公司　董事长）		
主　任	高　宏（沈航航空航天大学　教授）		杨　静（中原工学院　教授）
	李广春（郑州航空工业管理学院　教授）		李　勤（南昌航空大学　教授）
	安　萍（沈阳师范大学　副教授）		郑大莉（郑州经贸学院　副教授）
副主任	刘岩松（沈阳航空航天大学）		迟　岩（新疆工程学院）
	王焱源（郑州航空工业管理学院）		王昌沛（曲阜师范大学）
	姚晓鸣（中原工学院）		李　姝（沈阳师范大学）
	何蔓莉（常德学院）		李艳伟（沈阳航空航天大学）
	陈文华（上海民航职业技术学院）		陈　卓（长沙航空职业技术学院）
	黄　晨（天津交通职业学院）		兰　琳（长沙商贸旅游职业技术学院）
委　员	（按姓氏笔画排序）		

于海亮（沈阳师范大学）　　　　　　王　帅（北京华航航空服务有限公司）
王丽虹（张家口职业技术学院）　　　王爱娥（长沙航空职业技术学院）
王晨宇（郑州航空工业管理学院）　　王清琦（郑州航空工业管理学院）
王　静（郑州经贸学院）　　　　　　王鑫豪（郑州经贸学院）
尤文静（浙江传媒学院）　　　　　　卢俊兵（广州新华学院）
朱茫茫（潍坊职业学院）　　　　　　刘　舒（江西青年职业学院）
闫法威（北京大兴国际机场）　　　　祁文文（郑州航空工业管理学院）
李巧娜（郑州经贸学院）　　　　　　李向民（中原工学院）
李雪琪（郑州丽水外国语学校）　　　李琴凤（郑州航空工业管理学院）
李璇璇（中国南方航空公司）　　　　杨志慧（长沙航空职业技术学院）
杨　柳（南昌航空大学）　　　　　　时燕子（中原工学院）
吴立杰（沈阳航空航天大学）　　　　吴隆基（郑州航空工业管理学院）
邹　昊（江西师范大学）　　　　　　宋晓晨（沈阳航空航天大学）
张　驰（沈阳航空航天大学）　　　　张　利（北京中航未来科技集团有限公司）
张　晓（西安航空职业技术学院）　　张　硕（沈阳航空航天大学）
张婉玥（深圳市龙岗区横岗街道梧桐学校）　张　喆（辽宁省机场管理集团）
张　晶（郑州航空工业管理学院）　　张程垚（湖南石油化工职业技术学院）
陈　妍（沈阳师范大学）　　　　　　陈烜华（上海民航职业技术学院）
陈端峰（郑州航空工业管理学院）　　罗文斌（湖南应用技术学院）
罗　洁（南昌航空大学）　　　　　　罗娅晴（长沙航空职业技术学院）
金　沐（沈阳师范大学）　　　　　　周茗慧（山东外事职业大学）
庞　敏（上海民航职业技术学院）　　郑　绚（南昌航空大学）
郑菲菲（南京旅游职业学院）　　　　贺红艳（中原工学院）
秦　洪（中原工学院）　　　　　　　高　婷（沈阳航空航天大学）
郭雅萌（江西青年职业学院）　　　　唐　珉（桂林航天工业学院）
黄春新（沈阳航空航天大学）　　　　黄　婧（江西工业贸易职业技术学院）
焦于歌（郑州经贸学院）　　　　　　游婷婷（广州民航职业技术学院）
楚　喆（郑州航空工业管理学院）　　路　鹏（郑州航空工业管理学院）
路　攀（郑州航空工业管理学院）　　熊慧茹（重庆公共运输职业学院）
潘万东（河南交通职业技术学院）　　魏丽娜（沈阳航空航天大学）

序 言

我国航空运输业高速持续发展,民航强国的战略意义不言而喻。特别是国产大飞机C919投入商业运营,必将推动我国民航业步入新的历史发展时期,也必将对高质量人才培养提出新的标准。现阶段,我国航空服务类专业发展呈现良好态势,专业开发水平得到迅猛提升,而人才培养过程不仅需要科学化、精细化的人才培养目标,更需要贯穿始终且不断创新的教育教学改革。教材作为人才培养的基础,不仅仅是体现教学内容和教学方法的知识载体,是开展教学活动不可缺少的基本工具,还是深化教育教学改革,全面推进素质教育,培养创新人才的重要保证。简言之,高质量的人才培养需要高水平的教材支撑,开发高质量的教材是新时代专业教育及人才培养之所需,是推动教育模式转变与创新的助力器,更是高等学校教师、行业人士,乃至出版社应有的责任担当。

优秀的教材至少需要具备传承、引领及可读性三个特征。传承就是把学科与专业建设中的优秀成果保留下来;引领就是密切结合专业的发展趋势,通过创新,对专业的发展具有导向作用;可读性就是教材易于学习,能更好地为教师服务、为学生服务、为教学服务。不可否认的是,教材往往滞后于专业与行业发展,因此,需要业界共同努力来改变这种状况,顺势而上,不断为教材增添新的内涵。为此,清华大学出版社经过精心准备,在充分调研、论证的基础上,力求打造出更具特色的航空服务类专业重点教材,发挥清华大学出版社在航空服务类专业教材建设方面的引领作用,为航空服务类专业建设与人才培养贡献力量。

为突出本系列教材的特色,我们着力于重点教材的深度开发,挖掘其潜力,在细节上做足功课,也在呈现形式上下足功夫,其开发思想体现在以下几方面:

第一,回归专业的本质属性。2018年教育部把本科层次的航空服务类专业规范为"航空服务艺术与管理",学科归属为艺术类,但其内涵并非属于艺术。航空服务与管理是一种高端服务和管理,是一项系统的人与人接触的具有管理属性的技能型工作,在服务品质上有服务的艺术性体现,但不是表演性质的艺术。在之前的专业沿革中,表演艺术属性偏重,影响了人们对航空服务类专业的正确认知。为此,本次重点教材开发试图在此方面做努力。

第二,重视服务的自然属性。服务是社会文明程度的重要标志,特别是在满足人们对幸福生活追求的过程中，服务意识或行为发挥着不可替代的作用。培养航空服务人才，一方面是满足行业的需要，另一方面，航空服务人员作为具有青春活力的群体，既代表着个人形象，更代表着航空公司形象，在一定意义上、一定环境中还代表着国家形象，体现着整个社会的服务水平。因此，不能把航空服务类专业的人才培养狭义地理解为航空运输发展的要求，其实也是社会文明与进步不可缺少的要素。

第三，突出多学科交叉融合。航空服务艺术与管理专业属高等教育本科层次，隶属于新文科。结合新文科的发展需求，本专业更需要学科支撑，即多学科交叉融合促其发展，努力架构航空服务专业的学科体系，使服务技能建立在扎实的理论基础上，使所培养的人才更具职业发展潜质、更具开放性，不仅具有航空服务类专业技能的功底，更需要把技能掌握建立在更宽广的知识沃土上，知其然，更知其所以然。

第四，加强课程思政的植入。牢记"为党育人，为国育才"的初心使命，落实立德树人的根本任务，培养学生的爱国情怀与高尚人格，强化"民航人"品质的塑造，突出教材不但传授文化知识，更是塑造民族精神，增强文化自信的载体。

我们力求本次航空服务类专业重点教材的开发具备以下特色：

第一，充分体现专业属性，强化服务意识和国际化能力。实现本土人才国际化将极大地增强国际竞争力，航空服务人才国际化是一种过程。这种过程是各种文化交流碰撞的过程，是相互学习，相互渗透，互通有无。基于此，本系列教材注重思政育人，把思想政治教育贯穿在教材编写和人才培养的全过程。

第二，创新教材结构，打破传统教材壁垒。本系列教材均为新形态教材，根据教材内容，增加二维码（形式多样：文字、图片、录音、录像、自测客观题等）。

第三，重视学科交叉，突出学科归属与体现。尝试走出过度强调技能而忽视理论的倾向，使专业建设能更好地建立在学科发展的基础上。

第四，加强顶层系统定位，建立科学的课程门类。避免过度交叉与重叠，使教材简洁、清晰，既体现教材各自的功能，又体现教材之间的有机联系。

优秀教材的诞生需要编写团队千辛万苦的不懈努力和编辑人员一丝不苟的工作态度，我们相信，此次的付出定会开拓航空服务类专业教材的新局面。

普通高等院校航空服务类专业重点教材编委会
2023 年 6 月

前　言

《飞机客舱设备与使用》于 2019 年出版后，受到了民航服务类专业师生的选用与认可。作者跟踪了近 4 年的教材使用情况，认真梳理与评估了反馈意见，并结合我国民航服务专业体系调整后对专业人才培养的要求，认为本教材有较大的提升空间。为此，本教材编委会经过认证与研究，以教育部等部门提出的关于新时期教材建设的指导精神，对本教材进行了较大幅度的修改与完善，以期能使教材更好地适应新时期民航服务类专业建设与人才培养的要求。

本次教材的修订坚持育人与专业知识传授、技能训练相结合，突出教材在民航服务人才培养全过程的引导与启发作用，优化了教材体系，丰富了教材内容，并对编写模式进行了较大幅度的调整，这些特点突出体现在以下六个方面：第一，教材的特点更鲜明，例如，按客舱服务的程序介绍客舱设备的使用、增加客舱设备故障的处置；第二，丰富了关于客舱设备管理的内容，运行规范化与设备管理相结合，进一步突出了设备管理与客舱安全的内在属性；第三，强化了教材结构与逻辑，努力做到知识面拓广与精细的介绍相协调，内容精选且不遗漏，力图符合"精编教材"的指导思想；第四，将思政阅读纳入教材体系，以贯穿党的教育方针，充分体现教材的育人功能；第五，增加教材的可读性与引导性，增加新的教材要素，包括"学习目的""核心思想""素质目标""能力目标""引导案例""思政拓展""知识拓展卡""推荐阅读""本章总结"以及"思考与复习"，以引导教学，方便学习；第六，提供教材使用引导资料集"微课链接"。

在教材内容层次的总体安排上，兼顾本科与专科的教学需要，以培养高级应用型人才为总体目标，密切结合学生今后实际工作岗位需要，重技能而不忽视理论，力求通过教材内容及其展开逻辑，以及体系理论在实践中的作用，全面介绍客舱服务所需要的客舱设备专业知识与操作技能。

本教材是编者团队十余年教学实践的感悟与总结，试图更全面地满足客舱服务岗位的技能需求，遵循学生培养过程的基本规律，同时有着资深客舱服务经验的空乘人员的参与，使教材内容更贴近实际操作。本教材特别强调，客舱设备的使用与操作训练过程需要与培养牢固的安全意识密切结合，全面提高服务人员的综合素质，以最大限度地消除人为因素对客舱安全的影响。在教材编写的过程中，编写团队查阅、参考了大量的书刊和资料，在此谨向被引用的书刊和资料的作者致以诚挚的谢意。同时，由于编写水平和时间的限制，本教材仍有诸多不妥之处，恳请专家和读者提出宝贵的意见，以助于今后改正与完善。

编　者

2024 年 3 月

目 录

第一篇 基础知识

第一章 客舱概述 / 2

第一节 飞机与客舱 3
 一、飞机的组成 3
 二、客舱与客舱设备 4
第二节 客舱设备的属性与特征 8
 一、客舱设备的属性 8
 二、客舱设备的特征 9
第三节 客舱设备的基本设计思想 11
 一、客舱设备设计的安全导向 11
 二、客舱设备设计的人因导向 14
 三、客舱设备设计的文化元素 14
 四、客舱设备设计的人为因素 15
第四节 客舱设备的演变与发展 15
 一、早期的客舱设备 15
 二、客舱设备的演变 16
 三、客舱设备未来的发展趋势 22
思政拓展 24
知识拓展卡 25
微课链接 26
推荐阅读 26
本章总结 26
思考与复习 26

第二章　客舱布局与设备功能　/ 27

第一节　客舱布局 28
　　一、客舱布局的概念及布局要求 28
　　二、客舱的功能布局 29
　　三、客舱座位布局 30
第二节　客舱的主要设备及其功能 32
　　一、客舱基础设备 32
　　二、客舱服务设备 39
　　三、客舱应急设备 44
思政拓展 47
知识拓展卡 48
微课链接 48
推荐阅读 49
本章总结 49
思考与复习 49

第三章　客舱设备与客舱安全　/ 50

第一节　客舱设备的功能 51
　　一、客舱设备的服务功能 51
　　二、应急突发响应功能 54
　　三、急救与防疫功能 54
　　四、撤离功能 55
　　五、登机功能 55
第二节　客舱设备与客舱服务 55
　　一、客舱设备是客舱功能的重要组成部分 55
　　二、客舱服务过程离不开客舱设备 56
　　三、客舱设备的数字化已成为大势所趋 56
　　四、客舱设备的使用是服务技能的核心 56
第三节　客舱设备与客舱安全 57
　　一、客舱设备应客舱安全需要而发展 57
　　二、客舱设备的正确使用是更稳妥处置突发事件的保证 57
　　三、客舱设备使用失误是客舱安全的隐形杀手 58
　　四、对客舱设备有所了解的旅客是不可或缺的因素 58
第四节　客舱设备使用的人为因素 58
　　一、不容回避的人为因素 58
　　二、提高旅客的安全意识，避免非主观差错 60
　　三、提高机组人员的操作能力，提高客舱安全裕度 61

思政拓展 61
知识拓展卡 62
微课链接 63
推荐阅读 63
本章总结 63
思考与复习 64

第二篇　主要机型的客舱设备与使用

第四章　主要机型的各种机上设备及操作　/ 66

第一节　典型机型客舱设备布局 67
一、波音737-800客舱设备布局 67
二、空客A320-200客舱设备布局 70
三、ARJ21-700客舱设备布局 72

第二节　波音737-800机上设备及操作 74
一、厨房设备 74
二、卫生间设备 80
三、出入机舱设备 84
四、乘务员控制面板 89
五、机内通信系统 91
六、机内娱乐系统 93
七、机内照明系统 95
八、通用设备 96

第三节　空客A320-200机上设备及操作 99
一、厨房设备 99
二、卫生间设备 99
三、出入机舱设备 101
四、乘务员控制面板 104
五、机内通信系统 110
六、机内娱乐系统 113
七、机内照明系统 113
八、通用设备 114

第四节　ARJ21-700机上设备及操作 114
一、厨房设备 114
二、卫生间设备 115
三、出入机舱设备 116

思政拓展 117

知识拓展卡 118
微课链接 119
推荐阅读 119
本章总结 120
思考与复习 120

第五章　主要机型各飞行阶段客舱设备的使用　/　121

第一节　飞行阶段的划分及工作内容 122
　一、客舱准备阶段 122
　二、登机过程 123
　三、滑行前 123
　四、飞行阶段 124
　五、着陆前 125
　六、停机 125
　七、乘务员离机 125
　八、短停环节 125
第二节　波音737-800各飞行阶段客舱设备的使用 126
　一、波音737-800机型介绍 126
　二、乘务组配置与责任 127
　三、旅客登机前直接准备阶段的机舱设备使用 129
　四、旅客登机期间机舱设备的使用 131
　五、推出停机位至起飞前 132
　六、飞行中的设备使用 133
　七、着陆前 135
　八、着陆后 136
　九、离机 136
第三节　空客A320-200各飞行阶段客舱设备的使用 137
　一、A320机型的特征 137
　二、A320客舱布局和乘务员岗位职责 138
　三、飞行中客舱设备的使用 139
第四节　飞行关键阶段的客舱设备使用 140
　一、飞行关键阶段的定义 140
　二、飞行关键阶段面临的风险 140
　三、飞行关键阶段的客舱设备使用规定 141
思政拓展 142
知识拓展卡 142
微课链接 142
推荐阅读 143

本章总结 143
思考与复习 143

第六章　通用应急设备的使用　/ 144

第一节　供氧设备及其使用 145
　　一、释压与危害 145
　　二、客舱供氧 147
　　三、应急供氧设备 148
　　四、释压应急处置 152
第二节　火灾处置设备及其使用 153
　　一、飞机上常见的火灾类型 154
　　二、灭火设备及防护器具 155
　　三、烟雾和起火的基本处置程序 161
　　四、特定设备与环境失火的处置程序 162
第三节　应急撤离设备及其使用 164
　　一、紧急迫降和应急撤离的类型 164
　　二、应急撤离与救生设备 165
　　三、紧急迫降和应急撤离的基本处置 182
第四节　应急医疗设备及其使用 189
　　一、应急医疗箱 189
　　二、急救箱 191
　　三、卫生防疫包 192
思政拓展 193
知识拓展卡 194
微课链接 194
推荐阅读 195
本章总结 195
思考与复习 195

第三篇　客舱设备管理

第七章　客舱设备管理的法规与规范　/ 198

第一节　客舱设备管理的概念与内容 200
　　一、客舱设备管理 200
　　二、客舱设备管理的内容 200
第二节　客舱设备管理法规及规章 202
　　一、客舱设备的配置与管理 202

二、航空公司的客舱设备的差错管理 203
第三节 乘务组客舱安全设备管理的分工与职责 204
　一、乘务组内涵 204
　二、客舱乘务组成员客舱设备操作及管理职能 205
第四节 客舱设备使用资质与获得 205
　一、资质种类 205
　二、乘务员资质获得 205
第五节 客舱设备使用失误的原因与预防 207
　一、客舱设备使用失误的原因 207
　二、客舱设备使用失误的预防 208
思政拓展 209
知识拓展卡 210
微课链接 210
推荐阅读 210
本章总结 210
思考与复习 211

第八章 客舱设备的检查及使用中常见故障处置 / 212

第一节 客舱设备的检查 213
　一、基础设备检查 213
　二、检查客舱服务设备 215
　三、检查应急设备 217
第二节 客舱设备使用中的故障处置 222
　一、客舱乘务员折叠式座椅故障处置 222
　二、登机门故障的处置 222
　三、内话机故障的处置 223
　四、"系好安全带/禁止吸烟"灯故障的处置 223
　五、旅客广播系统故障的处置 223
　六、厨房非正常情况的处置 223
　七、餐车故障的处置 224
　八、卫生间非正常情况的处置 224
思政拓展 224
知识拓展卡 225
微课链接 227
推荐阅读 227
本章总结 227
思考与复习 228

参考文献 / 229

第一章 客舱概述

【学习目的】

飞机的客舱虽小,但狭小的空间里承载着丰富的功能,拥有现代化的客舱设备,凝聚着民航人的智慧,体现着对旅客的人文关怀,彰显着民航以人为本的思想。通过本章的学习,应达到以下学习目的:

1. 理解客舱及其布局的概念;
2. 掌握客舱设备的功能及分类;
3. 了解客舱设备的属性与特征;
4. 了解客舱设备的基本设计思想;
5. 了解客舱设备的演变与发展过程。

【核心思想】

1. 客舱设备布局与功能变迁与民航飞机的发展相伴随;
2. 客舱设备的服务属性与安全属性并存,安全属性居于首位,没有飞行安全就没有民航;
3. 客舱设备的设计更迭与进步是提升旅客飞行体验的客观要求;
4. 客舱设备的演进是民航进步的重要标志之一,它凝聚了现代科技进步的成果。

【素质目标】

1. 融入客舱文化,培养热爱民航的情怀;
2. 培养"敬畏生命,敬畏规章,敬畏职责"的民航精神。

【能力目标】

1. 提升系统思维能力:小客舱,大天地;
2. 提升逻辑思维能力:由客舱设备发展看未来发展趋势。

【引导案例】

遮光板对客舱安全的重要性

遮光板虽然小,却是客舱的重要设备之一。除了遮光的用途,它还有更重要的功能。航空公司的规范明确规定:在飞机起飞和下降的过程中,一定要打开遮光板。打开遮光板的原因,除了让乘客更好地适应外部光线,还能在紧急情况下更快地逃生。更重要的是,如果遇到紧急情况,打开遮光板后可以更容易被外面的人员看到,地面人员能够清楚地观察到机舱内的情况,便于展开救援工作,进一步增加逃生的速度。为了其他旅客和自身的安全,在飞机下降、乘务员进行安全检查时,我们应该主动拉开遮光板,时刻关注飞机和机外的状况。

第一节　飞机与客舱

一、飞机的组成

飞机大多由机翼、机身、尾翼、起落装置和动力装置五个主要部分组成,如图 1-1 所示。其中,机翼的主要功能是为飞机提供升力,以支持飞机在空中飞行,也起一定的稳定和操纵作用,它与机体相连。机身的主要功能是装载乘务员、旅客、货物和各种设备,将飞机的其他部件如尾翼、机翼以及发动机等连接成一个整体;尾翼包括水平尾翼(平尾)和垂直尾翼(垂尾),其主要功能是操纵飞机俯仰和偏转,以及保证飞机能平稳地飞行;起落装置又称起落架,是用来支撑飞机并使它能在地面和其他水平面起落和停放,它与机身相连接;动力装置主要用来产生拉力或推力,使飞机前进,还可以为飞机上的用电设备提供电力,为用气设备提供气源。机身是飞机的重要部件,它的主要结构功能是:固定机翼、尾翼、起落架等部件,使之连成一个整体。从使用功能划分,机身可纵向划分为驾驶室、座舱、下层货舱等,如图 1-2 所示。

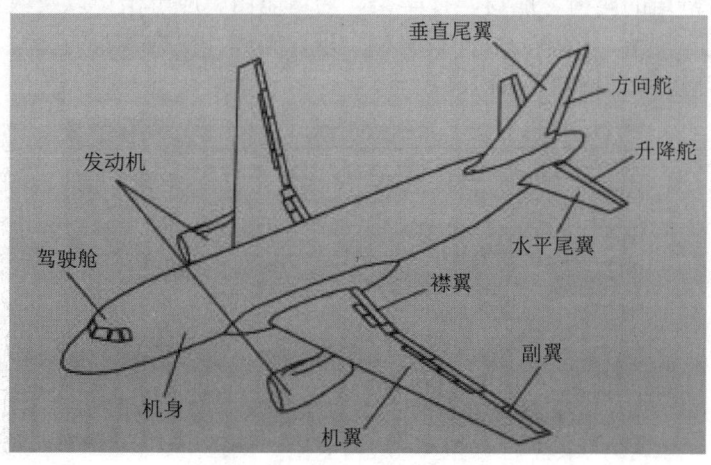

图 1-1　飞机的主要组成部分

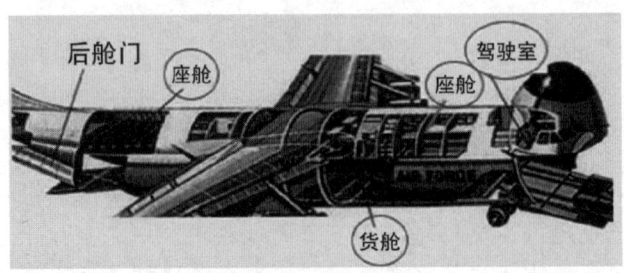

图 1-2　机身的组成

二、客舱与客舱设备

客舱具有独立功能，但又与飞机的整体、机身、机舱、货舱或其他部分密切相关，全面理解与客舱相关的知识，便于从整体上把握客舱设备及其使用，更有利于客舱设备的充分有效利用。

（一）客舱再认识

1. 客舱的概念

客舱是指飞机上载运旅客的封闭增压、与机身融为一体的隔舱。作为客机，机身的绝大部分为客舱，客舱越大，载客能力越强。每一种飞机机型，在设计过程中，可以根据用途的不同，被设计为客机、客货混合型飞机和货机。而不同的用途会导致其内部结构与布局存在较大的差别。本教材的主要研究对象是客机的客舱设备。

客舱是个增压空间，民用客机的客舱前起前客舱隔墙，后至后密封舱壁，是增压区。它的前方是驾驶舱，后密封舱壁的后面是非增压区域。因此，在正常情况下，座舱内部气压所对应的标准大气压力的座舱高度一般不超过 8000 英尺（约为 2400 米）。也就是说，对于现代大中型飞机，当座舱高度达到 10 000 英尺（约 3050 米）时，客舱需要通过增压系统增压，以保障旅客的安全和舒适。同时，为了确保在高海拔飞行时旅客的生命安全，客舱在通风、保温、噪声控制、防火和疏散方向都有很高的要求。

客舱是供旅客使用的场所，必须确保旅客的生命安全并保证舒适的飞行体验。因此，客舱通常配备有舒适的座椅、舷窗、行李架、通道舱门、应急出口以及救生设备等。在大型客机上，还设有厕所、厨房、播音系统和娱乐设施等。根据客舱的宽度，客舱可分为单通道与双通道客舱，如图 1-3 和图 1-4 所示。

图 1-3　单通道客机客舱

图 1-4 双通道客机客舱

2. 客舱的结构

从机身结构的横向剖面（高度）看，机身一般分为两层：上层是客舱，下层是货舱与行李舱。例如，波音 737 系列和空客 320 系列都采用了这种两层布局，如图 1-5 所示。也有的机体分为上、中、下三层，如波音 747 的机身前段就采用了三层布局：最上面一层是驾驶舱与头等舱，中间一层为主客舱，最下面一层为货舱，如图 1-6 所示。

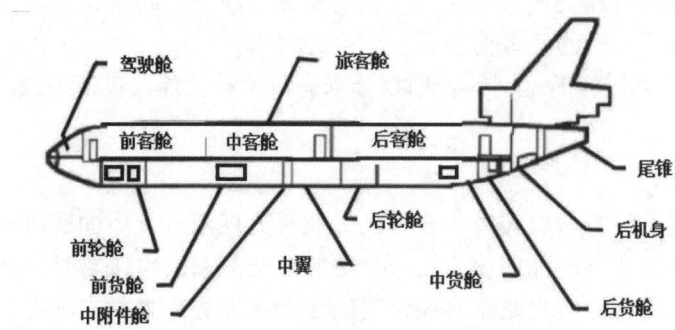

图 1-5 客舱二层结构布局

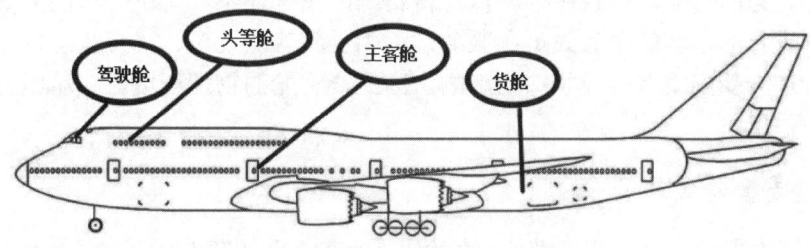

图 1-6 波音 747 客舱三层结构布局

从区域功能的角度划分，客舱可以分为驾驶舱、前乘务员舱、旅客头等舱、旅客公务舱、中乘务员舱、旅客经济舱和后乘务员服务舱等。

从客舱的纵向剖面来看，现代飞机的机身截面形状多为圆形或接近圆形。除了在结构和强度方面的优势外，从内部空间的角度来说，采用圆形横截面能够充分保证客舱的宽敞性和舱内设施布局的灵活性，同时，这也有助于确保货舱有足够的空间，使机身内部容积得到充分利用。常见的客舱横截面形状有圆形、竖直近似椭圆形、水平近似椭圆形、竖直 8 字形、水平 8 字形等。图 1-7 所示为双通道宽体客机的客舱剖面，图 1-8 所示为单通道宽体客机的客舱剖面。

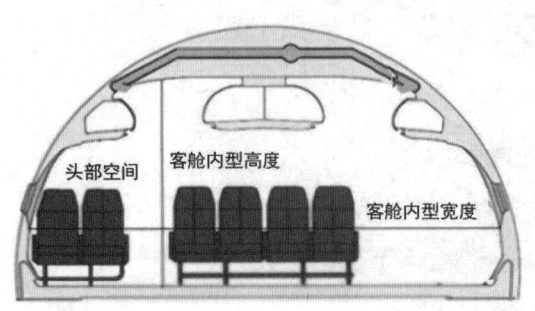 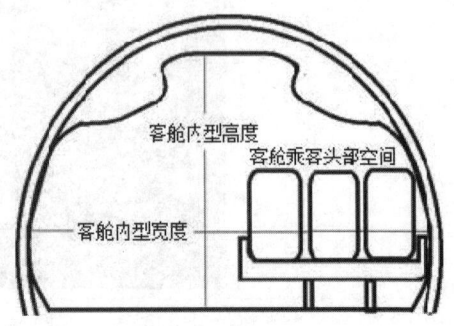

图 1-7　双通道宽体客机客舱剖面　　　　图 1-8　单通道宽体客机客舱剖面

3. 客舱的功能

客舱具有独立的功能，但与飞机的整体、机身、机舱或其他部分密切相关。飞机恰恰是因为客舱的存在才体现出它的商业价值。

（1）结构功能。从飞机的结构角度看，客舱是民航飞机的重要组成部分，也是飞机结构的基础。客舱通过机身和其他结构件与飞机的机翼、尾翼、起落架及其他相关构件连接成为一个整体，形成了飞机的基本构造。

（2）承载功能。通过客舱空间的合理划分来完成承载功能，包括乘载旅客，装载货物及客舱设备。

4. 客舱与客舱服务

对现代民航来说，没有客舱布局与设备的品质提升就没有优质的服务体验。客舱作为航空公司提供航空运输服务产品的核心场所，是旅客与航空公司接触时间最长、接受服务内容最多的地方。然而，客舱也是旅客经常对航空公司服务能力和水准提出质疑和批评的地方。特别是在短途航班中，客舱面积狭小，设施功能单一，人员密集，而且客舱环境极易受到飞行状态的影响，导致旅客难以获得良好的飞行体验。航空公司的大部分服务工作都是在空中进行的，客舱服务人员在服务过程中受到客舱设备、飞行状态以及安全规范的制约，同时还会受到乘客心理状态的影响。因此，客舱的物理环境对客舱服务的品质有着重要的制约作用。

（二）客舱设备的概念

为了实现客舱的安全与服务功能，客舱需要配置各种设施与设备。凡是直接为旅客提供旅途必要的工作和生活保障，以及对各种应急情况提供安全保障的一切设备的总和称为客舱设备。客舱设备主要包括旅客座椅、乘务员座椅；衣帽间、储藏室，以及包括分舱板、侧壁装饰板、天花板、顶部行李箱、座椅装饰面罩和地毯在内的客舱内装饰；厨房柜；机组人员与旅客应急撤离和救生设备；盥洗室；供水与污水处理系统；等等。这些设备不仅各具有独特的功能，而且通过综合控制系统形成一个统一的整体，能够与乘客实现友好的互动。

为了方便研究，从严格意义上讲，人们在研究飞机客舱设备时，通常把客舱设备理解为一个广义的客舱概念，即把任何属于客舱设施、用具的内容一并纳入客舱设备的概念。

客舱设备是一个系统集成，其规模与机型有关。在客舱基本设备一致的情况下，不同机型会根据各自的特点设置独特的机上设备，如娱乐、休闲设备等。而且机型越先进，机上设备就越完善，安全性和舒适度就越高，体验感就越强。

在不同的客舱发展阶段，客舱的设备布局、设备的种类和先进程度存在差异。可以说，客舱设备的发展水平代表了飞机的进化程度。

（三）客舱设备的分类

广义的客舱设备是指客舱里所有与旅客直接相关的设施，其分布范围广，功能丰富，存在形态各异。在研究设备问题时，我们可以按不同的研究目的对其进行分类，如按使用对象划分为旅客使用设备、乘务员使用设备以及应急情况使用设备；按使用功能划分为基础设备、服务设备以及应急设备，本教材采用后一种分类方法，便于阐述设备的使用与管理。

1. 客舱基础设备

客舱基础设备是指客舱设备的初始最低配置，是客舱设备的基础，包括：

（1）出入客舱设备。

①客舱门：客舱门是飞机重要的基础设备，包括登机门、服务门和翼上应急门等。

②自备梯：在大部分航空公司的飞机选型中，不会选登机梯这种构型，只有少数机型会选装登机梯构型。

（2）客舱座椅。

①旅客座椅。旅客座椅是供旅客使用的直接设备，它以组件的形式存在，包括可调式软垫座椅、小桌板、安全带、座位背部的网状储藏袋、音频按钮、音频插口、座椅调节按钮等。

②乘务员座椅。乘务员座椅是供乘务员工作时使用的座椅，非机组成员勿用。

（3）客舱行李架。用于放置旅客的行李、毛毯、枕头、应急物品的可开启箱体，位于旅客的左（或右）上方。

（4）旅客服务组件。旅客服务组件是一个独立的单元，专供旅客使用，位于旅客头顶上方的行李架底部。它包括阅读灯及开关、呼叫铃灯、"系好安全带""禁止吸烟"信号牌、座椅定位标志以及自动氧气面罩（由于氧气面罩主要用于应急，因此也可以归类到应急设备中）等。

（5）观察窗及遮光板。观察窗配置可开启与关闭的遮光板，主要出于安全考虑，特别是在起降或紧急情况下。这有利于应急处置，并为应急撤离提供保障。

（6）衣帽间与储物柜。供存放衣帽和存储机上物品之用，一般把旅客无法放置在行李架上的行李放入衣帽间（如大衣、药品和大件物品）。

2. 客舱服务设备

（1）厨房。厨房是为旅客提供食物和饮品的场所，一般的机型设置两组厨房，分别位于前、后服务间，配置烤箱、煮水器、餐车、储存柜、保温箱、电源、台板、存放冰块的抽屉和控制系统等。

（2）卫生间。供旅客如厕及洗漱的场所，配置一整套卫生与洗漱器具，并有防火报警系统与自动灭火系统。

（3）乘务员控制面板。乘务员控制面板用于控制客舱的通用灯光、温度、广播，包括监控客舱安全状态、旅客服务响应以及娱乐系统等功能。它分为前、后乘务员控制面板。

（4）客舱通讯系统。客舱通讯系统是客舱内各类信息的传递途径，包括客舱内话系统、客舱广播系统、乘客呼叫系统、卫生间呼叫系统、乘客信号牌。

（5）客舱照明系统。为客舱及旅客提供光源。包括客舱灯光、阅读灯光、卫生间的灯光、用于工作的灯光、厨房灯光、衣帽间的灯光、应急灯光以及手电筒照明等光源，以满足各区域及各种情况下的照明需要。

（6）饮用水及污水处理系统。饮用水储存水箱（定期消毒）内，水处理系统采用真空污水系统。卫生间通过冲水控制组件（FCU）将污水排入污水箱，收集的污水会根据需要在机场排放。

（7）客舱娱乐系统。客舱娱乐系统是为客机上的旅客设计的娱乐方式，帮助旅客打发在飞机上的时间。它通常包括音频娱乐、视频娱乐、电子游戏、逃生指南、动态地图等。有些系统还提供宗教文化等相关信息。

3. 客舱应急设备

（1）客舱供氧设备。包括氧气面罩、手提氧气瓶，供客舱紧急释压情况下保护机组和旅客的生命安全之用。

（2）紧急撤离设备。包括登机门/服务门出口（地面高度出口）及逃生滑梯、机翼出口（非地面高度出口）及逃生滑梯，也包括应急照明灯、应急发报机、救生衣、救生船、麦克风以及救生船内救生包等逃生器具。

（3）客舱灭火设备。灭火设备是在机舱出现烟雾、火情时，用于灭火与逃生的器材，包括海伦灭火器、水灭火器、防烟面罩、应急救生斧以及石棉手套等。

（4）应急医疗设备，包括应急药箱和应急医疗药箱，用于处置飞机上紧急救助或治疗患病旅客。

第二节　客舱设备的属性与特征

一、客舱设备的属性

客舱设备具有独特的性质，构成了客舱设备的属性，具体体现在：

1. 结构架构的属性

结构架构属性体现在两个方面：第一，客舱设备实实在在地构成了客舱结构的一部分，是不可缺少的一部分，如机舱门、紧急撤离口等，其与机体的其他部分相结合，形成客舱的封闭空间，与机体是一体化的；第二，从飞机载客的角度看，客舱内的设备是飞机的基本构造，就现代客机而言，任何飞机都必须遵守一定的设计规范与标准，配备基本的客舱设备，没有客舱设备，就形成不了现代飞机。

2. 服务设备的属性

客舱设备是面向旅客的，为旅客提供乘机过程所需的基础服务、工具或手段，是必备的硬件条件。在服务过程中，它们与旅客形成友好的互动。因此，客舱设备以旅客的需求为导向，有些是为了满足旅途中工作和休息的空间需求，提供舒适的环境，直接服务于旅客，包括旅客座椅、行李架、阅读灯、盥洗室、衣帽间等设备。有些设备则是间接服务于旅客，如乘务员控制面板、舱门、厨房设备等。可以说，飞机上没有多余的客舱设备，因为客舱始终聚焦于旅行舒适度。

3. 安全设备的属性

客舱安全决定了客舱设备的安全属性，第一，客舱设备本身必须安全可靠，没有使用瑕疵和操作问题；第二，客舱设备必须符合飞机整体的安全需求，不能因设备缺陷而影响飞机整体的安全性；第三，面向飞行与服务过程的安全性，除了为旅客提供基础服务，还必须能够应对飞机上的突发事件，供避灾、逃生以及救护时使用，从而确保飞机上人员的生命安全和财产安全。因此，一些客舱设备兼具安全设备的特性，如应急供氧设备、防火及灭火设备、应急医疗设备和紧急撤离设备等。

4. 体验性设备的属性

乘机过程是一种体验性消费，除了乘坐飞机的飞翔感觉之外，乘机过程的体验性更加重要，也是差异性的表现。这种体验源于人与设备、环境的互动，包括舒适度、娱乐享受和视觉感受。随着客机的不断升级，除了航程、载客量、经济等技术性能的提升外，客舱设备的升级也是标志性的内容。例如，被誉为空中客车公司21世纪的"旗舰"机型——空客A380，其机舱配备了为客机研发的最先进的机上娱乐系统（IFE）。光纤配电网络使电影、视频游戏和电视节目的选择更加灵活完备。在飞机上，乘客还可以使用便携式计算机和打电话。此外，空客A380还拥有更多的开放空间，如商务中心。底舱可根据不同航空公司的需求，设置为休息区、商务区、酒吧或其他娱乐区，并可安排其他设施，如理发店、卧铺、按摩室或儿童游戏场。同时，宽大的空间允许头等舱内设置私人套间，甚至包括淋浴设施的浴室。

二、客舱设备的特征

民用客机的机内设施设备必须满足中国民用航空规章中对客舱设备的相关要求，甚至超越这些要求。此外，各项机内设备在性能、使用和维护等方面都必须达到综合要求。

1. 使用性

使用性是体现客舱设备对使用者友好程度、功能性和溢出性的特性，如果设备缺乏实用性，将会降低其效能。

（1）使用门槛低。对没有乘坐经验，但具有一定文化水平的旅客或操作水平一般的维护工作人员，也应该能够在不加指导或稍加指导的情况下使用和操作舱内设施，且不会出现技术上的偏差。

（2）多功能组合。机内设备要充分利用有限空间，具有多种用途和多种功能，且性能完全满足使用要求。

（3）使用受众广。兼顾特殊旅客（老、弱、病、残、孕）的使用要求，且不增加或少增加辅助、附加设备。

（4）环境适应性强。所有设备能够在各种航线环境中使用，并且保持其性能不变。

（5）规避扰他性。所有设备的设置不能影响飞机其他系统和设施设备的正常工作和使用。

2．舒适性

舒适性属于体验性范畴，随着飞行的发展和演变，由于需求的升级，客舱设备也不断升级，是现代民航的体现。

（1）惠顾旅行过程。对于民航客机而言，应该能够最大限度地提供能使旅客在航程中感到舒适、愉快的旅途生活设施设备。对于续航时间较长的客机，所提供的旅途生活设施设备应该能够减轻旅客的疲劳。

（2）划定底线限制。舱内所设置的各种服务设施的数量和服务空间尺寸，应等于并力求大于规定的使用标准。

（3）操作范围扩展。对于那些由旅客直接操作的可以调节的设施，应该选择范围广泛、调节范围大、调节方便、操作简单，且不影响或少影响邻近旅客的设施。即使是各种临时性的改装，也必须简单、方便和可靠。

3．安全性

客舱设备的安全性是民航安全的核心特质，离开了安全性，客舱安全就失去了基础保障条件，也无法阻止可能出现的不利情况对旅客安全的威胁。

（1）阻断对安全的诱发性。确保所有机内设施设备在飞机飞行期间不会发生妨碍飞机安全飞行和着陆的任何直接故障或诱导故障。

（2）减少差错行为的影响。所有机内设施设备具备消除或减少其在使用和维护过程中可能引起不安全飞行的人为偏差的功能。即使出现人为差错，其影响也应该是可控制的，非本质的。

（3）对安全影响的红线限制。所有机内设施设备应能够使自然环境的影响因素降到最低限度，并且一旦发生这种影响，不会导致飞机的不安全飞行。

（4）局部失效非外延性。所有机内设施设备（和系统）之间的接口应确保在出现局部故障时，不会引起主要系统的故障与失效，从而阻断失效的外延。

（5）失效预警且可知性。对于一些可能引起不安全因素的机内设施或系统，应设置可靠的安全装置和险情报警装置。这些险情报警装置具备通过目视或仪器检查即可判断该装置是否失效的功能，并且这些险情报警装置或指示装置本身的失效不应引发飞机的不安全飞行。

4．维护性

任何设备都离不开维护和维修，这是飞机客舱设备的基本要求之一。它既是设备可用性的体现，也是客舱设备技术标准的要求。

（1）维修过程与操作简易化。机内设施设备或系统在设计使用寿命期限内，必须经常或定期进行检查。对于需要定期更换部分零、组件的部位，应有装、拆方便且不降低该设施设备性能或不损坏该设施设备的保障措施。

（2）组合模式易于维护维修。在保证使用功能的前提下，机内设施设备设计成组合式结构，以便使用常规工具时，能快速地对该组合式结构进行分解，从而使维护工作量和维护成本降到最低限度。

（3）标准化易于零部件互换。所有机内设施设备具有尽可能大的互换性范围，包括不同飞机之间、同一架飞机内、同一种设施之间以及同一种设施内的局部零、组件之间的互换性。

（4）维修过程的可及性。机内设施设备在进行机上维护时，应具有良好的开敞性和可达性。这包括设施设备自身的维护开敞性、可达性，以及为其他系统或设施提供维护通道的开敞性、可达性。

（5）各类面板、标识的可视性。设有指示器和监控器的机内设施设备和系统，应放置在维护时易于观察的范围内。在维护点附近合理的部位（包括机身结构或该设施的结构上），应设置永久性的、醒目的标牌，以说明维护要求。

（6）差错与失误后果可防性。在维修过程中，应采取防止错误操作和防止操作失误的措施，以防止任何导致维护人员或机上服务人员面临危害的情况发生。

（7）维修人员胜任性强。对维护人员的技术水平要求应适中，只需中等水平即可胜任全部维护工作。同时，人员配置应最小化，例如，通常一名具有中等技术水平的维护人员即可轻松、快速地完成该设施设备或系统的全部维护工作。

5．经济性

经济性是企业行为的重要目标，而客舱经济性与舒适性是一对需要平衡的矛盾。

（1）降低设备的制造成本。这包括降低设计成本、材料成本和生产成本。为实现这一目标，可以采取标准化和互换性措施，以提高设施的使用寿命和效率。

（2）减少使用过程的成本。这包括减少维护项目和缩短维护周期，简化维护设施设备，以降低维护成本。同时，合理降低各种消耗，从而降低使用成本。

第三节　客舱设备的基本设计思想

一、客舱设备设计的安全导向

客舱设备是为旅客乘机提供服务所必需的，如果客舱安全环境得不到保障，那么客舱设备的服务属性就不复存在。因此，客舱设备的设计必须以安全为导向。客舱设备作为客舱内设施的一部分，必须起到相应的安全保障作用，主要体现在为撞击、客舱释压、火灾、坠毁等机上突发紧急事件提供救生和逃生设备。

（一）客舱装饰的安全设计

民用飞机客舱装饰是为了美化客舱，给人以良好的视觉感受，但需要充分考虑安全，保证极高的安全性能。其基本要点包括：

1．保证人员的行动安全

要设置无障碍通道，把手和锁在不使用时不凸出结构表面（安全门除外），结构上无论坐着或走动的区域，须避免旅客的躯体或头部碰撞，必须消除可能导致旅客受伤的硬质凸出物和尖角。地板覆盖物应能防水、防滑，并易于清洗。

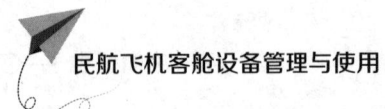

2. 安全警示清楚可见

在所有应急通道和应急出口处,必须按规范要求设置应急撤离标志牌。在应急门、应急窗的操作部位设置警告标志。在所有坐在座位上的旅客都能见到的地方设置"系好安全带""请勿吸烟""厕所有人"等信号标记。

3. 保证材料的安全性

所有装饰材料必须是阻燃的而且烟雾及毒素排放必须符合标准。地毯必须有防静电措施。地毯的防静电安全电压指标为不大于2500V(环境温度为21℃,相对湿度为20%)。

4. 空气传导性

对于增压客舱,其侧壁应有足够的通气面积,以防止在机身上部或下部迅速减压时导致气流阻滞。

(二)客舱防火的安全设计

飞机客舱防火系统通常包括两个主要部分:一是探测部分,包括火警探测、过热探测、烟雾探测。二是灭火部分,包括固定式灭火、自动式灭火、手提式灭火。探测系统与灭火系统联动,当出现火情或过热时,探测系统会发出音响和视觉信号向空勤人员报警,并启动自动灭火或人工灭火系统。为了防止飞机客舱火情的发生和蔓延,客舱必须设置下列设施:

1. 结构防火

结构设施必须具备防火功能,以防止火情发生和蔓延。

2. 精准预警

探测装置应置于易燃区域,以便及时向空勤人员发出着火和过热信号警告。

3. 设备配置

在易燃区域中应配置灭火系统及装置。

4. 排气流程

在客舱内可能积聚易燃液体及蒸气的地方应设置排放口。

(三)座椅的安全设计

座椅是飞机客舱内的基础设备,它支撑并连接着空运旅客与飞机结构。在所有正常、机动飞行和应急迫降的情况下,它必须最大限度地保证旅客的安全。在保证安全的前提下,客舱座椅还需要让旅客在整个旅途中都能感受到良好的舒适性。座椅设计的安全性要求要点包括以下几个方面:

1. 座椅组件在安装滑轨中快装、快卸

座椅组件应能快捷地在客舱地板上的安装滑轨中安装和拆卸。对于与客舱侧壁相连的安装点,也应尽量做到快装、快卸。

2. 吸收冲击力能力强

当座椅受到的载荷超过设计极限载荷而小于分离载荷时,即使在应急迫降的情况下,主结构件的强度应能保证座椅不被损坏,且能尽量多地吸收冲击力。

3．结构无伤害危险

如果座椅结构存在尖角、锐边或其他可能造成伤害的物件，那么应该采取有效的保护措施，并做到防腐防水。

4．对他人无影响

面向航向安装的座椅组件，每个座椅的椅背必须具有单独前折功能，以在飞机应急迫降或在预定的座椅最小排距布局时，后排座位上的乘客不会因为制动过载的作用而撞击到前排座椅上，从而造成受伤。同时，椅背前折后，不允许有任何构件侵占应急撤离出口的空间。

（四）卫生间的安全设计

卫生间及其配套设备是民用飞机中必备的生活设施，其布置应根据民航飞机的乘客的总体设计要求确定。卫生间设计的安全性要求包括以下几个方面：

1．阻燃封闭性

废纸箱应是完全封闭的，应能防止因通风而持续燃烧，滑道门应能自动关闭。

2．冲击保护性

排放管路应能承受座舱增压的全压差而不被损坏。

（五）厨房的安全设计

厨房及其设施是民用飞机生活设备的一部分，主要包括厨房的布置，厨房柜、箱以及通风系统、水系统、电气电子系统、照明系统等。厨房设计的安全性要求包括以下几个方面：

1．稳固性好

厨房用品应该提供固定装置，对可移动的厨房用品进行定位和固定，以防止造成旅客受伤或阻碍应急撤离。

2．环境通风情况良好

厨房应设置通风系统，以防止由于温度升高而影响邻近的设备和结构。

3．局部火情无外溢

厨房内废纸箱门应能自动闭合，并满足防火容器的要求。

（六）机内储藏设施的安全设计

机内储藏设施（包括行李架和储藏柜）也是民用飞机机舱内生活设备的组成部分。机内储藏设施是为机组人员飞行过程中携带的生活用品，旅客携带的行李物品，以及舱内配置的各种应急设备提供的必需的储藏空间，目的是保护这些用品和设备不被意外损坏，同时限制这些用品和设备的随意移动，避免意外伤害机上人员。另外，有关的储藏设施还在机上人员应急撤离飞机或逃生时，为其快速获得完好的撤离、救生设备创造条件。机内储藏设施设计的安全性要求包括以下两个方面：

（1）客舱行李架盖上应带有能牢固锁住的锁机构，并且应有可以识别的"锁上"或"未锁上"的标记和措施，以避免客机飞行时，由于行李架盖未关闭而使行李物品意外跌落而伤到机上人员。

（2）对于储藏柜，应配备带锁的门，以防储藏的物品意外甩出而伤到机上人员或撞坏其他设备。

二、客舱设备设计的人因导向

尽管旅客不需要对客舱设备进行过多的操作，但置身于客舱设备的环境中，客舱设备设计如果考虑不周，会影响舒适性与飞行体验。因此，客舱设备人因设计主要从以下三个方面进行考虑。

（一）人体尺寸

人体尺寸是客舱设计的首要考虑因素。由于旅客在客舱内不需要进行大量的活动，只是坐、站和行走。因此，设计时主要考虑人体身高、臂长、立姿活动空间、坐姿活动空间等。客舱的高度必须保证旅客站立时不会碰到顶部；过道的宽度必须保证人可以自由通过；座椅的排距必须保证腿部舒适。

（二）人的感觉特性

人的感觉特性包括视觉、听觉、触觉等，这些因素对于提升旅客的乘机体验具有重要意义。

（1）视觉相关因素包括视角、视距和视野范围。设计客舱内标牌时，其颜色、字体、大小、布置位置都要考虑到人的视觉要求。

（2）客舱内部装饰应考虑降噪措施，以减少飞机噪声对旅客的影响，提升旅客的乘机体验。

（3）从触觉因素考虑，客舱内部装饰的材料应该坚固、耐磨并且其表面处理要满足特定要求。在可能碰到坐着或走动的人员的躯体或头部的范围内，必须避免出现可能导致旅客受伤的硬质凸起物和尖角。

（4）要满足人的心理舒适性，比如采用更先进的照明技术，客舱的 LED 情景灯光系统利用不同光线带来的照明效果，为旅客营造出多样化的乘机氛围，让整个客舱看起来更开放和宽敞。

（三）人的运动特性

在客舱中，旅客不需要进行大量的运动和劳动，对运动特性要求较低，主要考虑的运动特性包括人体力的特征、大小、出力范围和方向等。比如，在设计行李架时，为保证行李架可以正常开合，需要考虑舱内人员的施力范围和方向。下翻式行李架使用了机械结构辅助，以便舱内人员只需使用较小的力即可关闭行李架。

三、客舱设备设计的文化元素

客舱的风格是一个公司乃至一个国家文化的展示。一个国家的民族风格与文化融合在客舱设备装饰的设计中，可以传递更多的信息，弘扬民族精神并增加旅客对民族的了解。另外，文化元素可以拓展到客舱安全文化方面，包括客舱硬件设备安全文化、客舱软件设备安全文化以及机组人员和乘务员传递的安全文化等。客舱安全文化可以为旅客营造一种良好的客舱安全氛围，同时也促进了客舱管理者的安全情境意识，改善了客舱安全管理。

四、客舱设备设计的人为因素

客舱设备服务于使用者，无论是旅客还是机组人员，都必须依规依法操作才能发挥机上客舱设备的使用功能。然而，人的弱点是容易犯错误，即使是非主观差错也不容忽视。在大量的民航安全事故中，人为因素占比多达 70%。为了减少对客舱设备操作与使用的依赖以及减少各种人为差错带来的设备使用问题，乃至影响客舱安全的问题，客舱设备需要最大限度地阻断人为因素带来的不利影响。

第四节　客舱设备的演变与发展

飞机的客舱是人们感受飞行旅行的载体，与飞机的发展交织，但又相对独立。在今天的民航运输中，客舱及设备在不断改进与创新中发展，正是客舱设备的进步大大地改善了飞行环境，提供了安全与舒适度，增加了人们对民航的亲近度。因此，客舱及设备的发展是民航发展的重要催化因素，为认识民航提供了更多的思考。

一、早期的客舱设备

早期的客舱设备经历了从无舱无备，到有舱无备，再到客舱设备诞生的过程。

（一）无舱无备时期

早期的飞机很简单，它们没有客舱，因此也没有客舱设备。图 1-9 所示为 1914 年 1 月 1 日开始运行的 Benoist XIV 型水上飞机，它开放式的座舱内能容纳飞行员和一名乘客，它也是世界上最早的定期商业客运飞机（固定翼航空器）。

图 1-9　Benoist XIV 型无舱无备的水上飞机

（二）有舱无备时期

第一次世界大战之后，民航运输业逐渐发展，开始出现封闭式座舱。图 1-10 所示为当时北洋政府使用的"大维美商用运输机"，它是封闭式座舱，载客量为 10 人，有客舱，但没有客舱设备。

图 1-10　大维美商用运输机

（三）客舱设备的诞生

1928 年，德国的 Lufthansa 公司首次在巴黎至柏林线上通过机上餐车提供热餐，如图 1-11 所示。在同一时期，1921 年的芝加哥世界博览会期间，一架载有 11 名观光客的寇蒂斯 F5L 水陆两用飞机上首次播放了电影，这标志着客舱设备的诞生，如图 1-12 所示。在这个时期，飞机机舱内部的样式都大同小异，并列座椅与头顶的兜网储物层像极了火车内部的设备。机舱不仅空间狭小，而且没有配备盥洗室。如厕设施是便携马桶或是像火车一样的直冲马桶。由于储藏技术的限制，早期客机上只提供饮料和即食冷餐。

图 1-11　客舱内用餐车提供热餐

图 1-12　客舱内用电影设备播放电影

在商业航空刚刚兴起的 20 世纪 20 年代，旅客乘坐飞机的体验并不愉快，主要是因为客舱的噪声实在太大。巨大的发动机噪声让乘客几乎无法在飞机上相互交谈，更严重的是，一些没有经验的乘客在飞行结束后可能会出现一个小时或更长时间的听力障碍。

二、客舱设备的演变

自 20 世纪 30 年代起，一些优秀的飞机公司迅速崛起，一系列不同型号的经典飞机问世，标志着民航运输业进入了一个全新发展的鼎盛时期。早期的飞机客舱大多是仿照各种海运和陆运工具的内部装饰及构造，虽然与现代机舱环境相去甚远，但其舱内设施风格依然奢华且注重实用性。

（一）客舱设备呈现雏形

1928年，波音公司推出了第一种专门设计的民用客机80型，可载12人。从外形看，80型稍显过时，但它的客舱已经具备了现代客舱的元素，如皮质的装有软垫的座椅、暖气、冷热饮用水、乘客头上的阅读灯和行李架，以及常备药物等，如图1-13所示。

图1-13　80型飞机客舱

1931年，波音公司研制了一种新型民用飞机，即航空史上著名的B-247型客机。作为第一种完全意义上的现代运输机，它不仅在结构设计上具有前瞻性，还特别注重乘坐的舒适性。B-247型客机可载客10人，可装载181千克邮件；客舱内安装隔音和恒温等设施；设有洗手间。B-247型客机客舱如图1-14所示。随后，麦克唐纳·道格拉斯公司的DC-2和DC-3问世。它们的客舱宽敞且配备了空中厨房，将商用飞机的舒适性提高了一个档次。航空公司开始提供杯子和袋子以应对颠簸造成的乘客晕机情况，以及满足乘客的进餐需求。DC-3客机是第一架增设备餐间的客机，解决了食物储存问题。这种使用锁格抽屉式的备餐间的结构设计沿用至今，图1-15所示为DC-3型客机的客舱和厨房。

图1-14　B-247型客机客舱

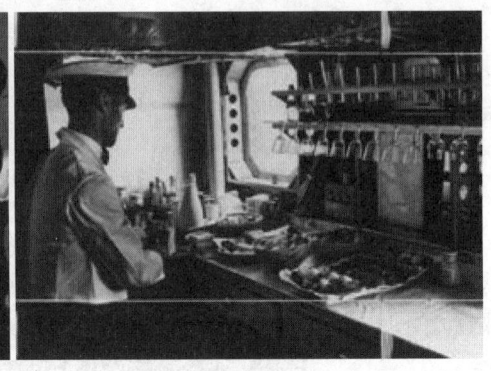

图 1-15　DC-3 型客机的客舱和厨房

波音公司的 B-307 型平流层客机成为第一架拥有客舱增压系统的商用运输机。它可以在万米高空中飞行，避开大部分天气变化造成的影响，为旅客在高空飞行时提供舒适的客舱气压，而不受稀薄空气的影响。继 B-307 之后，波音公司的 B-377 型飞机（"同温层巡航者"）问世，它被誉为"螺旋桨飞机的终极奢华"，具有极致奢华的双层客舱大空间设计，上面有卧铺，下面有酒吧，通过螺旋楼梯将上下层客舱巧妙相连，如图 1-16 所示。

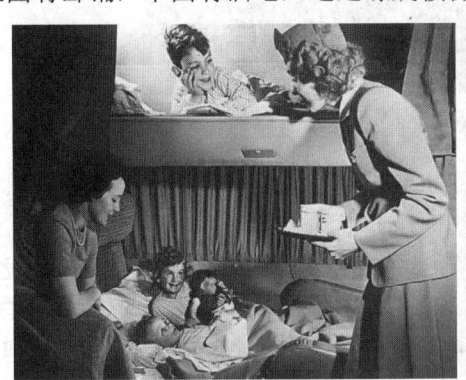

图 1-16　B-377 型客机客舱

第二次世界大战结束后，民航进入高速发展阶段，客舱开始出现巨大的变化。1958 年，波音公司交付了世界上第一架商业民航客机 B-707。它是中型、长航程、窄体、四发、200 座级喷气客机，每个机身框架上都有一个窗口。虽然窗口变小了，但靠窗的乘客平均可享受一个以上的窗口。行李架采用可关闭结构，如图 1-17 所示。

图 1-17　B-707 型客机客舱

（二）客舱设备快速发展阶段

这一时期的典型代表是波音公司推出的被誉为"世界航空史上最成功的民航客机"——B-737。客舱的天花板采用更平滑的弧线形设计，提升了整体客舱环境，并采用了灵活内饰。随后，波音公司推出了 B-747，其布局包括上层驾驶室和客舱以及下层主客舱。许多航空公司还在客舱中设置了酒吧、休息室或餐厅等豪华设施，如图 1-18 所示。此外，"揭鼻式"前端货门方便了货物的装卸，提高了航空公司的运营效率。继 B-747 之后，波音公司陆续推出了 B-757、B-767、B-777、B-787 等一系列机型，满足了航空公司对客座数、航程、经济性能等方面的多元化需求。

图 1-18　B-747 型客机头等客舱

欧洲的空中客车公司紧随其后，于 1973 年推出了 A300。这款机型的客舱宽敞舒适，宽大的头顶行李舱提供了充足的存储空间。飞机上配备了一系列满足远程航线乘客需求的飞行娱乐和通信系统。同时，客舱的空调系统提供了平稳的空气调节功能，并能根据乘客所在客舱的位置调节温度。1988 年，A320 问世，如图 1-19 所示。它是世界上首款采用"玻璃座舱"的客机，双水泡形机身截面大大提高了货舱装运行李和集装箱的能力。其客舱舒适而宽敞。随后，空中客车公司又推出了 A330、A340 和 A380 等一系列民航客机，与波音公司在载客量和航程上展开激烈竞争，抢占民航运输市场。

图 1-19　A320 型客机客舱

(三)现代客舱设备阶段

进入 20 世纪 90 年代,民航客机开始追求更快、更安全、更环保、更经济和更舒适的空中旅行,越来越强调提高乘客的飞行体验。空中客车公司的 A380 和波音公司的 B-787 客机是这一时期的代表,它们很好地诠释了高效、舒适和奢华的乘机体验,标志着客舱设备的发展步入了现代化阶段。

1. "空中巨无霸"客机时代的客舱设备

空客 A380 是迄今为止建造的最先进、最宽敞和最高效的飞机。它的客舱设备融入了现代科技和新的客舱设备理念,标志着客舱设备进入了现代化。

(1) A380 是目前世界上唯一采用全机身长度双层客舱的民航客机。在典型的三等舱(头等舱—商务舱—经济舱)布局下,它可以承载 555 名乘客。而采用最高密度座位安排时,它可以承载 861 名乘客,如图 1-20 所示。

图 1-20 A380 客舱系列照片

（2）高效的空气过滤设备为乘客提供了清新的空气，220个舷窗让机舱内充满了自然光。

（3）A380配备了迄今为止为空客研发的最先进的机上娱乐系统。光纤配电网络让电影、视频游戏和电视节目的选择更加灵活和完备。同时，飞机上还设置了更多的开放空间，如商务中心。客舱底部可以根据需要进行设置，可以作为休息区，商务区、酒吧或其他的娱乐区。此外，还可以安排理发、卧铺"赌场"、按摩室或儿童乐园。另外，宽大的空间可为头等舱的乘客安排私人套间，甚至提供配备淋浴设施的浴室。

2. "梦想客机"波音787助推客舱设备的现代特征

波音787以无与伦比的航程能力与环保、每英里成本经济性而著称。在设计中，力求营造更宜人的客舱环境，如更平稳的飞行、更低的座舱高度、更清新的空气以及更安静的客舱，进而提升乘客的整体飞行体验。客舱与设备突出以下特点：

（1）客舱尺寸方面，B-787比其他中型飞机更加宽敞，增加了座椅宽度，为每名乘客创造更大的个人空间；增加了通道宽度，使乘客可以轻松地绕过正在供餐的餐车。

（2）客舱空气方面，B-787引入新型气体过滤系统，使空气更清新，减少乘客的头疼、头昏，以及因干燥引起的咽喉刺激与眼部刺激等症状。

（3）客舱高度方面，B-787客舱气压以电动的空气压缩机维持，不使用引擎放气带入的空气；客舱最高压力高度为1228米，而不是其他飞机的2438米，从而减少乘客的头疼与头昏等症状，减轻疲劳感。

（4）灯光设计方面，B-787客舱内用发光二极管（LED）提供照明，营造出头顶即是天空的感觉，并且安装了可以由乘客调整透明度的电子遮光。

（5）在舷窗设计方面，B-787的舷窗与前几种型号的飞机相比，规格是最大的，窗的位置更高，所以无论坐在飞机的任何位置，乘客都能看到地平线。此外，多家航空公司已在客舱中设置带有30°倾斜角的"反鱼骨式座椅"，营造旅客的私密空间，如图1-21所示。

图1-21　B787客舱设备系列照片

（6）更大的行李舱：波音 787 拥有业内最大的顶部行李舱。行李舱的设计考虑了乘客通常携带的各种拉杆式行李箱包，所以每个乘客都可以将一件行李置于顶部行李舱内。

2005 年，空中客车公司开始研制双发远程宽体客机 A350，它集中了空中客车公司其他机型的全部优势。客舱设计既高雅又舒适：客舱内部的横截面直径可达 5.6 米，垂直的客舱侧壁大大增加了客舱空间；拥有更大的头顶空间以及行李架，每名经济舱的乘客都能将行李放在宽敞的座椅上方，商务舱的乘客每人至少可以携带两个旅行包；先进的气流管理和过滤系统可以为高标准的客舱提供清洁、湿润的空气；能够发出 1670 万种颜色的全舱 LED 情境灯光可以真实模拟自然环境；配备丰富多彩的第四代机载娱乐系统以及高清显示屏等。这些先进设计能够给乘客全新的乘机体验，如图 1-22 所示。

客舱行李架

娱乐系统

客舱全貌

图 1-22　A350 客舱系列照片

三、客舱设备未来的发展趋势

随着飞机成为现代文明不可缺少的交通工具，乘机体验也在不断地创新和变化。未来，飞机客舱及设备的发展将主要聚集于四个维度：舒适、氛围、服务和布局。通过融合智能技术和先进技术，航空运输将更加环保、舒适和便利。其发展趋势主要体现在以下几个方面：

（一）客舱智能化

客舱服务一定面对着舒适性与经济性的选择、文化差异导致的客舱沟通难题以及个性化需求导致的疲于奔命的客舱服务等，而要解决这些问题，离不开智能化和数字化的发展。随着智能技术的不断进步，它们也必将进入客舱领域。

在客舱设备中，已经出现了一类名为"电子飞行包"或"客舱服务管理系统"的设备。这些设备与移动工具连接，不仅作为飞行途中的销售点和客舱服务工具，而且实现了空乘人员与乘客之间的深入互动。在数字化浪潮中，达美航空一直保持领先地位，并勇于创新。从 2014 年开始，达美航空便在客舱中应用了这些系统。

我国也开始出现智能客舱的萌芽，以"微软小冰"为例，它可以通过机上 Wi-Fi 实现与乘客和乘务人员的互动。2015 年 1 月，首个东航小冰人工智能航班（MU5117）从上海飞往北京。作为微软的人工智能产品，小冰这个以拟人化和娱乐化为特色的智能机器人融合了微软在大数据、自然语义分析、机器学习等领域的技术积累，能够实现超越简单人机问答的自然交互，支持聊天、百科、天气、星座、笑话、交通指南、餐饮推荐等多种功能。

另外，2019 年 6 月，波音提出了一个名为"埃伦"（Ellen）的新型虚拟机舱助手概念。Ellen 可以帮助乘务员减轻工作量，使他们将更多的注意力集中在乘客身上。根据空姐的口头命令，Ellen 可以操作多种客舱设备。在不久的将来，Ellen 会成为旅客旅行中的得力助手。

（二）聚焦旅行舒适度

"空间拓展"（Space-Flex）理念的核心是通过改变单通道窄体客机的尾部客舱布局，为客舱释放出更大的空间，使客舱空间利用率实现最大化。

在空客 A321neo 飞机上，空客公司利用"空客灵活客舱构型"（airbus cabin flex，ACF）理念，通过灵活更改舱门位置，优化客舱布局，不仅使旅客坐得更舒适，也使航空公司能按需设计座位布局。汉莎航空则对远程机队的客舱进行了改装，他们希望深度优化机舱内的生活空间，将空间还给旅客，同时，在所有舱位设置全球先进的座椅，以体现汉莎航空的管理基因和品牌价值。

在更宽敞的空间内，除更干净整洁的洗手间以及多功能的备餐间之外，一些优秀的设计元素也被应用到飞机客舱内。例如，采用更先进的照明技术，利用客舱 LED 情景灯光系统为旅客营造良好的乘机氛围。

2020 年 11 月，赛峰客舱公司与 3M 公司宣布合作，结合各自的优势与技术，联合设计更加清洁的飞机内饰。新技术可改善客舱设备的清洁和防护功能，并具有除菌与防病毒能力。这些新技术可以应用于飞机内饰表面，也可用于升级飞机现有内饰。

2021 年 7 月，首架法航空客 A320 飞机完成了赛峰 ECOS 行李架改装。ECOS 的"高效利用客舱空间"设计让行李架的储物能力增加 60%。新的行李架配备了易于接触的开关门，不会占用客舱过道，并具有较低的架体高度，便于在视野范围内轻松放置行李。该产品能够提供更顺畅的登机体验，大大减少了寻找行李空间的时间或托运某些行李的需要。飞机周转时间也得以减少，由此提高了效率与准点率。

（三）着力于客舱安全的保障

在新的形势下，客舱安全问题所涉及的范围不断扩大，从原来的飞行过程客舱安全拓展到客舱环境卫生的安全。

飞行过程客舱安全的保障，已经从传统的设备使用、操作和应急处置方法，向智能保障发展，形成人与设备互动、人与环境互动、人与事件互动、空与地互动的智能化的客舱安全体系。

新冠疫情暴发后，除了预防与处置体系外，机上盥洗室、备餐间成为航空公司的重点关注区域。为了减少机上污染风险，满足新形势下的卫生要求，航空公司对盥洗室采用了无接触式设施，如无接触式水龙头、无接触式或脚踏式废物盖和无接触式冲水按钮，并将其集成到盥洗室中。

思政拓展

完美的客舱设计体现了中国人的智慧
——C919 客舱展示的中国情与坚定的决心

由中国自主研制的、具有独立知识产权的 C919 在新加坡航展备受关注。这款国产大型喷气客机的出现，意味着波音公司和空客公司在民航飞机领域的垄断被打破。那么，与波音、空客相比，C919 客舱到底长啥样？又有何优势？2020 年 8 月，来自国航、东航、江西航空、成都航空、天骄航空等航空公司的客户监造代表来到中国商飞展台，现场体验了 C919 移动数字飞机展示平台。这个展示平台 1∶1 真实还原了 C919 大型客机的舱内场景，给参观者带来了既宽敞又舒适的沉浸式体验：舱内特别宽敞，站在中间过道上并不局促，坐下后感觉座椅软硬适中，左右扶手位置较为宽敞，腿部空间较为富余；舷窗设计得大，一定程度上让旅客的视野更开阔；行李架采用现在最流行的转轴式设计，造型美观、容量大，使行李箱能够轻松地提升。

东航客户建造代表周敏说："只有中国人才能理解中国人的需要。C919 的灯光、空调设计以及整个审美布局都非常出色，适合我们中国人！"。"太赞了，国产的骄傲，设计非常符合国人审美，看上去大气，空间也足够宽敞"。C919 获得了广泛的赞誉。

资料来源：根据《南方都市报》、北青网等的报道内容整理。

思政启发：

C919 项目从 2008 年立项到 2018 年试飞，经历了无数次的失败和从头再来，从一个飞机模型到一架真正起飞的飞机，这是几代人的艰苦付出和不懈努力的成果。大飞机梦是大飞机人为之奋斗一生的梦想，也是祖国强大的标志。曾在国庆 70 周年庆典上，作为 C919 团队代表登上"创新驱动"彩车方阵的蔡俊感慨地说："这份强大来之不易，是我们每一个人共同参与、共同建设、共同为之奋斗得来的。"

启发 1：祖国的强大，我们的责任

在 2019 年国庆的当天，蔡俊作为 C919 团队代表登上"创新驱动"彩车方阵，再次感受到了祖国的强大。"大飞机梦"是大飞机人为之奋斗一生的梦想。蔡俊很庆幸能够生活在这个时代，可以自由地为梦想而拼搏。

启发 2：与 C919 一起腾飞的，是中国信心

飞机制造被称为现代工业"皇冠"，其研发和制造能力是一个国家航空水平的重要标志，也是一个国家整体实力的重要体现。C919 完全可以媲美欧美主流机型。到 2020 年 9

月，国内外用户达到28家，订单总数达到815架，这意味着中国将终结全靠进口、"八亿件衬衫换一架波音飞机"的尴尬局面。国产大飞机将进入全球航空市场，成为世界乘客的空中座驾。

启发3：中国民航飞机的发展是不可阻挡的

目前，由于受到外部因素的阻挠，C919飞机仍面临取得欧美适航证的困难。但C919符合我国民航局（CACC）制定的标准，这一标准也是参照美国FAA制定的适航标准。因此，C919可以在欧美以外地区飞行。相信在中国智慧和人们的努力下，有国内市场的支撑和第三世界国家市场的依托，C919将不惧任何阻挠，走向更广阔的国际市场。

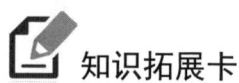
知识拓展卡

飞机客舱设计与乘机舒适体验

飞机的座位布局、空间设计以及客舱设备都与乘机体验密切相关，并对商业运营产生重大影响。

1. 客舱座位布局——乘客舒适性与航班盈利性的平衡

飞机座位间距是否合适，与乘客旅途疲劳与否息息相关。主流的经济舱座位标准间距，乘客关心的腿部空间（前排椅背到本排坐垫的距离）等，都与乘客在旅途中的舒适度紧密相关。这个距离影响着航空公司的盈利——航空公司购买飞机其实就是买座位，座位越多，每座公里成本就越低，潜在的收益就越高。

因此，低成本航空公司通常会采用高密度布局，乘客只能牺牲舒适感来换低价格；而主流航空公司会选择飞机制造商推荐的标准间距配置，以提供更大的座位间距来保持对高价商务旅客的吸引力。为了吸引高端商务旅客，航空公司国际航线会在远程宽体飞机上采用可平躺式公务舱、半独立或全独立空间头等舱配置，以提供更大的空间换取倍增的机票收入，而两舱（公务舱、头等舱）的销售决定了航班是否赢利。

2. 客舱空间设计——人机工程学问大

客舱的空间感对乘客的旅行体验也有着重要影响。双通道的宽体飞机客舱高且宽敞，没有太多的压抑和逼仄感。尽管客舱空间越大越好，但客舱空间的设计需要在保证飞机的性能和经济性的前提下进行。人机工程学原理的应用，以及现代技术的采用，可以提高乘客的客舱体验。例如，利用LED灯光的投射效果营造出"天空内饰"效果，使客舱显得比实际情况更高更宽一些；将飞机舷窗设计得更大，间距更小，并在舱壁采用碟形设计，以增加自然采光并拓宽乘客视野；另外，通过改进一些细节，如通过改进各种开关式按键为单触式、将卫生间水龙头更换为感应式、将客舱管理系统从机械式升级为数字式等方式，进一步改善旅客的体验度。

3. 客舱附加设施——经营模式决定奢简

在满足适航认证标准的前提下，客舱设备的选择与布局本质上构成了成本。客舱的设施除了增加直接成本，还会使飞机增重，增加油耗；设备占用的空间必然以减少座位数量为代价。

尽管客舱设备的选择奢简由人，但为了保持对高价商务旅客的吸引力，客舱设备的配置不仅必不可少，甚至为提高国际航班的竞争力，缓解乘客在长途旅行中的无聊感，越来越多的航空公司选择配备互动式娱乐系统，甚至在远程宽体客机上配置奢侈的单间大床、淋浴室、豪华酒廊等。这些奢侈配置是航空公司的经营模式决定的。

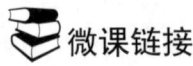 **微课链接**

本章授课与学习思路引导

 **推荐阅读**

1. 每青. 在美国做空姐，读法学院，那些年、那些事……[EB/OL]．（2021-04-28）[2024-05-15]．https://mp.weixin.qq.com/s/GN1psRO_2k9Q1K0J6vAvFw.

2. 侯甜. 将疲劳风险管理系统引入中国民航运行体系[EB/OL]．（2021-04-15）[2024-05-15]．https://m.gmw.cn/2021/04/15/content_1302233842.htm.

 本章总结

客舱设备是民航飞机发展历程的缩影，正是由于客舱设备的不断进步，民航在满足旅客需求的能力方面也持续增强，才有了今天现代化的民航运输。不同的客舱设备布局是飞机结构的要求，而航空公司的经营模式决定了其奢简程度。在满足其属性与特征的前提下，客舱设备的设计必须从系统角度出发，使其更科学、更现代化。必须把安全放在首位，在保证基本功能的同时，应急设备必须安全可靠，起到保障客舱安全的最后一道防线的作用。客舱设备的发展趋势表明，客舱设备与时代并进，与旅客对飞行体验的要求同步。未来的客舱设备将通过与数字化、智能化的融合，使客舱的体验性进入新的阶段。

 思考与复习

思考题

1. 客舱设备与客舱安全及旅客体验的关系。
2. 如何展望未来客舱设备的发展趋势？

复习题

1. 客舱是如何布局的？有什么特点？
2. 客舱设备的分类及主要功能有哪些？
3. 客舱设备的属性与特征包括哪些内容？
4. 客舱设计有哪些基本思想？
5. 客舱设备是如何演变与发展的？

第二章　客舱布局与设备功能

【学习目的】

客舱是乘客与飞机最直接、最主要的交互界面和实现飞机运营的主要功能区域。客舱内系统与设备布局的舒适程度和安全程度对旅客选择航空公司有重要影响。在满足相应适航要求和符合设计规范的前提下,飞机制造商可以按照航空公司的要求对客舱进行合理布局,最大限度地给旅客营造完美的乘机体验。通过本章的学习,应达到以下目的:

1. 了解客舱的功能布局;
2. 熟悉客舱座位布局;
3. 掌握客舱基础设备的种类及功能;
4. 掌握客舱服务设备的种类及功能;
5. 掌握客舱应急设备的种类及功能;
6. 全面了解主要机型的客舱设备概况。

【核心思想】

1. 客舱座位布局是不同航空公司经营模式的体现,只有最大限度地满足旅客的需求,才能取得最大的运营效益;
2. 不同的客舱设备具有不同的功能,因而管理与使用也有着差异性,必须严格遵守操作规范。

【素质目标】

1. 小客舱的大胸怀——客舱设备发展是社会进步的标志,满足人民日益增长的美好生活需要,是每个民航人的责任;
2. 严谨的工作作风——复杂的客舱设备需要高度的责任感和严谨的工作作风来操作和维护。

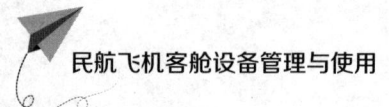

【能力目标】

1. 深入理解和牢记规范——熟记于心、了如指掌，才能得心应手；
2. 培养系统思维能力——掌握设备之间的内在联系，把握好客舱设备的整体动作。

【引导案例】

客舱空间布局的智慧——"一英寸的竞争"

空客 A330、A340，A350 以及波音 B-777、B-787 等双通道客机，每排有 8~10 个座位，因此客舱空间会显得比 A320、B-737 单通道飞机更加宽敞明亮。然而，若要长时间坐得舒适，需要足够的个人空间，座椅宽度和座椅前后间距是两个决定性因素。

经济舱的座椅宽度通常在 17~18 英寸[①]。尽管这一英寸之差看似微不足道，但为了替航空公司提供更贴近市场的产品，飞机制造商之间的竞争异常激烈。空客设定了 18 英寸作为座椅的最低标准，波音 737、787 的座椅宽度则为 17.2 英寸。空客曾提议将 18 英寸设定为行业最低标准，其目的显而易见。只不过是 1 英寸的差异，为什么不能更宽一些？座椅宽度的增加会直接影响到飞机的机身宽度，导致飞机结构重量的增加、空气阻力的增加以及油耗的增加。因此，航空公司对此会三思而后行。

此外，座位布局同样影响旅客的舒适度。坐在三连座座椅中间的旅客可能会感到局促，而坐在靠窗的座位，出去时需要打扰旁边的两名乘客，坐在靠窗座位的旅客也就不会轻易出去了。因此，宽体客机上经济舱 2-4-2 的布局形式通常比 3-3-3 更受欢迎；座椅的前后间距决定了腿部的活动空间，间距越大，腿部的活动空间越大。然而，增大的座椅间距会降低航空公司的盈利能力。应用了新材料和优化设计的纤薄座椅在相同的间距下，可以将腿部空间增加两英寸。

第一节 客舱布局

一、客舱布局的概念及布局要求

（一）客舱布局的概念

飞机客舱的布局是指客舱内舱位的安排、设备数目及其空间定位、对应的系统的统称。飞机客舱的布局包括四个基本元素：第一，舱位等级安排及位置定位，如按照头等舱、商务舱以及经济舱三种舱位进行布局；第二，面向客舱安全设备的数量与布局；第三，面向旅客服务的设备数量及布局；第四，所有设备要素的控制系统，使客舱设备形成一个完整的客舱系统。

[①] 1 英寸=0.0254 米。

从硬件上看，客舱布局的内容主要包括座椅位置的排布、应急出口和过道的排布、内部设施的布置、结构系统的布置、控制系统的布置等。

（二）客舱布局的要求

客舱布局与飞机的安全性、经济性和舒适性密切相关，在设计时需要考虑很多限制条件，满足适航条款对客舱布置设计的强制性规定。就客舱布局的基本原则而言，通常把安全性和舒适性作为首要考虑的原则。

1. 安全性

客舱布局的安全性以适航标准为最低要求。客舱座椅、应急出口和过道的排布应满足应急撤离及水上迫降等适航条款的规定。客舱设备管线路的布置要在满足正常功用的前提下考虑安全性影响，设备与设备、结构、管线路之间应留有间隙，以保证设备布置的安全性。客舱内非乘客使用设备尽量布置在客舱乘客区之外，电气线束应布置在空调管路上方，避免污染和防渗漏等。

2. 舒适性

客舱布局的舒适性以保证客舱内设备设施最大限度地满足旅客舒适性的需求为目标。客舱的设备管线路布置应尽量减少对客舱空间的占用，为旅客提供足够的乘坐与活动空间；内饰布置应使有限的客舱空间显得更加宽敞和舒适；确保盥洗室、厨房和衣帽间等生活设施数量充足、舒适度高，同时在飞行过程中提供丰富的娱乐、膳食、饮料，力求周到细致。这些措施旨在为旅客提供一个更宽敞、更舒适的整体环境，提升乘坐的舒适度。

二、客舱的功能布局

客舱设备不仅满足了旅客的乘机需求，其价值主要体现在所具备的功能上。设备设施在客舱的布局并非简单的位置叠加，而是在满足客舱整体功能和飞机结构要求的前提下，进行科学合理的安排，以最大限度地利用客舱空间。图 2-1 为波音 777 机型机舱功能布局，图 2-2 为某机型舱门及应急出口布局。

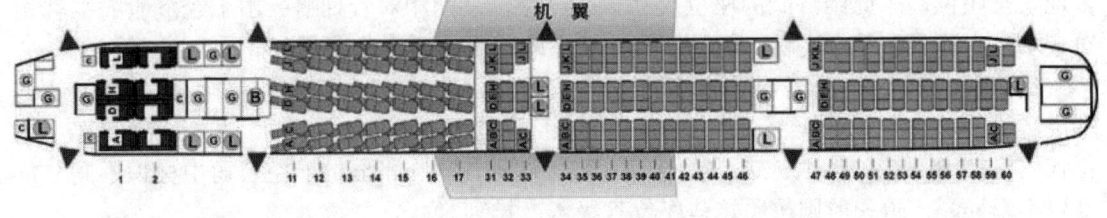

图 2-1　波音 777 机型机舱功能布局

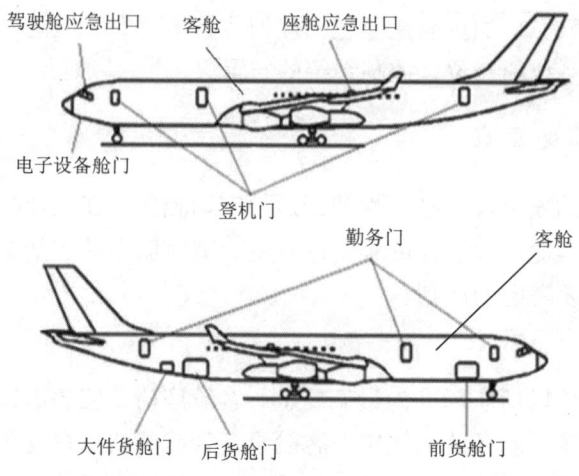

图2-2 某机型舱门及应急出口布局

三、客舱座位布局

(一)客舱等级

座位是直接面向旅客的客舱设备。根据客舱内部宽度和通道数量,现代民航市场将客机分为窄体客机、半宽体客机、宽体客机和超宽体客机。为了满足不同需求层次旅客的需求,客舱需要进行等级分类,而分类的方法与机型、航空公司的定位有着密切的关系。客舱等级布局通常可分为二级客舱布局(头等舱,经济舱)和三级布局(头等舱,公务舱,经济舱)。下面以三级布局为例进行说明。

1. 头等舱(舱位代码 F)

头等舱主要是为了满足对旅程质量要求较高的旅客的需求,其通常位于客舱的前部,特点是座椅尺寸较大,前后排座位的间距也较大。对于长途航线,座椅具备平躺功能,可以根据乘客的需求调节为平躺形式。除了常规的头等舱,波音 777 系列还根据不同航空公司的需求进行了创新设计。例如,中国东航航空的波音 777-300ER 不仅有常规的头等舱,还设计了"双人床"座位,充分展现了头等舱的舒适度。

2. 经济舱(舱位代码 Y)

经济舱(或称普通舱)主要针对预算有限的旅客。这类乘客追求经济实惠,而针对这类顾客,航空公司则采取薄利多销的策略。这也要求波音 777 必须在有限的空间内尽可能多地安排座位,因此经济舱的座位尺寸较小,座位之间相对较拥挤。由于经济舱的乘客相对较多,它通常占整个飞机客舱的四分之三左右,位于机身的中后部。

目前很多航空公司都推出了超级经济舱(舒适经济舱),但名称各异。比如南航的高端经济舱,美联航的豪华经济舱,维珍的特级经济舱等。经济舱内又分不同的座位等级(舱位代码包括 B、K、L、M、Q、X、E 等。这种代码在不同的航空公司中标识不同,价格也不一样)。折扣舱则按照这些座位等级依次排列。

3. 公务舱(舱位代码 C)

公务舱(或称商务舱)的设施介于头等舱与经济舱之间。其座位比经济舱宽,间距稍大，两个座位之间约有 20 厘米的空隙（经济舱的座位是连在一起的），公务舱通常设有独立的电视屏幕，供乘客观看影片，价格约为经济舱的 1.3 倍左右。

图 2-3 所示为国航波音 777 的客舱等级分布。

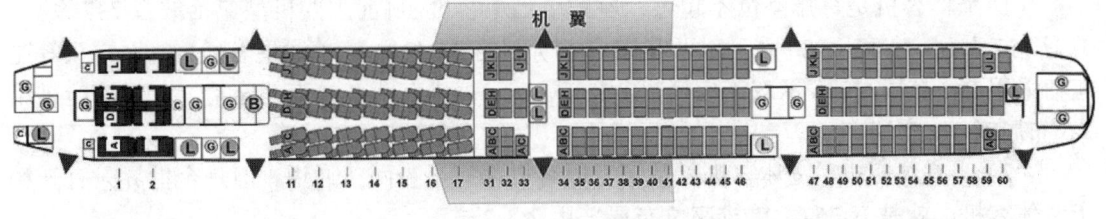

图 2-3　国航波音 B777 的客舱等级分布

航空公司可以根据航线运营需求调整机型的客舱布局。每种机型都有一种标准的座舱平面布局，根据其用途不同，还可以变换平面布局，如混合级布局、全经济级布局、高密度布局、设有空勤人员休息区域的布局和行政专用机布局等，如图 2-4 所示。

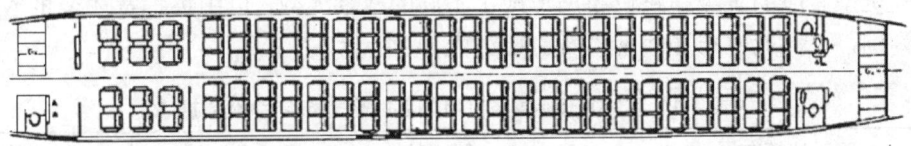

（a）混合级布局

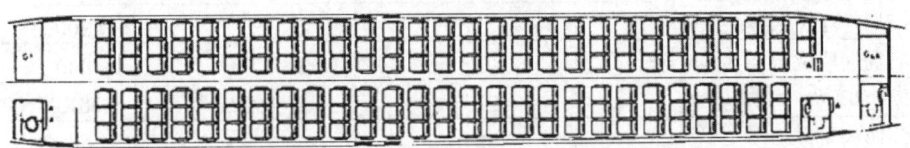

（b）全经济级布局（排距 81.28 厘米）

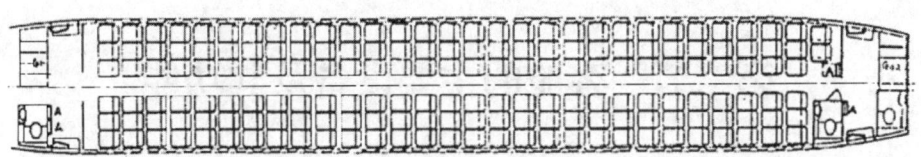

（c）高密度布局（排距 76.2/73.66 厘米）

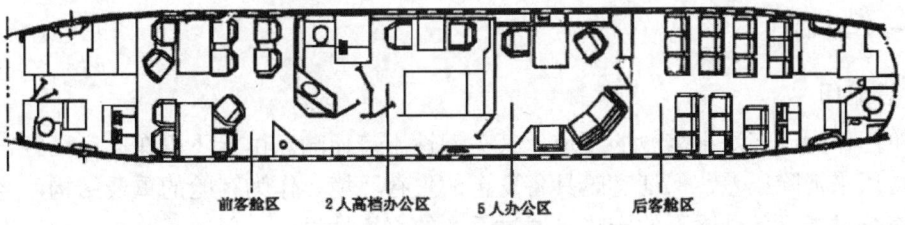

（d）行政专用机布局

图 2-4　不同客舱的布局

（二）客舱座椅布局

根据客舱内部宽度及通道数量，现代民航市场将客机分为窄体客机、半宽体客机、宽体客机以及超宽体客机。

（1）窄体客机是每排座位不超过六座的单走道客机，目前主要机型包括波音737系列、波音757系列、空客A320系列以及我国自主研制的ARJ21。在单通道客舱内，通常头等舱座椅采用2-2布局（2表示双连座椅，2-2布局表示每排有两个二连的座椅），经济舱采用3-3布局或3-2布局。

（2）半宽体客机、宽体客机以及超宽体客机都有至少两条通道，但是全世界只有一种半宽体客机，就是B-767，单排座位布局采用2-3-2式。

（3）宽体客机每排座位为8～10座，目前主要机型包括较窄的宽体客机A300、A330；中型宽体客机B-777、B-787、A350；大型宽体客机B-747。单排座位布局方式常用2-2-2（公务舱），2-3-2、2-4-2（商务舱），2-5-2、3-3-3、3-4-3（经济舱）等布局。

（4）超宽体客机只有一种，即A380，它是仅有的一款四走道客机，经济舱单排座位布局方式为3-5-3的11座布局。

不同机型客舱的等级和座位布局形成了不同的载客人数，以中远程宽体客机A330-300型飞机为例，不同舱位布局载客人数对比如表2-1所示。

表2-1 A330-300型飞机典型客舱构型布局参考数据

客舱座椅布局	头 等 舱	商 务 舱	经 济 舱
三级布局（座位数：共284个）	4	24	256
二级布局（座位数：共335个）	—	35	300
一级布局（座位数：共440个）	—	—	440
座椅间距/厘米	213.36	162.56	81.28～93.98
扶手间座椅宽度/厘米	52.07	51.31	44.45
座椅倾斜度	180°	160°	100°

第二节 客舱的主要设备及其功能

一、客舱基础设备

（一）舱门

1. 客舱门

客舱门作为旅客进出客舱的要道，其关键性不言而喻。由于飞机在高空飞行，需要通过密封增压来消除压差，保证客舱具备安全的生存环境。作为客舱的重要结构，客舱门在设计上充分考虑了各种因素的影响，通过系统的可靠性设计，保证了可操作性和安全性。同时，客观上要求客舱门的操作必须严谨，严格遵守规范，杜绝违规违章操作。

（1）客舱门的布局。一般来说，100座级以上的飞机至少有六个舱门（包括紧急逃生的应急门），在客舱的首、中、尾三个位置的两侧各有两个舱门。首部舱门是对接廊桥上下客的主要通道，尾部是客舱补给门，特殊情况下也会用于上下客。中间机翼上方会有至少两个紧急门（W1/W2），用于紧急情况下逃生。前、后舱门会带有充气垫，紧急情况下打开舱门气垫自动充气，像滑梯一样伸向地面，乘客可以坐滑至地面，快速逃离飞机。机头方向的左侧用 L1 表示，右侧用 R1 表示，如图 2-5 所示。波音 737、747、757、767、777 系列，空客 320、330、340、350 系列都有不低于以上数量的舱门。图 2-6 所示为 A320 的前、后客舱门。

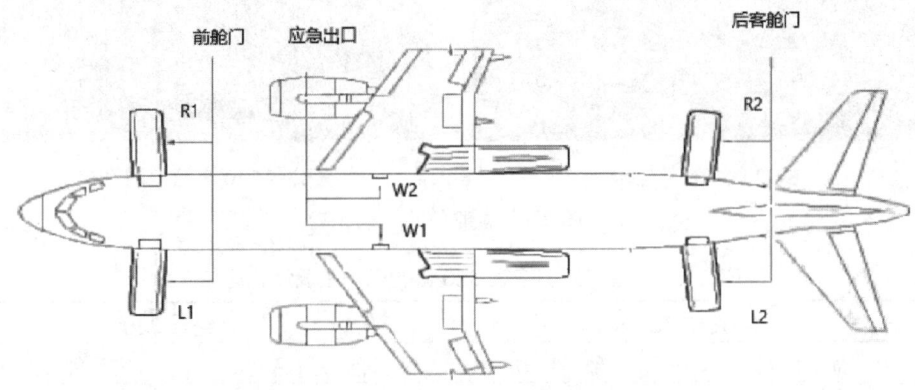

图 2-5　某机型客舱门/应急出口布局

图 2-6　A320 前、后客舱门

（2）客舱门的结构与功能。客舱门采用复合结构。波音系列飞机的客舱舱门采用内外开堵盖式铰接结构，而空客系列飞机采用"I"结构。因此，客舱门的操作也存在很大的差别。以波音737-800和空客320为例，对客舱门的结构与功能进行介绍，如图2-7和表2-2所示。

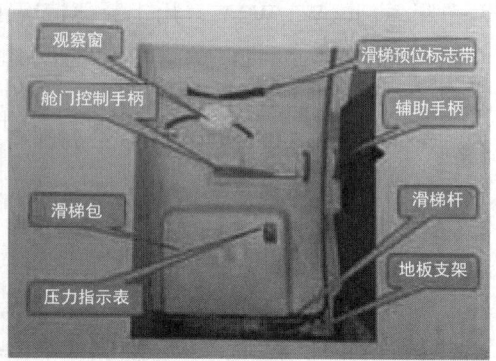

（a）B-737客舱门的结构　　　　　　（b）A320客舱门的结构

图2-7　客舱门的结构比较

表2-2　波音737、空客320客舱门的主要结构比较

机　型	波音737-800		空客320	
序　号	部件名称	部件功能	部件名称	部件功能
1	红色警示带（滑梯预位标志带）	警示并阻止人员接近	红色阻拦绳（警示作用）	警示并阻止人员接近
2	观察窗（机门窗）	观察机外情况，决定是否打开舱门	观察窗（机门窗）	观察机外情况，决定是否打开舱门
3	舱门控制手柄	操作舱门	舱门手柄	操作舱门
4	辅助手柄	辅助操作舱门	辅助手柄	辅助操作舱门
5	滑梯包	储存应急滑梯	滑梯包	储存应急滑梯
6	黄色阻拦绳	警示作用	黄黑相间阻拦绳	警示作用
7	阵风锁	用于客舱门开启后的锁定	阵风锁	用于客舱门开启后的锁定
8	底板支架	支撑部件	舱门支撑臂	支撑部件
9			分离器组件	滑梯的预位机构
10			安全销及插口	防止滑梯充气

2. 紧急出口

如图2-8和图2-9所示，任何机型的机舱均设有紧急出口，专为应急情况设计，并在应急迫降时开启，以确保旅客和机组人员能够在90秒内迅速安全地撤离飞机。每架飞机根据乘坐旅客的总人数，安排一定数量的紧急出口。一般而言，客机至少设置4个撤离口，机型不同，紧急出口的设置位置不同。一般情况下，各类紧急出口门都配有撤离滑梯，在打开门的同时，滑梯就会自动充气，旅客可以快速通过滑梯进行紧急撤离。

（1）专用应急出口。平时不开，应急情况发生后开启。可以分为地板高度（与登机口高度相同）出口和非地板高度出口（位于机翼上）。

（2）可作为应急出口的登机门和服务门。它们通常与地板高度持平，正常情况下，仅用于旅客登机和提供服务。在紧急情况下，它们作为应急出口使用。

图 2-8　应急撤离门

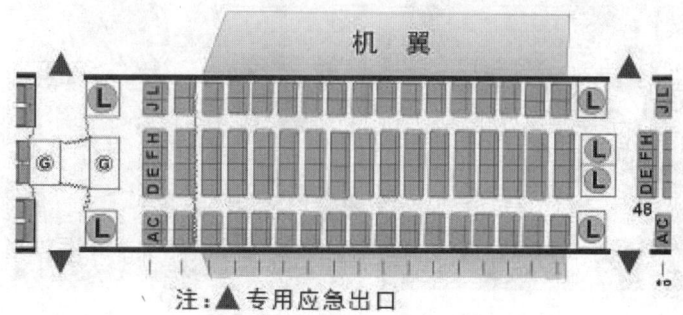

图 2-9　不同地板高度的应急门布局

（3）驾驶舱窗户出口。位于驾驶舱的两侧，每侧各有一个，用于飞行员的最后逃生。

3. 飞机自备梯

自备飞机登机梯是一种便利设施，它不依赖于机场地面设备，为旅客上下飞机提供方便。自备梯根据机型不同分为一般先进机型和纯手工操作机型，以波音 737 为例，它所配置的是电动操作自备梯，可以方便地加以控制，收放自如。此外，还有纯手工操作的自备梯。公务机通常都自带登机梯。图 2-10 所示为一架配备自备梯的飞机。

图 2-10　配备自备梯的飞机

（二）客舱座椅

1. 旅客座椅

（1）旅客座椅的结构。旅客座椅是支撑和连接空运旅客与飞机结构的基本设施，并且在所有正常、机动飞行和应急迫降时最大限度地保证旅客的安全。现代民航客机座椅都采用装有 X 型椅腿和 N 型椅腿的吸能式座椅，这种座椅坚固而轻便。不同机型、不同舱位的座椅不同。头等舱的座椅如图 2-11 所示。普通舱的旅客坐的座椅一般有双联式、三联式或单人式，如图 2-12 所示。座椅上系有安全带，扶手设有调节开关，椅背后有清洁袋、小桌板等。座椅扶手可以抬起，三连座位可以并排使用，供担架旅客或生病旅客使用。椅子配备坐垫，水上撤离时可作为漂浮物使用，帮助旅客自救。图 2-13 所示为旅客座椅的主要组件。

图 2-11　波音 777 头等舱座椅　　　　图 2-12　普通舱座椅

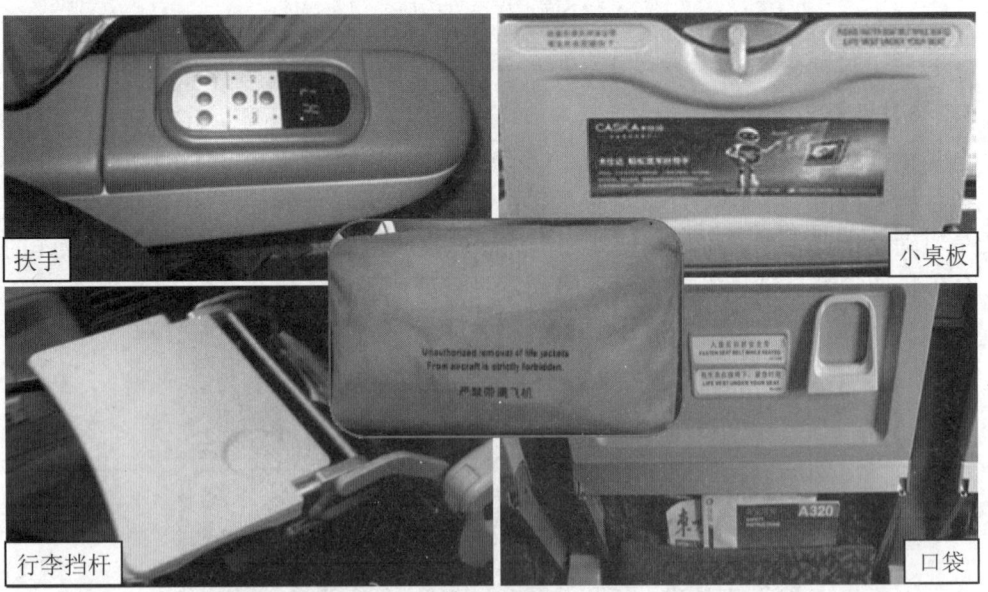

图 2-13　旅客座椅的主要组件

（2）旅客座椅的功能。作为飞机客舱的重要部件之一，座椅的基本功能包括两个方面：提供舒适性和一定的保护功能，两者缺一不可。随着现代科技的进步，舒适性得到了极大的提高。

飞机在急速减速或降落时，由于飞行加速度发生变化，乘客的身体会受到极大的冲击。冲击力如果超过人体承受极限，就会对人体造成伤害。此时，如果能将人体所受到的冲击力转移到其他物体上，那么就既能保护乘客，又不影响飞行。于是，工程师设计出吸能式座椅，来充分保护乘客的安全。在吸能式座椅的椅腿结构中，有一个能拉伸的吸能器。当吸能器被拉伸时，可以吸收由座椅传向地板的部分过载，保护座椅上的乘客。

一项研究显示，客机起飞和着陆期间出现的事故占总事故发生率的70.4%，而死伤人数中的60%是因坠机后座椅损坏导致旅客受碰撞造成的，这就对飞机座椅在出现意外情况时保持完好的性能提出了非常高的要求。

1981年，美国联邦航空局（FAA）专门成立了一个飞机座椅动能测试机构，进行了大量的座椅过载实验。根据实验结果，FAA要求飞机上必须安装动载为16g（g是指重力加速度）的座椅。到2009年9月，全球所有的民航客机才全部安装了16g座椅。

2. 乘务员座椅

乘务员座椅位于前后登机门、后勤务门以及舱内过道附近，有单人式或双人式，如图2-14所示。

图2-14　乘务员座椅

（三）客舱行李架

客舱行李架安装于客舱天花板两侧或中间的旅客座椅上方，它们是两排或四排的，贯穿整个客舱。这些行李架用于放置旅客的随身行李、客舱休息用的毛毯以及枕头或应急设备，如图2-15所示。这种封闭式客舱行李架有上翻式的和下拉式的，不仅外观整齐美观，在飞机颠簸时也不会导致物品从箱内掉出而伤到旅客。行李架的两侧有座位标识，图文并茂，旅客可以对号入座，避免出现混乱。行李架的空间是有限的，并且不可承载重物，因此对行李的尺寸和重量等都有一定的要求。

图 2-15　客舱行李架

（四）旅客服务组件

每位旅客座椅上方、行李架底部都配备有旅客服务组件（PSU）。旅客服务组件是专供下方旅客使用的一个独立单元，包括：阅读灯及开关、呼叫铃灯、呼唤铃按钮、"系好安全带""禁止吸烟"信号显示灯、扬声器、座椅定位标志、自动氧气面罩储存箱。旅客可以根据自己的需要自主操作，以满足自己的需求，如图2-16所示。

图 2-16　旅客服务组件

呼叫铃灯分为分体式和一体式两种，分体式的呼叫铃灯与呼唤铃按钮分别在PSU组件的两端各有一套，一体式的呼叫铃按钮中内置灯泡，一套组件只有一个呼唤铃，按下呼叫铃的同时，内置灯泡即亮。

（五）观察窗

观察窗用于旅客观察机外情况，客舱两侧壁板上每隔6米左右设有一个观察窗，上缘一般与旅客视线平行，观察窗由三层玻璃构成：里层为有机玻璃，防碰撞；中间层为抗压玻璃，有小通风孔；外层为抗压玻璃。观察窗上还备有遮阳板，可以上下移动并停留在任意位置，用于遮挡外界阳光，如图2-17所示。目前B-787等客机已经取消了遮光板，可用电动按钮调节舷窗光线亮度。

图 2-17　客舱观察窗

另外，在紧急情况下，观察窗便于外部人员从外面观察舱内情况，便于应急救援和逃生。

（六）衣帽间和储物柜

衣帽间和储物柜位于飞机的前舱或后舱，分为有门和无门两种，衣帽间内部都装有灯，如图 2-18 所示。衣帽间可供头等舱旅客挂放衣物、存放婴儿摇篮。储物柜用于存放应急设备和服务用品。对于中、短程航线客机，由于飞行时间短，旅客很少使用衣帽间，因此有的客机不设置衣帽间。

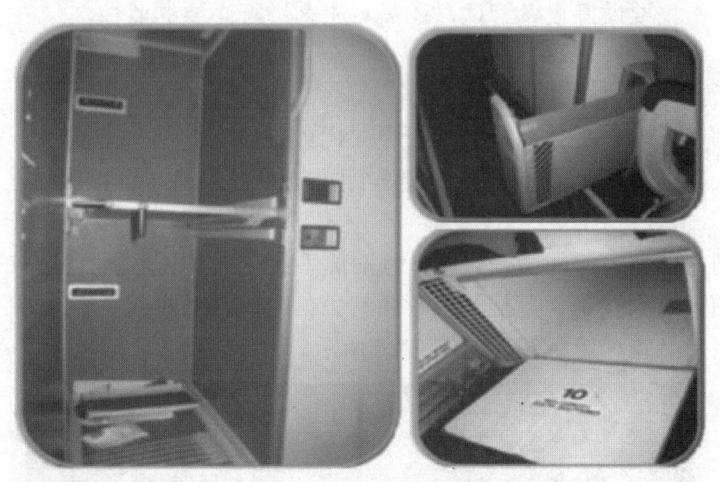

图 2-18　客舱衣帽间和储物柜

二、客舱服务设备

（一）厨房设备

厨房及其设备是保障旅客机上生活的必备设施，用于准备餐饮，储存机上供应品，放置餐车、容器等服务用具。厨房的数量根据旅客人数配置，通常为每 60~70 人配备一个厨房，如 200 座的飞机通常配置两三个厨房。厨房的位置取决于是否方便乘务员及旅客的使用，一般位于客舱的前段和后段，或者位于地板以下。厨房内有一整套完整的供餐服务设备，包括供应品备份箱、烤箱及烤炉架、煮水器、烧水杯、煮咖啡器、餐车、餐车位、杂货箱、垃圾箱、厨房配电板、厨房控制面板、工作灯、积水槽、保温箱、可拉工作台、冷风机、水系统等，如图2-19所示。

图 2-19　机舱厨房设备

客舱厨房是个设备密集且操作要求细致的地方。在长途飞行中，厨房也成为旅客休息的地方，因此，不仅要做好设备管理，还需对旅客进行必要的监控。

（二）卫生间设备

现代客机都设有多个卫生间，包括折叠式门或推拉式门两种形式。一架飞机的卫生间数量根据旅客人数配置，通常为每40~50人配置一个卫生间，如200座的飞机通常配置四五个卫生间。

每个卫生间内都有完善的盥洗设备，包括洗手盆组件、儿童板、穿衣镜；烟雾报警器、氧气面罩储存箱、防火设施、门插销、呼叫铃、信号牌；马桶组件、水系统、顶部灯光、扬声器等；卫生用品箱、废纸箱，如图2-20所示。

图 2-20　卫生间设备

洗手间除了为旅客提供正常服务外,也是客舱安全重点防范的区域。它是容易引起火灾危险的区域,尽管飞机上禁止吸烟,但为了安全起见,卫生间通常会放置烟灰缸。同时,卫生间的门可以从外面打开,以确保安全疏散和应急逃生的便利。

(三)乘务员控制面板

乘务员控制面板(flight attendant panel, FAP)是为了便于乘务员控制客舱设备而设置的,它通常设置在乘务员座椅上方,以便于随时操作。根据客舱环境的需求,乘务员可以通过面板上的按键对客舱娱乐系统、灯光系统、水系统、应急灯等进行控制。控制面板的操作方式有机械开关式和液晶显示式两类。液晶显示的面板更加直观和方便。不同机型采用的控制面板有所不同,例如,空客 320 的乘务员控制面板是液晶显示的,可以控制灯光、温度微调、清水污水指示等;而波音 737 有两种类型,一种是机械开关式的,只能控制灯光,另一种是波音 737-800 机型的液晶乘务员控制面板。空客 350 等机型的乘务员控制面板也是液晶显示的,如图 2-21 所示。

图 2-21 液晶乘务员控制面板

一般机型(如空客 320、波音 737)的乘务员控制面板分为前乘务员控制面板和后乘务员控制面板。远程客舱范围分为乘务员面板(FAP)、附加乘务员面板(AAP)、乘务员指示面板(AIP)和区域呼叫面板(ACP)。

1. 前乘务员控制面板

前乘务员控制面板包括地面服务开关、窗灯开关、入口灯开关、工作灯开关、蒙顶照明开关等前舱灯光系统,还包括旅客娱乐系统开关、内部通话电话、旅客广播话筒,前自备梯控制开关(若有)等设备一般由乘务长操作,如图 2-22 所示。

2. 后乘务员控制面板

后乘务员控制面板包括舱门照明开关、入口灯开关、工作灯开关,饮用水标识、垃圾系统标识,机组呼叫系统开关、驾驶员呼叫开关、服务员呼叫开关,重置开关及紧急出口灯开关。一般由 L2 门乘务员操作,如图 2-23 所示。

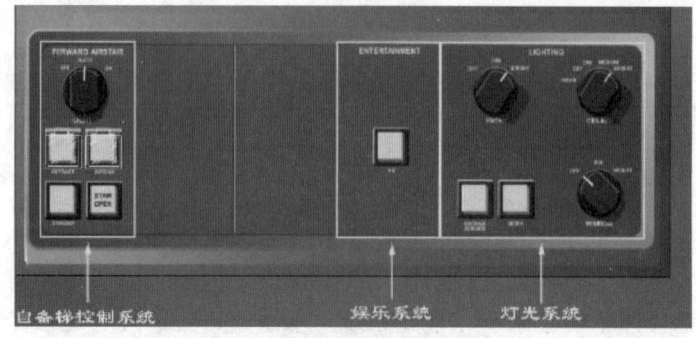

图 2-22 客舱服务控制面板（前）

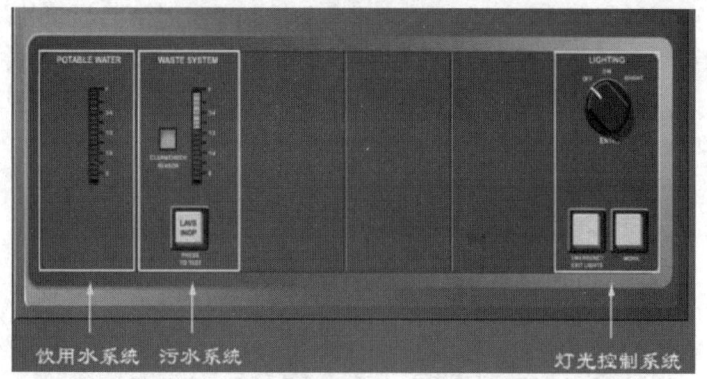

图 2-23 客舱服务控制面板（后）

（四）客舱通信系统

客舱通信系统用于飞机内部信息交流，包括机组成员之间、机组与乘客之间的信息传递以及应急警告信息等。客舱通信系统包括客舱内话、乘客广播、机组和乘客呼叫及卫生间呼叫系统等。其中，客舱内话系统提供驾驶舱乘员和乘务员之间的内话通信，乘客广播系统播放预录通告或机上音乐等，两者通过乘务员工作席位的手持电话完成，如图 2-24 所示。乘客呼叫系统由乘客通过按压服务单元的乘务员呼叫按钮呼叫乘务员。卫生间呼叫系统由乘客通过按压盥洗室舱壁洗手盆上方的乘务员呼叫按钮呼叫乘务员。

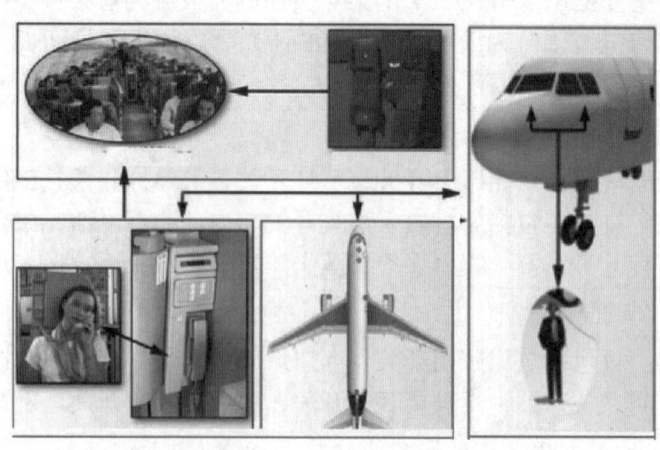

图 2-24 客舱通信系统

（五）客舱照明系统

飞机的灯光照明设备分为机外照明、机内照明和应急照明。机外照明是保证飞行安全的照明分系统，包括航行灯、防撞灯、着陆灯、滑行灯、跑道转弯灯、机翼探冰灯、标志灯等，如图2-25所示。机内照明分为驾驶舱照明和客舱照明，驾驶舱照明包括普通照明、局部照明、仪表板或操纵台照明等。客舱照明由白炽灯和荧光灯提供，包括顶灯、壁灯、夜灯、阅读灯、壁柜灯、乘务员工作灯、盥洗室灯和厨房灯等，如图2-26所示。客舱照明光线可以调节，为旅客营造舒适、温馨的客舱环境。应急照明在飞机主电源失效或飞机发生故障需要应急着陆时使用，由机身配备的蓄电池供电，紧急情况下提供目视帮助。应急照明包括客舱应急照明、驾驶舱应急照明以及外部应急照明。

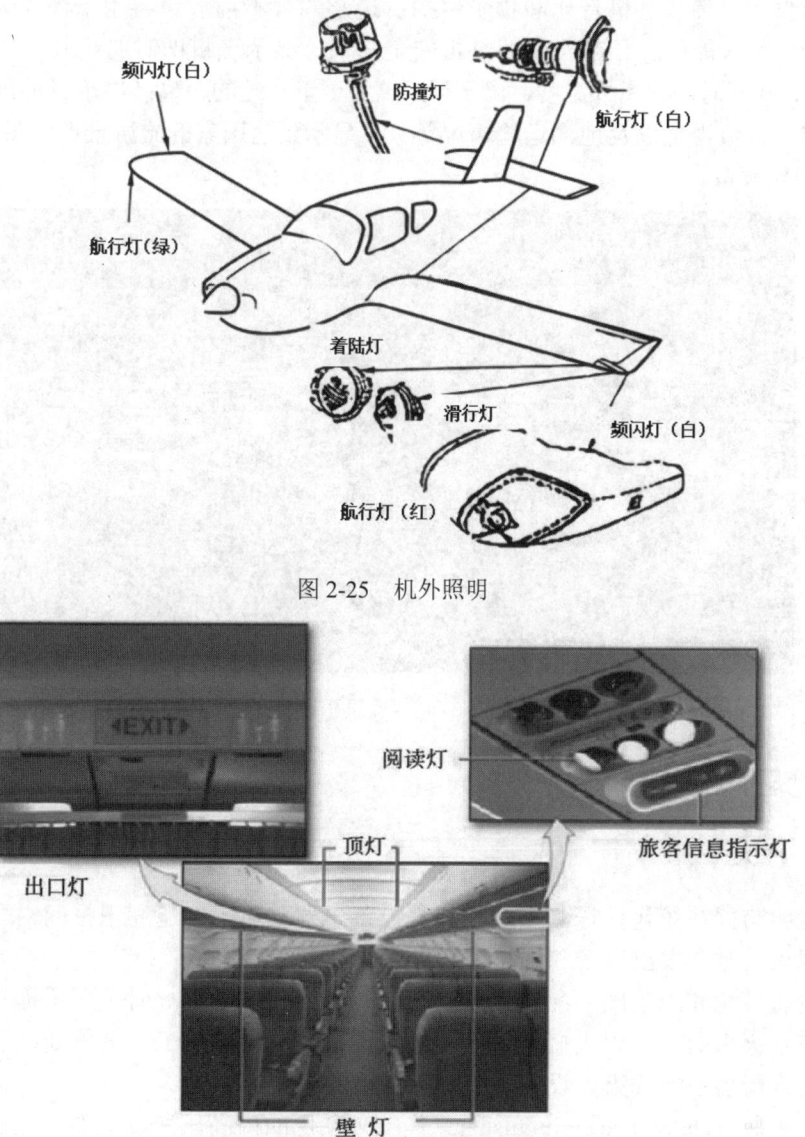

图2-25 机外照明

图2-26 客舱内照明

（六）饮用水及污水处理系统

机上水系统包括饮用水系统和污水系统。饮用水存储于机身后面或地板下面的水箱中，被加压后向厨房或盥洗室供水。污水系统包括马桶污水系统和废水系统。马桶污水系统抽吸冲刷马桶后的污水，将其暂时存储在污水箱内，飞机落地后由地面勤务用污水车抽走；废水系统收集厨房和盥洗室洗手盆用过的废水，以及舱门门槛处的雨水，并通过排放口排到机外，或不排出机外而经化学处理后循环使用。

（七）客舱娱乐系统

客舱娱乐系统包括音乐播放设备和选装的视听播放设备。音乐播放设备用于播放音乐供旅客选择收听、播放登机音乐和预录广播；选装的视听播放设备用于播放影像节目。目前先进的娱乐系统能够介绍起飞前的乘机安全知识；显示飞机即时的状态，如飞机的位置、速度、高度、飞行时间、室外温度、已飞行距离和至下一站的距离；显示目的地机场的信息（海关规定、货币规定以及地面运输情况等）；显示到达国家的旅游景点。图 2-27 所示为 A380 客舱娱乐设备。

图 2-27　客舱娱乐设备

三、客舱应急设备

（一）防火系统

飞机客舱防火系统包括探测系统和灭火设备。驾驶舱、客舱和卫生间内配备烟雾探测设备，出现火情时会发出声音和视觉警报。

驾驶舱、客舱和卫生间内配备灭火设备。驾驶舱和客舱灭火时使用手提式灭火瓶（海伦灭火瓶或水灭火瓶），灭火瓶存放在驾驶舱内、客舱乘务员工作席位处以及行李架等位置；卫生间内配备固定式灭火设备，用于废纸箱的灭火。

海伦灭火瓶（Halon fire extinguisher）是一个红色的内高压瓶，上部是黑色的喷嘴和激发手柄，它适用于任何类型的火灾，尤其是 C 类电器设备失火，如图 2-28 所示。

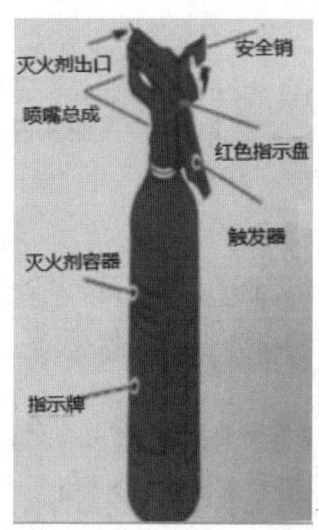

图 2-28　水灭火瓶

客舱还配备灭火毯、防烟面罩、防火手套、应急救生斧、防烟眼镜等救火器具。

（二）客舱供氧设备

客舱供氧设备用于飞行中出现客舱释压的紧急情况。氧气系统分为驾驶舱氧气系统、旅客和乘务员氧气系统，包括便携式氧气瓶。便携式氧气瓶分别存放在驾驶舱内、旅客服务组件内、乘务员站位上方以及行李架上。便携式氧气瓶机动性较好，用于在机上移动时供氧或机上紧急救护。

（三）紧急撤离设备

紧急撤离设备是飞机在陆上或水上紧急迫降时，旅客得以安全撤离飞机以及撤离后自我救助的设备。紧急撤离设备主要包括：

1. 滑梯

滑梯装在每个舱门的下部，平时与舱门成为一体。每个滑梯均带有自动充气瓶，当滑梯处于预位状态时，滑梯的充气手柄与舱门地板支架会自动连接。打开舱门时，滑梯在5～8秒内就会充满气，如图2-29所示。逃生时，滑梯可以用作水上漂浮物。

图 2-29　滑梯

2. 其他撤离设备

其他紧急撤离设备包括救生船、救生衣、救生包、应急定位发射器等。救生船和救命包存放在旅客行李架上，救生衣存放在旅客座椅下面（椅子的坐垫也可以用作漂浮物），其他救生设备均存放在客舱内易于取用的位置。

（四）应急医疗设备

民航客机上配备的应急医疗设备包括应急医疗箱、急救箱、卫生防疫包和医用氧气，用于对旅客或者机组人员发生紧急情况的应急医疗处理，它们存放在客舱内易于取用的位置。

1. 急救箱

急救箱用于旅客或机组人员受伤需要止血、包扎、固定和心肺复苏的应急医疗处理，如图 2-30 所示。飞机在载客飞行条件下，需根据人数配备 1~6 个急救箱，箱内配置规定的医疗用品。

2. 应急医疗箱

应急医疗箱用于旅客或机组人员意外受伤或者医学急症的应急医疗处置。飞机在载客飞行条件下，需根据人数配备至少 1 个应急医疗箱，箱内配置规定的药物和用品，如图 2-31 所示。

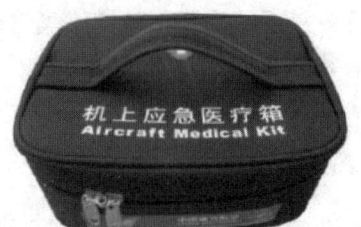

图 2-30　急救箱　　　　　　图 2-31　应急医疗箱

3. 卫生防疫包

卫生防疫包用于清洁、消除客舱内的血液、尿液、呕吐物和排泄物等潜在传染源，并为疑似传染病人提供个人保护。飞机在载客飞行中所配备的卫生防疫包的数量不可以少于每 100 个旅客座位 1 个，存放在机组成员易于取用的位置。如执行疫区飞行的航线飞机，将适当增加防疫包的数量，如图 2-32 所示。

图 2-32　卫生防疫包

4. 医用氧气

旅客可以自备医用氧气或使用付费氧气装置，但须履行使用手续，提前预约。

5. 其他应急设备

客舱还配备其他应急设备，如图 2-33 所示。

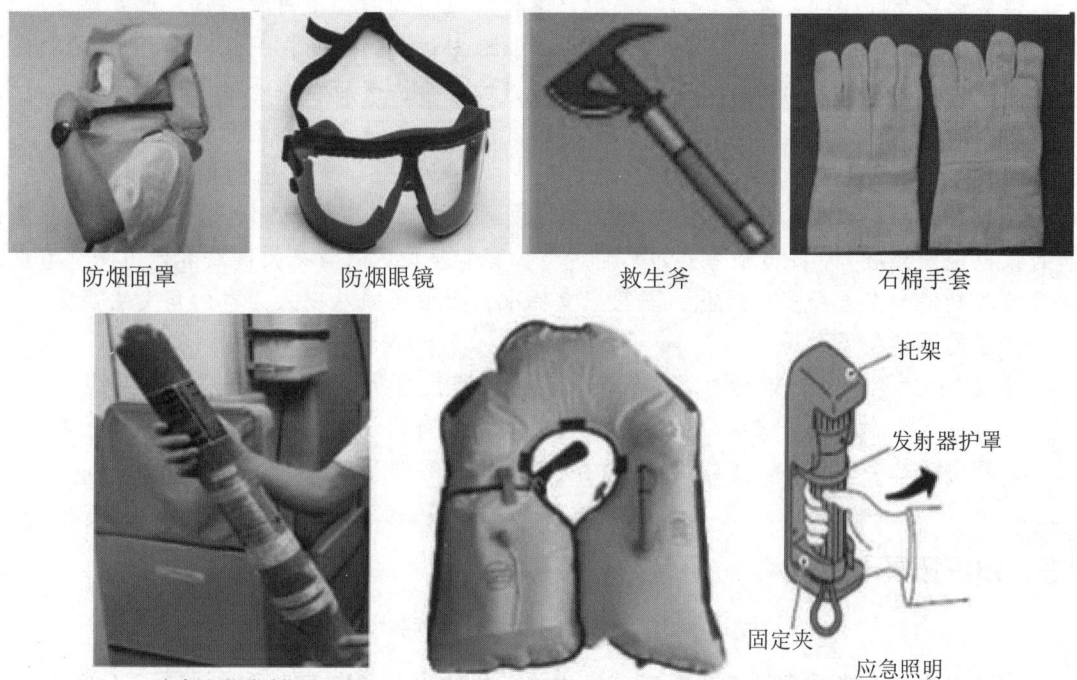

图 2-33　其他应急设备

 **思政拓展**

"民航服务要以人为本"——客座间距能否再宽点

2003 年羊年正月初一的夜里，一架满载的 757 飞机正从北京飞往新加坡。倒数第二排 C 座的乘客像是难以入睡，他按亮了阅读灯，向空姐要来纸和笔，在小桌板上写了起来。

他给时任民航总局局长杨元元写了一封信。"我们服务行业经常讲'以人为本'，我认为我们的民航飞机客舱也要强调'以人为本'的观念。飞机的座位排列，行与行之间的距离实在太小，尤其是在夜航时，只要前排休息，后排就连脚一起卡着不好动弹，真不是滋味。本来是想出去旅行放松一下，没想到一开头就在飞机上搞得很难受，无法休息。服务行业不能只图追求高利润，而忽视服务质量。人不是物，人毕竟是有感受的，其实旅客的要求并不苛刻。以上意见请您参考。祝 2003 年中国民航更发达！"写信的人是前辈刘友梅——在湖南株洲电力机车厂工作的全国政协委员、中国工程院院士。

2 月 9 日，民航总局局长杨元元就刘友梅院士的来信做出批示，表示赞同刘院士"以人为本"的观点，肯定了深圳航空公司牺牲座位数量、调宽经济舱座位间距、增加舒适度的做法。

资料来源：董义昌，凌育. 民航服务要以人为本[N/OL]. 中国民航报，2003-03-10[2024-05-15]. https://news.carnoc.com/list/24/24201.html.

思政启发：

许多旅客共同呼吁：航空公司能否把经济舱的座位间距调得再宽一点？调宽经济舱的座位间距，意味着会减少飞机的座位数量。对旅客来讲，当然会提升乘机的舒适度，但对多数航空公司的决策者而言，却是一件值得推敲的难事，然而在企业追求最大效益和追求综合效益的同时，如何践行"以人为本"科学发展观，是对我国企业价值观的考验。

启发1：如果缺乏鼓励以人为本、旅客至上的企业机制，大客轮也会变成小舢板

民航企业的生存与发展之道是多维的，可以通过提高旅客的满意度来吸引、留住旅客；也可以挖掘内部潜力，降低成本；如果通过增加客舱座位的数量来提高载客能力必须有度，并让旅客知情和有选择权。对此，国家应有标准，企业必须从以人为本的角度去衡量，切莫因狭隘的思维失了大局。

启发2：大浪淘沙，市场永远是正确的，需要调整的只是我们自己

践行以人为本，也许失去了短期利益，然而，只有通过调整企业自身，赢得了客户的青睐，获得了社会的赞誉，才能为长期的发展奠定坚实的基础。

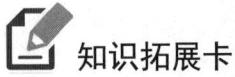
知识拓展卡

客舱安全门的安全开启

客舱安全门是在紧急情况下，为旅客逃生预留的出口。它是生命的通道，不能擅自打开，但在关键时刻，又必须能轻易打开。然而，偶尔发生应急门被旅客非法打开，人们不禁要问，客舱安全门这么容易打开，它还安全吗？安全是肯定的！有以下几点可以证明。

1. 飞机起飞后，舱门和安全门的电子锁会自动锁住，乘客无法打开。即使用力，也无法打开，除非机长在驾驶室解除电子锁。

2. 当飞机在空中飞行时，安全门无法打开。飞机飞到高空后，由于内外压差的影响，加上飞机安全门较重，安全门是打不开的。

3. 安全门的设计初衷是为了便于乘客在紧急情况下逃生。飞机降落后，由于内外压差消失，打开安全门会变得容易，哪怕只用小孩子的力气都可能打开。

4. 安全门上有一套锁闭结构，它在满足一定条件的情况下可以防止他人错误地打开。这些条件包括：（1）三个以上的登机门/服务门已经关闭；（2）任意发动机运转；（3）飞机处于飞行中（有空速）或左右发动机推力杆超过53度。

微课链接

本章授课与学习思路引导

 推荐阅读

1．田以丹．飞机进化"三部曲"[N]．中国民航报，2021-06-01．
2．张格．舒适客舱的奥秘[J]．大飞机，2016（4）．

 本章总结

客舱的布局和设备配置，一方面是客舱安全的需要，另一方面是为旅客提供服务。客舱的布局决定了客舱空间的大小以及旅客的方便舒适程度。客舱设施越齐全，旅客的使用体验就越顺畅。座椅距离越大，旅客的舒适感就越强。这是一个需要在运行成本和旅客舒适度之间进行权衡的问题。客舱的基础设备、服务设备和应急设备都是不可或缺的，而奢简程度取决于航空公司的运营模式，但应急设备必须符合运行标准与空运规则的要求。

 思考与复习

思考题

1．客舱布局、客舱设备与服务质量及飞行体验的关系如何？
2．应急设备为什么是客舱安全的"最后一道防线"？

复习题

1．简述客舱局部的含义。
2．客舱等级是如何划分的？
3．客舱基础设备包括那些？其基本功能是什么？
4．客舱服务设备包括那些？其基本功能是什么？
5．客舱应急设备包括那些？其基本功能是什么？

第三章 客舱设备与客舱安全

【学习目的】

客舱设备是民航旅客运输的保障,也是为旅客提供优质服务的物质基础。客舱设备呈现在旅客面前的是服务属性,但本质上是安全属性,安全飞行离不开客舱设备对旅客的安全保证。通过本章的学习,应达到以下目的:

1. 了解客舱设备的五大功能;
2. 理解客舱设备与客舱服务的关系;
3. 掌握客舱设备与客舱安全的关系;
4. 理解客舱设备使用的人为因素。

【核心思想】

1. 客舱设备不仅是物,更是民航服务思想与理念的化身,体现着以人为本的科学发展观;
2. 客舱设备是有生命的,在服务过程中具有稳定性、体验性、感官性;
3. 客舱设备肩负着客舱安全的责任,关键时候的作用是不可替代的;
4. 客舱设备是人操作与使用的,人为因素的决定性不可忽视。

【素质目标】

1. 塑造牢固的民航安全观——敬畏生命,敬畏规章,敬畏职责;
2. 人与设备一体观——使用设备需要尽职尽责。

【能力目标】

分析能力:客舱设备是面向服务的,能否发挥其作用是多种因素交互作用的结果,培养、提高对客舱设备的操作能力,为旅客的安全提供保障。

【引导案例】

飞机座椅里的"安全智慧"

客舱设备看似华丽，功能齐全，但其实背后深藏着人们对客舱安全的极致关注以及对完美解决方案的追求。飞机座椅的基本功能是为了让旅客坐得舒适。然而，这其中也体现了对旅客安全的保障和智慧的融入。在安全性方面，座椅需要通过一系列严格的测试。这包括动态测试，通常要进行动载冲击试验。其中一项是水平冲击试验，要求制动过载的峰值最小为16g；另一项是垂直冲击试验，制动过载的峰值最小为14g。这两项试验都必须达到规定要求的人体生理指标。通过上述两项试验的座椅称为16g高过载吸能式座椅，在紧急着陆的情况下，这种座椅能有效地减缓对旅客身体的冲击，从而对旅客的人身安全起到保护作用。此外，座椅的设计也充分考虑了人体工学，采用符合脊柱生理曲线的靠背设计，让乘坐更加舒适，有助于缓解长途飞行的疲劳。同时，座椅上安装的娱乐系统不断得到完善，调节方式更加智能化。旅客可以选择按摩、睡眠、用餐等特定模式，也可以通过座椅建立与乘务员联系。由此可见，客舱设备的设计和配置都以安全为前提。同时，各航空公司也在努力开发更多的服务功能，以提升旅客的飞行体验。为了充分发挥客舱设备的作用，民航需要建立更全面的思维方式，认真管理、充分利用这些设备。

第一节　客舱设备的功能

一、客舱设备的服务功能

乘务员为旅客所做的一切，安全是前提，服务是本质。最终展现出来的是服务过程与客舱设备完美结合使旅客获得的飞行体验。飞机客舱是旅客和航空公司接触时间最长、接受服务内容最多的地方，不同的客舱设备具有不同的服务功能，对旅客需求的影响是全方位的。

（一）提高了对飞行安全的信心

客舱设备水平是技术水平的体现，而本质上是对客舱安全的保障程度。在客舱发展的初期，设备匮乏或相当简陋，噪声、颠簸、热餐饮、防冲击以及突发紧急情况都给旅客带来了诸多困扰，因此，坐飞机在当时是对人身的挑战，导致人们对其产生畏惧心理，更无法谈及舒适。而今天的飞机客舱不仅装饰豪华，而且设备齐全，应有尽有，人性化、智能化、安全属性稳定，可以满足旅客飞行旅行中的必要需求。

（二）提高了感官的满足度

在长时间的高空封闭空间飞行中，人们往往会感到疲倦和烦躁，对视觉等感官体验产生负面影响。然而，现代客舱通过不断升级的客舱设备，为旅客营造了良好的乘机环境与氛围，令人赏心悦目。旅客的感官得到满足，使乘机成为一种高等级的享受。例如，空客

A380实现了情景灯光随心变换的功能。用餐时、睡眠时、醒来时,根据不同时间或心情,旅客可以随意变换情景灯光,在客舱内营造出独特的气氛和环境。波音787飞机采用了"天空内饰",可以通过调节LED灯模拟真实的天空照明效果,使客舱灯光不再是单调的黄白两色。头顶可以模拟蓝天或朝霞,采用"电致变色舷窗",在舷窗上看不到传统的遮光板,取而代之的是窗下的一个5挡控制钮。乘客可以通过控制按钮改变透光量。在起飞、降落前,不再需要提醒乘客打开遮光板,统一控制全部客舱的舷窗,使其处于透明状态,展现了更具格调的飞行旅行意境,给乘客带来更梦幻的体验。

(三)提高了乘机的方便与自主体验性

由于客舱设备的密集布局,客舱拥挤是不争的事实。但因为高水平的客舱布局设计,人性化的客舱设备,客舱成为"最小空间的最大享受"的天堂,小空间有极大的宽敞感,智能化使旅客"足不出户",在座位上可以解决自己的需求。客舱座椅已经不仅是供人们简单栖息的地方,周边设施不断丰富,可谓小格局中有大乾坤。例如,娱乐系统的完善、数字化客舱服务设备等工具都助力航空公司更好地管理客舱服务。再如我国的青岛航空,阿里云和天地互联共同为该架飞机客舱进行了数字化改造,保证旅客在航程中享受流畅的上网、互动娱乐、空中直播以及购物支付等服务。通过高速卫星互联网,飞机利用数字化航空娱乐服务系统和数字客舱一站式软件解决方案,构建了包括移动端空中内容娱乐、航旅出行服务、空中电商新零售等多元化的空中互联网生态,如图3-1所示。

图3-1 青岛航空通过高速卫星连接进行客舱直播活动

(图片来源:张进刚,李佳佳. 国内首架高速卫星互联网飞机首航[EB/OL]. (2020-07-09) [2024-05-15]. https://photo.cctv.com/2020/07/09/PHOAEN5NPLzooMzSmeP8W3Ut200709.shtml#Z9awJiM69ebT200709_1.)

(四)提高了不同需求的满意度

乘机旅行是交通工具的最高层次,不同层次的消费需求需要不同的满足方式,而客舱设备水平的差异,正体现出差异需求的精准满足。如头等舱设备与经济舱不同,豪华客机与普通客机的设备配置不同。图3-2所示为波音787豪华的头等舱。

图 3-2　波音 787 豪华的头等舱

当然，客舱设备是服务的载体，但人是服务的最活跃因素，再好的设备也代替不了人。要使设备发挥最大的作用，离不开客舱服务人员的操作。

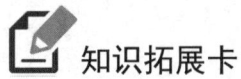知识拓展卡

凝聚中国智慧的 C919 客舱设备

2023 年 5 月 28 日，中国东方航空使用中国商飞全球首架交付的 C919 大型客机执行 MU9191 航班，从上海虹桥国际机场飞抵北京首都国际机场。首飞圆满成功，萦绕中华民族百年的"大飞机梦"取得历史性的突破。在客舱设备水平及布局方面，C919 体现了中国智慧。

作为我国拥有自主知识产权、具备国际水准的干线飞机，C919 配备了两舱布局，共计 164 个座位，包括 8 个公务舱座位和 156 个经济舱座位。客舱内饰、旅客座椅、机载娱乐系统和飞机外部涂装做了定制化设计。其中，8 个公务舱座椅为全铝合金框架结构，采用摇篮式设计，后靠可达 120 度，前后座椅间距超过 1 米；156 个经济舱座椅采用 3-3 布局，中间座位比两边座位宽 1.5 厘米。C919 客舱拥有 2.25 米的过道高度，旅客能感受到舒适的顶部和前方视觉空间。

C919 客舱拥有 2.25 米的过道高度，采用单曲圆弧造型设计的下拉式行李舱设计，为旅客提供了更宽敞的顶部和前方视觉空间。此外，多种情景化照明模式，较低的噪声水平以及健康清新的空气质量，能为旅客提供更加舒适的乘坐环境。东航 C919 客舱还选装了 20 个 12 英寸的吊装显示器，支持高清 1080P 电影放映，这是东航单通道机队首次引入 1080P 的节目装载。

"乘坐舒适宽敞"将是 C919 今后服务旅客的鲜明特色。公务舱座椅采用全铝合金框架结构和摇篮式设计，后靠可达 120 度，前后座椅间距超过 1 米；经济舱的设计更是匠心独运，令人惊艳。国际主要窄体机型的经济舱中，每排两组三连座椅的中间座位常常因为空间局促而不受旅客青睐。而东航 C919 经济舱的三连座椅的中间座位比两边宽 1.5 厘米，这种"中间座最宽"的人性化设计，仅用"一指宽度"就让旅客感受到更多的舒适。

东航 C919 客机客舱内部设置了七彩灯光，客舱情景照明有 10 个情景模式，包括登机/离机、起飞/着陆、巡航、夜航、娱乐、正餐、日出、日落、彩虹、关闭模式。每个情景模式都有独特的光色搭配，以提升乘客的乘坐体验和舒适性。在飞行的不同时间段，结合人体的作息规律，营造出登机、用餐、睡眠等环境的氛围，为枯燥乏味的航程增添了小趣味。此外，在长途飞行中，客舱环境照明还可以通过灯光的变化来模拟日出、日落和星空等场景，给乘客以心理和生理的暗示，进一步提升乘坐舒适度，如图 3-3 所示。

图 3-3 东航 C919 飞机客舱内部设置的七彩灯光模式

资料来源：王晶."国产大飞机 C919 的"空中体验[EB/OL].（2023-05-28）[2024-05-15]. https://baijiahao.baidu.com/s?id=1767190173463754194&wfr=spider&for=pc.

二、应急突发响应功能

尽管人们主观上都希望客舱安全，但实际上没有绝对的安全。因此，客舱设备具备了独特的应急响应功能，显著地提升了客舱安全的保障水平。

1. 预防性功能

在客舱设备设计与布置时，预防突发事件是首要考虑的因素。例如，烟雾与火灾探测报警器、释压的主动响应系统，烟雾探测器（用于探测舱内烟雾浓度，防止发生火灾）和座椅的安全防冲击设计等，都是为了预防可能发生的危险。

2. 处置功能

在客舱释压、火灾、电力失效等紧急情况下，客舱设备不仅要发挥应急突发响应功能，而且要能够足以应对各种紧急事件。例如，氧气设备，包括驾驶舱氧气设备、客舱氧气设备和便携式氧气设备，在客舱释压时为机上人员提供应急供氧；灭火设备，包括手提式灭火瓶和盥洗室固定灭火设备，用于扑灭不同类型的火灾；其他应急设备如防烟面罩、防护手套、防烟镜、斧子、麦克风、手电筒等，则用于辅助应对舱内突发事件。

三、急救与防疫功能

某些客舱设备在机上人员受伤、出现医学急症、呕吐等情况下能够发挥急救功能。应急医疗箱用于机上人员意外受伤或者医学急症的应急医疗处理；急救箱用于机上人员受伤时包扎等应急处理；卫生防疫包用于清除客舱内呕吐物等潜在传染源。此外，便携式供氧设备也具有急救功能，用于机上人员的移动供氧。

新冠病毒感染暴发后，机上盥洗室、备餐间成为航空公司的防疫重点关注区域。为了降低机上污染风险，许多客舱设备具备了防疫功能。无接触式水龙头、无接触式或脚踏式废物盖以及无接触式冲水按钮都被集成到盥洗室中。此外，通过新技术，飞机的内饰和客舱设备得以保持清洁和具备防护功能，并具备了除菌和防病毒的功能。

四、撤离功能

某些客舱设备在飞机突遇火灾、机械事故等紧急情况而需要紧急迫降时，能够发挥撤离功能。应急出口，包括登机门、勤务门以及翼上应急出口，用于旅客快速撤离飞机；滑梯则作为辅助紧急撤离的工具；救生船、救生衣、救生包和应急定位发射器等应急救生设备用于旅客紧急撤离后在水上或陆上的自救。

五、登机功能

登机门不仅关乎旅客的安全与便利，也直接影响到航空公司的运营效益。飞机左侧的舱门除了具备撤离功能外，主要用途是供旅客上、下飞机。正常飞行时，由乘务员操作登机门，通常让旅客从前登机门有秩序地登机。通常情况下，只打开左侧的一个登机门，但大型客机可能会打开两个登机门。许多航空公司，例如使用波音 757、767 和 777 客机的航空公司，会开放飞机左侧的第二扇门以方便乘客登机。波音 747 客机甚至会同时开放一个以上的登机门，空中巨无霸 A380 则会同时开启上层和下层的登机门。

第二节 客舱设备与客舱服务

客舱服务是一个综合系统性的问题，涉及设备与人，人与服务以及应急处置的交互过程。客舱设备的进步是提升客舱服务的基础。在客舱独特的环境与多变的飞行状态下，充分利用客舱设备并实现其功能，是一名高效乘务员必须具备的基本能力，也是最大限度提升客舱服务水平的关键所在。

一、客舱设备是客舱功能的重要组成部分

客舱作为机体的重要组成部分，连接着飞机的主要部件。客舱设备的布局变化本质上是为了创造更优良的客舱环境，而客舱设备技术水平和功能的升级为提升客舱的服务功能提供了保证。早在 2012 年，空客公司提出了"空间拓展"（space-flex）理念，其核心是通过改变单通道窄体客机的尾部客舱布局，为客舱释放出更大的空间，实现客舱空间利用的最大化。例如，其对空客 A320 飞机的尾部客舱重新布局，使原来的厨房空间缩小了一半，将前客舱的两个盥洗室移至一处并排设置，从而为前客舱腾出空间以增加座椅（最多可增加 6 个），在不影响乘坐舒适性的情况下降低飞机的单座成本。在需要时，还可以拆除两

个盥洗室之间的隔板，将其快速改装为轮椅旅客的专用盥洗室。在空客 A321neo 飞机上，空客公司采用"空客灵活客舱构型"（airbus cabin flex，ACF）的理念，通过灵活更改舱门位置，优化客舱布局，不仅使旅客乘坐更舒适，也使航空公司能按需设计座位布局。汉莎航空则对远程机队的客舱进行了改装，其希望通过深度优化机舱内的生活空间，将空间还给旅客。同时，在所有舱位设置全球先进的座椅，以体现汉莎航空的管理基因和品牌价值。

二、客舱服务过程离不开客舱设备

在服务过程的操作层面，服务过程依赖客舱设备。乘务人员通常借助客舱设备完成客舱服务，因此，客舱服务的过程也是客舱设备使用的过程。无论是大型设备如卫生设施、座椅和餐车，还是小型设备如安全带和小桌板，这些都不是乘务员的直接服务活动，但它们在满足旅客需求方面确实发挥了重要作用。可以形象地比喻为"客舱设备的变化体现着客舱服务的变化"。

我国早期客舱设备除了座椅、卫生间和行李架外，几乎没有任何其他设备。乘务员需要提着暖瓶为旅客供水，一个面包就代替了餐食。因此，客舱服务程序和服务内容都很简单。而今天，客舱服务的复杂性往往与客舱设备有关。有了安全带、救生衣、应急出口等设备，旅客的安全得到了保障，服务也变得复杂起来，这体现了对客舱设备的依赖性。

当客舱服务出现问题，特别是客舱出现突发性问题时，解决手段一方面依赖于设备，另一方面则依赖于组织。例如，在遇到释压、火情和应急撤离等情况时，就需要依靠设备和组织的协同作用来解决问题。

三、客舱设备的数字化已成为大势所趋

为了提高客舱的体验性，除了对传统客舱设备进一步改进外，互联网技术的进步，特别是 5G 的推动，使客舱数字化成为新的发展趋势。加快客舱网络设备的加改装是目前客舱设备升级的重要举措，以打造特色的空中网络服务，进一步改善乘客的乘机体验。目前，多家航空公司已在飞机上配备了无线局域网系统。到 2021 年年末，具备客舱无线网络服务能力的航空公司有 23 家，共计 842 架航空器，其中 213 架航空器具备地空通信能力。初步统计显示，2021 年已有 130 多万人次使用了空中接入互联网服务。中国国际航空公司在其 354 架飞机上安装了无线局域网系统，占其全机队的 81%。由此可见，数字化的客舱设备进入客舱将为满足旅客乘机需求提供新的途径，也必将带动客舱设备的升级，以真正提升旅客的体验性。

四、客舱设备的使用是服务技能的核心

客舱乘务员是集自身特质、基本知识和操作技能于一身的实用型职业。在乘务员培训体系中，企业文化、机型理论、民航英语、礼仪培训、急救措施及设备实操训练、服务与设备操作规范等方面的培训是必不可少的。其中，客舱设备的使用内容是培训的重中之重。航空服务专业的实用型人才的培训，模拟舱、机舱门、灭火设备等各类客舱设备的使用实训也是必不可少的。

在实际的客舱服务工作中，设备的使用不容失误，否则后果可能非常严重。例如，乘务员操作失误导致的滑梯释放事件等，对客舱安全和航空公司的形象都会带来难以挽回的影响。在遇到紧急情况时，由于心理素质的影响，乘务员可能会手足无措，这也会严重影响客舱设备的操作。

从众多的空中紧急事件可以看出，旅客是否能够生还很大程度上取决于乘务员的素质与能力。美国国家运输安全委员会代理主席罗森克曾经说过："外界有个认识误区，认为空难的生还率很低，那是不正确的，其实概率很高。"许多航空专家认为，抓住黄金 90 秒，飞机事故生还率高达 95%，而这一切完全取决于乘务员的素质与能力。例如，2005 年 8 月 2 日，法航（Air France）一架客机在加拿大多伦多皮尔逊国际机场着陆时，冲出机场跑道并起火燃烧，两分钟之内，包括机组成员在内的 309 人顺利逃生，全部生还。这一事件得到了世界媒体的高度评价，被冠以"奇迹"之名。美国广播公司在客机失事后的第二天发表的分析文章指出，这种"奇迹"，一方面由于空中客车 A340 客机本身就具备便于快速逃生的条件，双过道宽体客机包括紧急门在内的 8 个舱门，而客机在冲出跑道后，又扎进了水沟里。从客观条件来说，两分钟的时间给 309 人顺利逃生提供了可能。另一方面，如何充分发挥客观条件的作用，快速带领旅客离开失事飞机，这取决于乘务员。乘务员的素质与能力，包括设备使用与管理能力，在突发事件中起着决定性的作用。各种案例表明，在突发情况中，乘务员对客舱设备的使用与旅客组织的有效性是化解安全危机的关键。

第三节　客舱设备与客舱安全

客舱安全是民航服务永恒的话题，保证客舱安全是机组成员的神圣职责。如前文所述，客舱设备的安全属性是客舱安全的基本保证。如何发挥设备的效能，需要我们去认识和理解，并在客舱服务中践行客舱安全的理念。

一、客舱设备应客舱安全需要而发展

从客舱设备发展来看，客舱安全需求催生了客舱设备的发展，而客舱设备的进步又为客舱安全提供了保障。有了安全带，才能更好地应对空中颠簸和紧急降落时的冲击，提高了生存机会。自其发明以来，保护了无数人的身体和生命；有了烟雾火灾探测报警装置，才能使火情早发现、早消除；有了客舱安全门和滑梯，才有了紧急情况下的逃离途径。凡此种种，客舱设备均具有的安全属性极大地保护了客舱安全，为旅客的安全增加了保障。

二、客舱设备的正确使用是更稳妥处置突发事件的保证

许多客舱设备是为了应对可能发生的紧急情况。例如，在火灾处置时，需要正确、熟练地使用灭火装置和器具，迅速灭火，否则将贻误时机，酿成更大的灾难；应急撤离时，舱门和滑梯的操作关系到旅客的生命，错误的操作将大大增加危险性；突发病情的医疗救治同样如此。

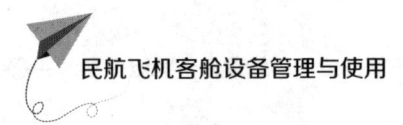

三、客舱设备使用失误是客舱安全的隐形杀手

客舱设备往往是客舱安全的重要防线，也是最后一道防线。无论任何原因引发的客舱安全威胁，往往最终归结为客舱设备的使用。设备零故障、管理零漏洞、使用零隐患、操作零失误，才能说客舱安全处于最佳状态。比如，一旦客舱设备失效，客舱安全危机就很可能出现。据有关资料显示，因客机自身设备（包括机载设备）故障而导致的空难比例近20%。2018年曾发生一起印度飞行员忘记启动客舱增压设备致使飞机上30名乘客耳鼻流血的事件。

四、对客舱设备有所了解的旅客是不可或缺的因素

从统计的客舱安全事故中可以发现，有许多事故是由于旅客对客舱设备的知识缺乏所导致的。例如，误开应急门，误将客舱应急门当作卫生间的门；像小桌板这样看似微不足道的小物件，其实是客舱安全中不可忽视的因素。在飞机起飞、降落或是高空飞行的途中，随时都可能遇到气流等问题带来的机身颠簸。小桌板通常位于每个乘客的正前方，一旦飞机因为颠簸产生了机舱内的惯性，乘客很有可能撞击在打开的小桌板上，从而导致受伤。另外，小桌板的打开会一定程度影响到乘客的行动空间。一旦发生意外，小桌板可能会严重影响机舱内乘客的逃生速度。要知道，在危机时刻，每一秒都是黄金逃生时间，每一秒的延误都有可能导致无数个生命的失去。

第四节 客舱设备使用的人为因素

客舱设备服务于使用者，无论是旅客还是机组人员，都必须按照规定操作，才能发挥机上客舱设备的使用功能。然而，人的弱点之一就是容易犯错误，即使是非主观差错，但错误或差错不容忽视，因为其带来的后果是严重的，甚至是致命的。统计数据显示，在大量的民航安全事故中，人为因素是主要原因之一，占比高达70%。因此，人为因素在客舱设备使用与管理过程中，会通过多种方式影响客舱安全，是绝对不容忽视的问题。

一、不容回避的人为因素

（一）相关理论

1. 客舱设备操作中客观存在的人为差错

在任何时空条件下，人的因素是绕不开的话题。客舱设备的使用同样受制于人的因素。客舱设备设计时已经充分考虑了操作者使用的便捷性，各种操作规范也在规范人的行为，以保证设备的运行与使用。但往往存在人为的差错。

通常来说，人为差错是指在没有超越人机系统设计功能的条件下，人们为完成任务而进行的有计划的行动的失败，包括个体、群体和组织。从可靠性工程角度出发，人为差错

定义为:"在规定时间和规定条件下,人没能完成分配给他的功能。"在客舱设备操作中,人为差错是指在使用和操作客舱设备过程中,没有按预定的要求完成设备的功能。例如,灭火器材不能正确地打开与使用、应急门操作失误导致延误应急撤离、忘记将餐车驻车和制动而导致移动,以及应急撤离时机组成员之间的相互配合失效等。

客观地讲,人都是有错误倾向的,错误是人类行为的必然组成部分。民航领域的大量研究得出一个共识:"人犯错误是寻常事",这些错误主要来源于特定环境下人的失误。尽管失误不可避免,但可以对人的错误的性质、类型和来源进行识别,便于采取有效措施加以预防、减少人的错误。这也是各项民航规范、规章与制度颁布的根本原因,也是客舱乘务员进行培训和常态化的复训的初衷之一。

2. REASON 模型的启发

客舱安全事故往往由安全隐患引发,并通过组织缺陷链导致安全事故。英国曼彻斯特大学教授 Jame Reason 的 REASON 模型的基本逻辑是:事故的发生不仅涉及事件本身的反应链,还涉及被穿透的组织缺陷集。事故促发因素和组织各层次的缺陷(或安全风险)长期存在并不断自行演化,但是这些事故促因和组织缺陷并不一定会导致不安全事件。当多个层次的组织缺陷在一个事故促发因子上同时或次第出现缺陷时,不安全事件就会失去多层次的阻断屏障而发生。也就是说,航空安全事件往往以事故链的方式发生,过程与结果之间并不一定存在必然的一一对应的关系。事件的发生是由于安全保障各个环节的缺陷处于贯通状态。一旦不安全因素出现,且多层的组织缺陷同时或次第出现,防护系统就会被击穿,使事故诱因从可能变成必然,亦即人们说的"偶然中的必然"。这一模型通过国际民航组织的推荐成为航空事故调查与分析的理论模型之一,如图3-4所示。

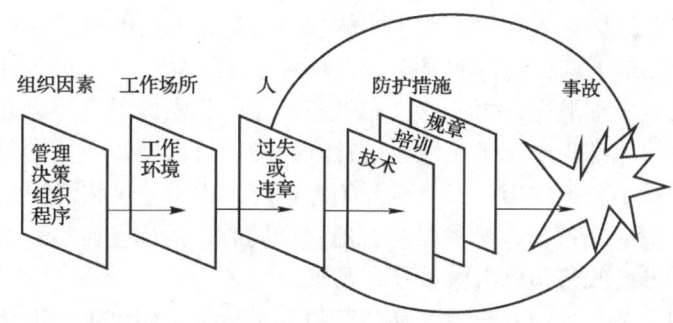

图 3-4　REASON 事件的反应链

3. 墨菲定律

1942年,美国航空工程师墨菲提出了著名的墨菲定律:"If anything can do wrong, it will."。即人们做一件事,如果存在着一种做法,迟早会有人按这种做法去做。该定律认为:凡是有可能出错的地方,一定会有人出错,而且以最坏的方式发生在最不利的时机。

墨菲定律告诉我们,任何存在概率的事件其发生最坏的结果是必然会发生的,只是我们都不知道那个坏的结果会在什么时候发生,会在什么样的条件下发生,会以什么样的方式发生,会以什么样的损失发生。所以,无论怎么严抓、细抓客舱安全都不为过,这样才可能防患于未然。

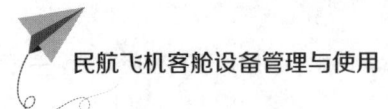

（二）对客舱设备使用的启发

（1）客舱中任何操作的失误，不是孤立的事件的结果，本质上是因组织管理层次的漏洞导致行为层和导因层产生了漏洞，各种层面的漏洞一旦穿破无防护措施的屏障，事故就在所难免。

（2）系统的动态特性会带来许多新的、不可预知或无法掌控的问题。尽管一个环节存在缺陷，不一定爆发事故，但当缺陷穿透各个层面时，事故就会爆发。例如，阿罗哈航空243号事故中，空中撕裂的天花板导致释压和压差，旅客随时可能被吸出客舱，消失在空中。幸运的是，由于所有乘客都系了安全带，因此化险为夷，得以平安。但空乘员就没有那么幸运了。因此，为了避免客舱设备使用失误而导致客舱安全威胁，需要在不同层面设防。例如，客舱检查的"交叉检查"制度就是一个很好的举措。

（3）墨菲定律告诫我们，可能出现问题的地方切不可掉以轻心、心存侥幸。我们必须处处采取有效的防范措施，只有消除了可能出现的问题，才能避免事故的发生。

二、提高旅客的安全意识，避免非主观差错

从乘机的角度来看，旅客是服务对象，是客舱设备的享用者。但从客舱设备的属性来看，其使用功能的发挥与旅客不无关系，甚至密切相关。一方面，旅客对客舱设备的使用必须遵守客舱设备安全使用规范和操作规程的规定，避免随意性和主观性。从客舱安全的角度出发，客舱的任何设备都首先基于客舱安全的需要而存在，否则，其功能就会丧失，也有可能成为危及客舱安全的诱因。

其实，目前有个误区令人深思，似乎客舱安全是机组人员的事情，与旅客无关。但事实表明，旅客的无知或无意识导致的误操作，时常会导致危及客舱安全的情形出现。

应急救生滑梯，简称滑梯，由滑梯、充气瓶、连杆和操作手柄等组成，折叠后镶嵌安装在客舱门、应急门内部。当飞机在地面进行维护时，滑梯操作手柄放在解除预备位置，这样打开舱门时滑梯不会被放出；当飞机开始滑行时，由乘务员将滑梯操作手柄放在预备位置；当飞机遇到紧急情况时，乘务员打开舱门的同时，滑梯会自动冲出舱外，在几秒钟内完成充气过程，方便旅客和机组人员逃离飞机。

飞机舱门结构复杂，里面有应急滑梯和其他电子设备。如果操作不当，会对操作人员造成伤害，会对飞机造成损坏。所以，只有经过培训的机务维修人员和机组人员才能进行飞机舱门操作。应急滑梯作为救生器材，是飞机的必备设备。在飞机舱门、应急门内部都安装了应急滑梯，确保在紧急情况下，旅客可以快速撤离飞机。按照航空部门的规定，飞机陆地撤离时间为90秒。在这么短的时间内要保证全体人员离开飞机，不仅需要专业机组人员的高效指挥和旅客的密切配合，还要求撤离设备完好。

如果误操作导致滑梯被释放，将会产生一系列问题。第一，容易对操作人员造成人身伤害，并给非专业人员造成冲击和惊吓。第二，需要专业人员对释放出的滑梯进行放气和叠放处理。应急滑梯的价格达数十万元，不仅增加了航空公司的运营成本，误放滑梯者还要接受行政处罚并赔偿损失。第三，处理释放滑梯需要一定的时间，这样会造成航班延误，给旅客造成不便。

从客舱设备的使用来看，在越来越多乘飞机出行的旅客中，很大比例的旅客对航空乘坐常识了解有限，缺乏安全意识。有的旅客对飞机设备充满好奇，容易发生对应急设备的误操作事件。如今，乘飞机旅行已经不是新鲜事了，做一个"合格的旅客"必须成为一种新的乘机文化，旅客应自觉做出正确的乘机行为。另外，为了确保客舱设备使用的安全性，乘务员也需要对旅客进行宣传并予以正确的引导，把握重点环节，如安全门等。乘务员要坚定地提示旅客："登机后请您仔细阅读放在座位前方口袋里的乘机安全须知，并留意收听乘务员的安全提示讲解，平安开心地出行，不要因为一时的好奇或误操作而耽误行程。"

三、提高机组人员的操作能力，提高客舱安全裕度

客舱设备是应客舱安全及旅客舒适而生，客舱设备要发挥最大的作用，有赖于机组人员娴熟而正确的操作。为了安全飞行，承担飞行任务的机组人员需要具备良好的素质、服务技能和客舱设备使用能力，特别是在应急情况下的处置能力。同时，中国民用航空局飞行标准司在《民航客舱乘务员服务机型数量评审指南》中对乘务员的服务机型以及相应的要求做出了明确的规定，规定了从业者的准入门槛，把客舱乘务员训练的差异分为四个等级，分别是一级、二级、三级和四级。不同等级针对候选飞机中的差异和可能对客舱安全产生的影响。这种差异也可能会涉及客舱乘务员现有的知识、技术和能力。如果没有差异存在，或者虽然存在一定差异但并不影响客舱乘务员使用掌握的知识、技能，那么不同的等级既不会被指定，也不适用于客舱乘务员训练。划分一级到四级的每个等级是基于飞机差异的程度，包括飞机内部的描述、应急设备的类型/操作和位置、系统操作以及正常程序和应急程序。

为了使客舱服务与安全保障能力不断提升，中国民用航空局在《大型飞机公共航空运输承运人运行合格审定规则》中对乘务员复训提出了明确的要求，而复训过程中涉猎客舱设备的使用与应急处理问题，以提升乘务员的设备使用与保障能力。

从教育与训练的角度看，需要强化对客舱设备使用过程中人文因素重要性的训练，树立客舱安全意识，能熟练地操作设备，杜绝行为差错。一方面，乘务员必须对自己严格要求，勤学苦练，不仅学会，更要保证百分之百地操作好；另一方面，航空公司的培训部门应规范训练程序，强化训练内容，严格考评制度，重视作风与责任意识的培养，使每一名乘务员都能够成为客舱安全的"守护神"。

 **思政拓展**

设备管理"小细节"的决定性
——旅客为"方便乘客"落地立即打开应急舱门

背景资料：

2020年8月22日，一架从广州飞往河南南阳的航班在抵达南阳姜营机场时，应急舱门突然被一名旅客打开。经查，坐在应急舱门旁边的旅客金某是此次事件的涉事人。她此次乘机是为了回老家奔丧。飞行过程中，航班乘务员按照规定向她出示了《安全须知卡》，

告知她不要随意碰触应急舱门，以及紧急情况下应急舱门的开启方法和注意事项。由于金某是第一次坐飞机，她对乘务员的话产生了误解，误以为乘务员是在指导她如何操作，于是在航班落地停稳后，她直接将舱门打开，导致应急滑梯弹出、后续航班延误、航空公司经济受损等一系列后果。南阳机场警方出于人道主义考虑，允许金某先回家处理丧事，再对她处以拘留10日的行政处罚。目前，金某已从老家返回，被警方依法行政拘留。

资料来源：旅客为"方便乘客"落地立即打开应急舱门[EB/OL].（2020-09-12）[2024-05-15]. https://baijiahao.baidu.com/s?id=1677625392619745144&wfr=spider&for=pc.

思政启发：

机舱应急门被非法打开的情况鲜有发生，但一旦发生，除了追究肇事者的法律责任，还应该思考：在客舱设备管理，特别是应急设备管理方面，虽然有严格的制度和规范，但为什么此类事件频有发生？除了旅客的无知或误操作外，是否还有其他原因？

启发1：安全管理的第一原则是预防——既然要预防，就要一防到底，而不能草草行事。这种草率的态度或许并非乘务员的本意，但结果却可能导致安全事故。因此，我们需要在责任心和安全意识上反思客舱服务。

启发2：工作细节的决定性——旅客误认为"乘务员让她帮助打开舱门以方便乘客下机"，这与乘务员是否清晰交代有关系吗？是否确认旅客真的理解了你的交代？是走过场，还是真的确认旅客明确地知道如何去做？职业素养的培养必不可少。

启发3：事故链一定对应责任链——客舱应急门被误开的事件发生，本质上暴露了客舱安全管理中的漏洞，这一定是一个责任链的连锁反应。要树立责任担当意识，以严谨的工作作风筑起客舱安全的堡垒。

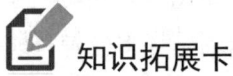

知识拓展卡

为什么飞机客舱的座椅是一道安全的屏障

作为飞机客舱的重要部件之一，座椅既要舒适，又要具备一定的保护功能，两者缺一不可。通常，飞机在急速减速和降落时，由于飞行加速度发生变化，乘客的身体会受到极大的冲击。如果冲击力超过人体承受极限，就会对人体造成伤害。此时，如果能将人体所受到的冲击力转移到其他物体上，那么既能保护乘客，又不影响飞行。因此，工程师设计出吸能式座椅，以充分保护乘客的安全。在吸能式座椅的椅腿结构中，有一个能拉伸的吸能器。当吸能器被拉伸时，可以吸收由座椅传向地板的部分过载，从而保护座椅上的乘客。

一项研究显示，客机起飞和着陆期间发生的事故占总事故发生率的70.4%。在这些事故中，60%的死伤人数是由于坠机后座椅损坏导致旅客被碰撞造成的。这无疑对飞机座椅在出现意外情况时保持完好的性能提出了非常高的要求。

1981年，美国联邦航空局（FAA）专门成立了一个飞机座椅动能测试机构，进行了大量的座椅过载实验。根据实验结果，FAA要求飞机上必须安装动载为16g（g是指重力加速度）的座椅。到2009年9月，世界上所有的民航客机才全部装上了16g座椅。

为了提高座椅的防冲击能力，必须进行严格的动载试验。这项试验的场景可以参照我们比较熟悉的汽车碰撞试验，使用仿真假人模拟各种情况，然后观测试验数据。飞机座椅的动载试验分为垂直冲击试验和水平冲击试验两种。在垂直冲击试验中，我们模拟高下沉率着陆状态的情况，并分析座椅如何在旅客脊柱受到冲击载荷时提供保护。试验时，要求速度变化不小于 10.3 米/秒，并在撞击后的 0.08 秒内，地板上出现的最大负加速度不小于 14g。水平冲击试验模拟飞机着陆时与地面障碍物碰撞的状态，用来分析当座椅和旅客受到沿飞机纵轴的冲击载荷作用时，座椅提供给旅客的保护作用。此时，旅客头部与飞机内部设备或前排座椅碰撞的可能性很大。试验时，要求速度变化率不小于 10.3 米/秒，并在撞击后的 0.08 秒内，地板上出现的最大负加速度不小于 14g。

试验结果直接影响飞机座椅能否被批准使用。2016 年 4 月，FAA 发布通知要求航空公司移除 1 万多个卓达宇航公司生产的飞机座椅，因为这些座椅存在设计缺陷，在发生高冲击力事故时，乘客可能会受伤。FAA 宣称，通常情况下，在座椅认证测试中乘客的头部会首先接触椅背，之后贴着椅背滑落，但存在缺陷的座椅会造成其他伤害，比如，乘客的下巴可能会磕到座椅上，导致颈部弯曲高负荷，并使负荷集中在脖子上。在出现向前的冲击力时，这种头部和椅背的碰撞会导致乘客严重受伤。

除了上述防护功能和严格的动载试验，还需要具备良好的阻燃性能。

资料来源：看航空. 飞机座椅的奥秘[EB/OL]. （2018-04-04）[2024-05-15]. https://www.sohu.com/a/227240971_115926.

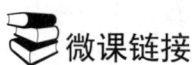 **微课链接**

本章授课与学习思路引导

 **推荐阅读**

1. 高翔. 安全飞行系列之"客舱篇"：安全飞行，我们一直在路上[EB/OL]. （2018-08-01）[2024-05-15]. https://www.sohu.com/a/244681143_806166.

2. 做好客舱安全风险管理，防患于未然[EB/OL]. （2014-05-21）[2024-05-15]. http://news.cnair.com/c/201405/55437.html.

 **本章总结**

客舱是民航安全的核心思想的体现，并通过五大功能得以实现。在旅客享受客舱服务的过程中，客舱设备不仅为旅客提供功能性的享受，更重要的是为旅客带来附加的安全信任感。客舱设备的安全属性作为旅客飞行安全的保护神，无时无刻，无论在任何情况下，都在最大限度地保护旅客的安全。同时，客舱设备作用的发挥是个"人—设备"的互动过程，需要乘务员的正确操作和精心组织。这个过程不允许出现错误，因此，从人为因素角

度出发，每一个机组成员都必须严守规范，熟练操作，避免差错的出现，遏制"差错链"的产生。

 思考与复习

思考题

1．如何认识客舱设备与客舱安全的关系？
2．影响客舱使用功能的因素有哪些？

复习题

1．客舱设备的功能包括那些方面？其内涵是什么？
2．客舱设备与客舱服务的关系是怎么体现的？
3．客舱设备与客舱安全是怎样的关系？是如何体现的？
4．人为因素对客舱设备使用的影响是什么？怎样阻断事故链的发生？

第二篇
主要机型的客舱设备与使用

第四章 主要机型的各种机上设备及操作

【学习目的】

在民航运输的多种机型中，干线航空运输领域最受欢迎的窄体机型是波音 737-800 和空客 A320，最受欢迎的宽体机型是空客 A330；在支线航空运输领域，我国自主研制的 ARJ21 翔凤客机已正式投入航线运营，与加拿大庞巴迪宇航公司的 CRJ 系列客机和巴西航空公司的 EMBRAER 系列客机等支线客机形成有力竞争。本章以波音 737-800、空客 A320-200 以及 ARJ21-700 为例，从乘务员使用客舱设备的角度，阐明各主要机型的客舱设备种类、结构、功能以及操作方法。通过本章的学习，应达到以下目的：

1. 了解波音 737-800、空客 A320-200 和 ARJ21-700 的机型特征；
2. 掌握波音 737-800、空客 A320-200 和 ARJ21-700 的客舱布局；
3. 掌握波音 737-800、空客 A320-200、ARJ21-700 的客舱设备种类、结构与功能；
4. 能够熟练操作波音 737-800、空客 A320-200、ARJ21-700 的客舱设备。

【核心思想】

1. 飞机机型的演变反映了民航发展的历程；
2. 客舱设备体现了客机生产商的设计理念；
3. 客舱设备应满足市场的需求。

【素质目标】

1. 结合实操训练，培养服务意识、安全意识和职业责任感。
2. 结合 ARJ21 客机的发展历程，培养爱国情怀和民族自豪感。

【能力目标】

1. 逻辑思维能力：掌握各种客舱设备的操作程序及注意事项。
2. 实际操作能力：能够熟练操作波音 737-800、空客 A320-200、ARJ21-700 的客舱设备。

第四章　主要机型的各种机上设备及操作

【引导案例】

住手！请不要随意触碰机上设备

2021年10月25日，在春秋航空某航班中，一名旅客在空乘人员向他宣传安全出口座位知识的间隙，直接将手伸入应急出口的盖板把手里，并不断抓动盖板，被乘务员制止后发生争执。之后乘务长为那位男性旅客更换座位，调至其他非出口位置，航班未受影响。

飞机上的舱门、厨房、餐车以及带有红色标志的应急设备都是旅客严禁触碰的，因为一旦触碰引发了严重后果，不仅会对航空公司造成巨大的经济损失，影响旅客的安全出行，而且触碰者还将面临法律的严惩。我国《中华人民共和国治安管理处罚法》第三十四条第一款规定：盗窃、损坏、擅自移动使用中的航空设施，或者强行进入航空器驾驶舱的，处十日以上十五日以下拘留。

资料来源：根据中国民航网、腾讯视频内容整理。

第一节　典型机型客舱设备布局

一、波音737-800客舱设备布局

波音737系列飞机是美国波音公司生产的中短途双发喷气式客机系列，具有可靠、简捷、极具运营和维护成本经济性的特点。截至2019年11月，波音公司737系列机型已登记订单为15 136架，是民航历史上最成功的窄体民航客机系列之一。波音737自研发以来经历了四个系列：第一代是波音737-100和737-200机型，采用了低涵道比的涡轮喷气发动机；第二代是波音737-300、737-400、737-500机型，采用了高涵道比的涡轮风扇发动机，提高了经济性并降低了噪声水平，奠定了波音737在民航市场中的地位；第三代是波音737NG（NG的全称是next generation），其中的NG是相对于第二代波音737而言的，包括波音737-600、737-700、737-700ER、737-800、737-900、737-900ER，是第二代波音737的改进型，很多系统都有所变化，更先进、更易于维护、故障率更低、更经济和实用；第四代是波音737MAX系列飞机，包括波音737MAX7、737MAX8、737MAX9和737MAX10，与空中客车A320neo、俄制MS-21和国产大飞机COMA-C919一起被称为当前最先进的单通道干线客机。

（一）机型介绍

波音737-800是波音737改进机型中的一款，是波音737-700的机身延长型号，于1997年7月31日首飞。波音737-800的机翼可加装翼梢小翼，增加了载油量，提高了空气动力效率，延长了航程；此外，自动化程度较高，应对一般的恶劣天气的能力更强。图4-1为波音737-800机型。

图 4-1 波音 737-800 机型

1．基本数据

波音 737-800 机型的基本数据如表 4-1 所示。

表 4-1 波音 737-800 机型的基本数据

项　目	参　数
机长	39.5 米
机高	12.5 米
翼展（不带翼梢小翼）/（带翼梢小翼）	34.3 米/35.79 米
客舱宽度	3.53 米
载客	标准两级客舱布局 164 人/标准单级客舱布局 189 人
空重	41 413 千克
最大起飞重量	78 245 千克
最大着陆重量	66 360 千克
最大载油量	26 025 升
巡航速度	0.785 马赫
最快速度	0.82 马赫
航程	5765 千米
最大巡航高度	12 400 米
起飞场长	2027 米
着陆场长	1327 米
动力装置	两台 CFM56-7B 涡扇发动机

2．机型特征

波音 737-800 机型与其他波音 737 系列机型相比，典型特征如下：

（1）机身相对波音 737-700 更长，机翼比老一代波音 737 更长、面积更大；

（2）舱门为四个；

（3）第一、二舱门之间的窗口分布为 13+1+3 形式或者 14+1+3 形式；

（4）尾翼较 B737-400 更高；

（5）主起落架为一排轮子，而且轮子直径比老一代波音 737 略大；

(6) 客舱第三个窗口的位置下面有反光的小铁片一块,而老一代波音737则没有;

(7) 唯一可选装的发动机为CFM56-7,发动机尾喷管的最后部分较细,而不是呈圆锥形;

(8) 上下防撞灯(分别在机身上下的红色闪烁灯)同时闪,与老一代波音737不同;

(9) 此外还有加装小翼的波音737-800,其他部分的外形特征与普通波音737-800相同。

(二) 客舱设备布局

波音737-800机型的客舱采用了更平滑的弧线型天花板,提升了整体客舱环境;灵活的客舱内饰使航空公司可以在很短的时间内实现客舱布局从公务舱向经济舱的切换。

波音737-800机型是单通道窄体客机,客舱宽度为3.53米,两级客舱布局和单级客舱布局情况下的座位布局不同,如图4-2所示,具体数据如表4-2所示。

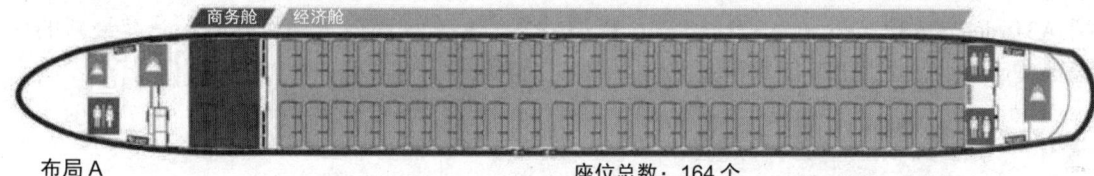

布局 A

座位总数:164个
公 务 舱:8个   座位间距:50英寸
经 济 舱:156个   座位间距:31英寸

布局 C

座位总数:184个
经 济 舱:184个   座位间距:30英寸

■公务舱 ■经济舱 ■洗手间 ■厨房 ■出口 ■紧急出口

图4-2 波音737-800机型客舱布局

表4-2 波音737-800机型客舱布局

客舱布局	两级布局	单级布局
公务舱座位布局	8座,1～2排(2-2布局)	0
经济舱座位布局	156座,3～29排(3-3布局)	184座,1～14排、16～31排(3-3布局),15排(2-2布局)
座位总数	164座	184座
紧急出口	经济舱中部11～13排之间,客舱左侧2个:WL1、WL2;客舱右侧2个:WR1、WR2	经济舱中部13～15排之间,客舱左侧2个:WL1、WL2;客舱右侧2个:WR1、WR2
舱门	客舱左侧2个:L1、L2;客舱右侧2个:R1、R2	
卫生间	机头左侧1个,机尾两侧2个	
厨房	机头右侧1个,机尾中间1个	
衣帽间	机头左侧1个	
乘务员座席	L1门2个,L2门2个,R2门2个,均为双人座椅	

二、空客 A320-200 客舱设备布局

空中客车 A320 系列飞机是欧洲空中客车公司研制生产的双发中短程单通道 150 座级客机,与同期的波音 737 系列相抗衡的竞争机型。截至 2019 年 11 月,空客公司 A320 系列飞机已登记订单为 15 193 架,超越了波音 737 系列飞机成为全球最畅销的飞机。空客 A320 系列飞机采用了先进气动设计、大量轻型复合材料、降低机械复杂性的电传操纵,是第一款使用数字电传操纵飞行控制系统的商用飞机。空客 A320 系列飞机的机型包括 A318、A319、A320、A321 和 A320neo,五种机型的基本座舱配置相同,均采用侧置操纵杆代替传统驾驶盘;双水泡机身截面大大提高了货舱装运行李和集装箱的能力;单通道客机中最宽的机身截面使客舱宽敞而舒适。加之 A320 系列飞机出色的共通性和经济性,使其成为单通道飞机中的典范之作。空客 A320neo 系列飞机是空客 A320 系列飞机的最新机型,包括 A319neo、A320neo 和 A321neo 三种机型,其安装新型高效发动机并配备空客最新的鲨鳍小翼,相比现款 A320 能够降低 15%的燃油消耗。

(一) 机型介绍

空客 A320 机型是 A320 系列飞机的基本型号,包括 A320-100 和 A320-200 两种型号。A320-100 型号于 1987 年 2 月 14 日出厂,只有机翼油箱,航程短、有效载重量较少,只生产了 21 架。A320-200 型号是主要型号,载客量和座舱内部结构与 100 型号均相同,但采用了翼尖小翼和中央翼油箱,增加了有效载重和航程。图 4-3 为空客 A320-200 机型外形。

图 4-3 空客 A320-200 机型

1. 基本数据

空客 A320-200 机型基本数据如表 4-3 所示。

表 4-3 空客 A320-200 机型基本数据

项 目	参 数
机长	37.57 米
机高	11.75 米
翼展	34.1 米
客舱宽度	3.7 米
载客	标准两级客舱布局 150 人/标准单级客舱布局 180 人
空重	42 400 千克

续表

项　　目	参　　数
最重起飞重量	77 000 千克
最大载油量	29 680 升
巡航速度	0.78 马赫
最快速度	0.82 马赫
航程	5700 千米
最高巡航高度	12 000 米
起飞场长	2090 米
动力装置	两台 CFM56-5 或 IAE V2500

2．机型特征

空客 A320-200 机型与其他 A320 系列飞机相比，典型特征如下：

（1）机身短而细，比 A318（31.44 米）和 A319（33.84 米）长，比 A321（44.51 米）短；

（2）舱门为四个，中间两门紧挨着；

（3）主起落架为一排轮子；

（4）驾驶舱最边上的窗为五边形；

（5）翼尖有小翼；

（6）标准两级客舱布局载客 150 人（最大载客量为 180 人），比 A318（载客量为 107 人）和 A319（载客量为 124 人）多，比 A321（载客量为 186 人）少；

（7）最大航程 5700 千米，比 A321（最大航程为 5600 千米）长，比 A318（最大航程为 5950 千米）和 A319（最大航程为 6800 千米）短。

（二）客舱设备布局

空客 A320-200 是单通道窄体客机，客舱宽度为 3.7 米，两级客舱布局和单级客舱布局情况下的座位布局不同，如图 4-4 所示，具体数据如表 4-4 所示。

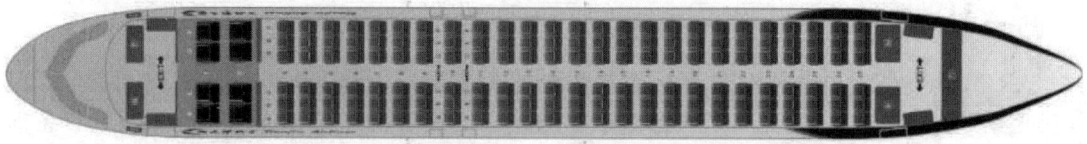

公务舱：1～2 排（8 席）　　　　座椅间距：42 英寸（107 厘米）
经济舱：3～27 排（150 席）　　　座椅间距：30 英寸（76 厘米）

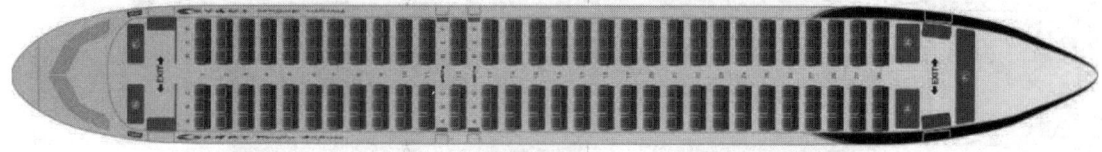

经济舱：1～30 排（180 席）　　　座椅间距：28～29 英寸（71～74 厘米）

■ 公务舱　　■ 经济舱　　Ⓗ 洗手间　　Ⓖ 厨房　　←EXIT→ 应急通道

图 4-4　空客 A320-200 机型客舱布局

表 4-4　空客 A320-200 机型客舱布局

客舱布局	两级布局	单级布局
公务舱座位布局	8 座，1～2 排（2-2 布局）	0
经济舱座位布局	150 座，3～27 排（3-3 布局）	180 座，1～30 排（3-3 布局）
座位总数	158 座	180 座
紧急出口	经济舱中部 9～11 排，客舱左侧 2 个：WL1、WL2；客舱右侧 2 个：WR1、WR2	经济舱中部 13～15 排，客舱左侧 2 个：WL1、WL2；客舱右侧 2 个：WR1、WR2
舱门	客舱左侧 2 个：L1、L2；客舱右侧 2 个：R1、R2	
卫生间	机头左侧 1 个，机尾两侧 2 个	
厨房	机头右侧 1 个，机尾中间 1 个	
衣帽间	机头两侧 2 个	
乘务员座席	L1 门 2 个，L2 门 1 个，R2 门 2 个，后右卫生间旁 1 个	

三、ARJ21-700 客舱设备布局

ARJ21 翔凤客机是中国商用飞机有限责任公司研制的 70～90 座级双发动机、短航程支线客机，航程 2225 千米至 3700 千米，主要用于满足从中心城市向周边中小城市辐射型航线。ARJ21 支线客机也是我国首次按照国际民航规章自行研制、具有自主知识产权的中短程新型涡扇支线客机，于 2014 年 12 月 30 日取得中国民航局型号合格证，2017 年 7 月 9 日取得中国民航局生产许可证。目前 ARJ21 支线客机已正式投入航线运营，截至 2021 年 12 月，交付数量已达 66 架，市场运营及销售情况良好。ARJ21 支线客机采用双圆剖面机身、下单翼、尾吊两台涡轮风扇发动机等基本布局，以及超临界机翼和一体化设计的翼梢小翼，综合化的航电系统，具有适应性、舒适性、经济性、共通性等特点。ARJ21 支线系列客机目前包括基本型 ARJ21-700、加长型 ARJ21-900、货机 ARJ21F 和公务机 ARJ21B 四种容量不同的机型，与加拿大庞巴迪航空公司的 CRJ 系列客机和巴西航空公司的 EMBRAER 系列客机等支线客机形成有力竞争。

（一）机型介绍

ARJ21-700 型飞机是 ARJ21 翔凤客机系列的基本型号，于 2008 年 11 月 28 日首飞，是我国首款通过中国民用航空局型号合格审定的喷气支线客机，是我国拥有的第一款具备航线运营资质的喷气客机。ARJ21-700 型飞机采用 CF34-10A 发动机，具有标准航程型（STD）和增大航程型（ER）两种构型，满足不同航线的需求。图 4-5 所示为 ARJ21-700 型飞机外形。

图 4-5　ARJ21-700 型飞机

1. 基本数据

ARJ21-700 型飞机基本数据如表 4-5 所示。

表 4-5　ARJ21-700 型飞机基本数据

项　目	参数（标准航程型/增大航程型）
机长	33.464 米
机高	8.442 米
翼展	27.288 米
客舱宽度	3.143 米
载客	混合级客舱布局 78 人/全经济级客舱布局 90 人
空重	24 955 千克
最重起飞重量	40 500 千克/43 500 千克
最大载油量	12 936 升
巡航速度	0.78～0.80 马赫
最快速度	0.82 马赫
航程	2225 千米/3700 千米
最高巡航高度	11 900 米
起飞场长	1700 米/1900 米
动力装置	两台 CF34-10A 涡扇发动机

2. 机型特征

ARJ21-700 型飞机与其他支线客机相比，典型特征如下：

（1）适应性。ARJ21 客机是世界上第一款完全按照中国的自然环境来建立设计标准的飞机，以中国西部高原机场的起降和复杂航路越障为设计指标，满足西部的高原高温环境要求，对西部航线和西部机场具有很强的适应性。

（2）舒适性。ARJ21 客机的客舱宽度为 3.14 米，比庞巴迪 CRJ700、900 和巴西 ERJ170、190 宽敞 0.381 米至 0.635 米；采用公务舱排距 0.965 米、经济舱排距不小于 0.813 米的宽松布置；拥有 17 立方米的下货舱，货舱高度接近 1 米，为旅客提供更多的行李空间；内饰和服务设备也综合考虑了艺术与实用等因素。ARJ21 客机在座椅宽度、排距、通道、下货舱容积、客舱高度等方面具有优势，达到了与干线飞机同等的客舱舒适性。

（3）经济性。ARJ21 支线客机设计伊始就对飞机的全寿命成本进行严格控制。通过采用长寿命结构设计、低油耗先进涡扇发动机、数字化设计技术研发手段及先进的生产管理和质保体系，提高飞机的可靠性、维修性和经济性，争取比同类飞机降低 10%的研制和生产成本。

（4）共通性。ARJ21 支线客机与 150 座级干线飞机在驾驶舱人机界面、维护人机界面和相应操作程序方面尽量保持共通性，从而降低航空公司飞行员换装培训成本，提高飞机调配使用的灵活性。

（二）客舱设备布局

ARJ21-700 型飞机采用单通道客舱，客舱宽度 3.143 米，具有混合级和全经济级两种基本客舱布局，如图 4-6 所示，具体数据如表 4-6 所示。

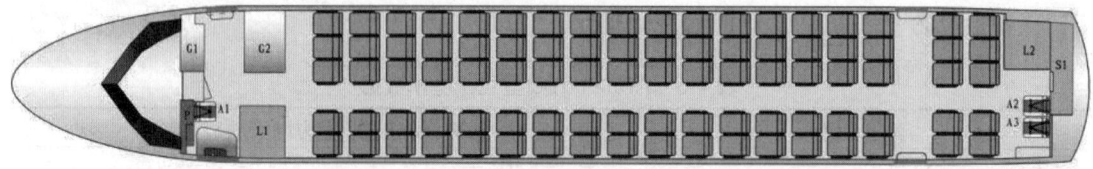

90 座全经济级布局（31/30 英寸排距）

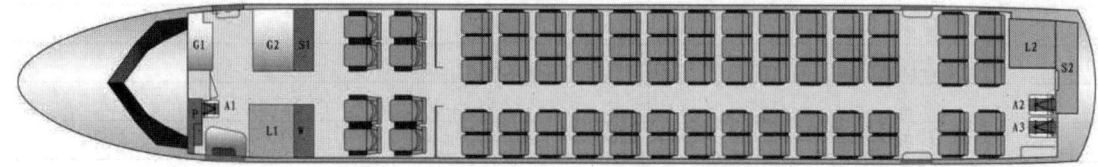

78 座混合级布局（38/31 英寸排距）

（图例：G1、G2 为厨房；A1、A2、A3 为乘务员座椅；L1、L2 为后卫生间；S1、S2 为储藏室；W 为衣帽间；P 为电源中心）

图 4-6　ARJ-700 型飞机客舱布局

表 4-6　ARJ-700 型飞机客舱布局

客舱布局	两级布局	单级布局
公务舱座位布局	8 座，1～2 排（2-2 布局）	0
经济舱座位布局	150 座，3～16 排（3-2 布局）	90 座，1～18 排（3-2 布局）
座位总数	78 座	90 座
紧急出口	经济舱后部 14～15 排，客舱左侧 1 个 WL；客舱右侧 1 个 WR1	经济舱后部 16～17 排，客舱左侧 1 个 WL；客舱右侧 1 个 WR
舱门	客舱左侧 1 个 L；客舱右侧 1 个 R	
卫生间	机头左侧 1 个，机尾右侧 1 个	
厨房	机头右侧 1 个	
衣帽间	机头左侧 1 个	0
乘务员座席	L 门 1 个，后右卫生间旁 2 个	

第二节　波音 737-800 机上设备及操作

一、厨房设备

（一）厨房设备布局

波音 737-800 机型设有 2 个厨房，前厨房位于 R1 门的前后部位，负责商务舱旅客和机组人员的餐饮服务；后厨房位于 L2 门和 R2 门中间的后部，负责经济舱旅客的餐饮服务，如图 4-7 所示。

前、后厨房内有一整套完整的餐饮服务设备，前厨房和后厨房内设备分别如图 4-8 和图 4-9 所示。

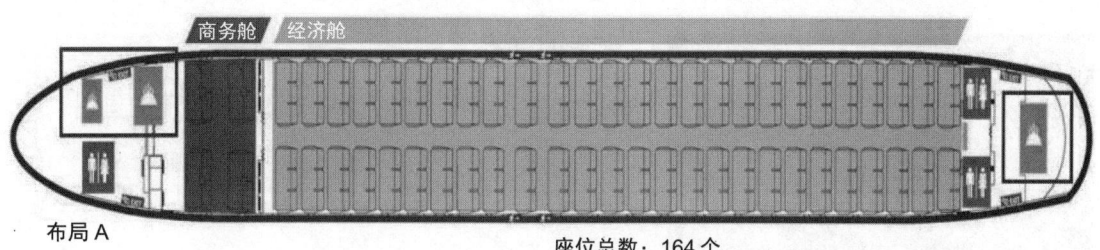

座位总数：164 个
商 务 舱：8 个　　座位间距：50 英寸
经 济 舱：156 个　座位间距：31 英寸

图 4-7　厨房布局

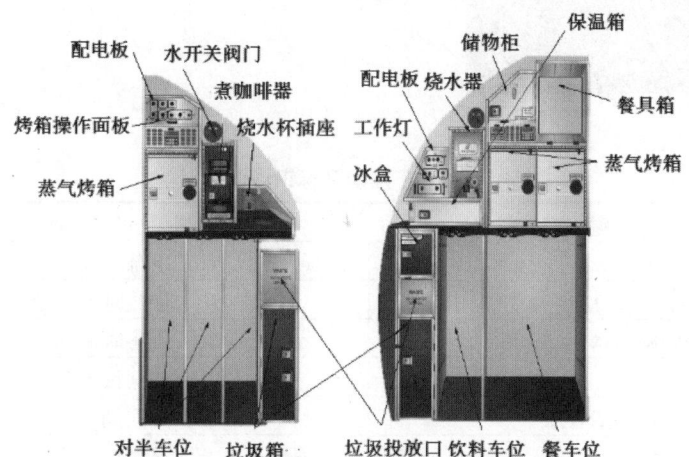

图 4-8　前厨房

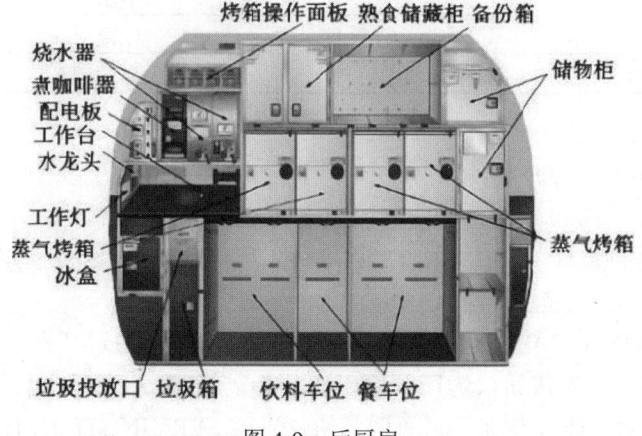

图 4-9　后厨房

（二）厨房设备与设施的使用

1. 烤箱

烤箱用于加热机上人员及旅客的餐食，波音 737-800 机型前、后厨房内的烤箱配备数量为 3~8 个不等，为电子触摸式烤箱或蒸气式烤箱，如图 4-10 所示。电子触摸式烤箱操作面板上的按键及标识说明如表 4-7 所示。

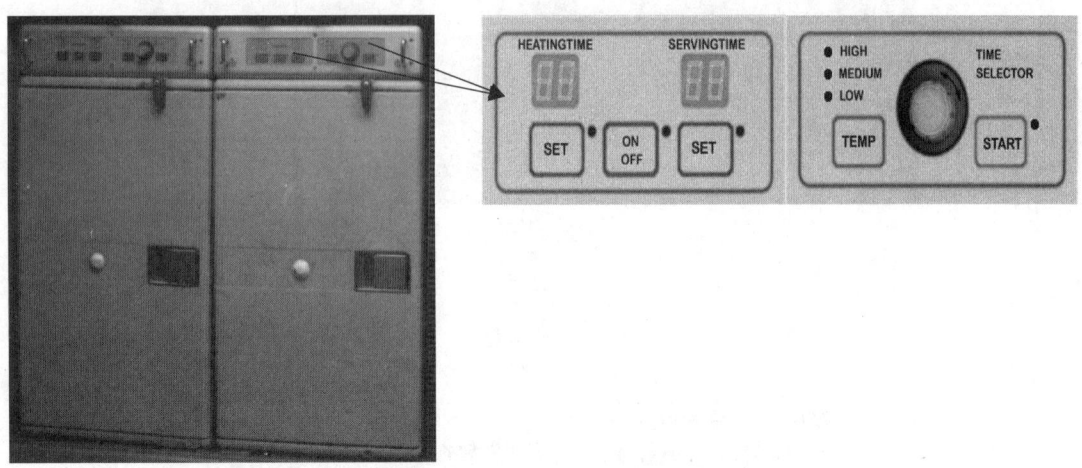

图 4-10　电子触摸式烤箱控制面板

表 4-7　按键及标识说明

按　键	说　明
ON/OFF	电源开关
HEATINGTIME	加热时间显示屏
SERVINGTIME	服务时间显示屏
SET	时间锁定
TIME SELECTOR	时间调节钮
TEMP	温度设定钮
HIGH	高温（230℃）
MEDIUM	中温（150℃）
LOW	低温（80℃）
START	启动键

烤箱操作方法如下：

（1）按 ON/OFF 电源开关；

（2）按 TEMP 温度设定钮，设定烤箱温度为高、中或低；

（3）顺时针方向旋转 TIME SELECTOR 时间调节钮，加热和服务时间显示屏开始变化，直至达到所需加热时间；

（4）按 HEATINGTIME 下面的 SET 加热时间锁定钮，指示灯亮；

（5）按 START 开始按钮，烤箱开始工作。如需烤箱在一定时间后开始工作，则先不按开始按钮，继续顺时针方向旋转时间调节钮，直至 SERVINGTIME 时间显示屏显示所需总共等待时间（大于所需加热时间），按下 SERVINGTIME 下面的 SET 加热时间锁定钮，再按下 START 开始按钮。

烤箱操作安全注意事项如下：

（1）严禁烤箱内无食物而空烤；

（2）严禁将除餐食外的其他物品放入烤箱，尤其是易燃物品；

（3）加热餐食前需检查餐盒内是否有干冰，若有应取出；

（4）加热过程中烤箱门要关好，以防热气散失以及食物掉出；
（5）飞机起降过程中不能使用烤箱；
（6）随时检查烤箱工作状态，以防出现异常。

2．烧水器

烧水器安装在前、后厨房内，可将厨房中的冷水加热到88℃左右，用于机上人员饮用咖啡或茶水等，如图4-11所示。烧水器操作面板上的设备说明如表4-8所示。

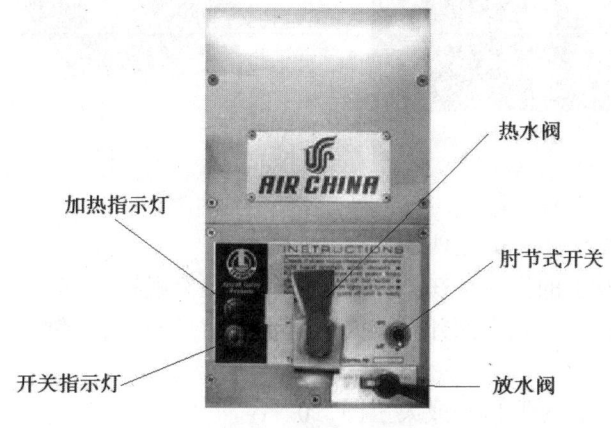

图4-11 烧水器

表4-8 设备及说明

设　　备	说　　明
肘节式开关 ON/OFF	电源开关
加热指示灯	琥珀色
开关指示灯	白色
热水阀	水龙头出水口有过滤网，水开关为红色手柄
放水阀	放掉水箱内的水

烧水器操作方法如下：
（1）打开水龙头至水流顺畅；
（2）打开电源开关至ON位置，加热指示灯和开关指示灯都亮起；
（3）加热指示灯熄灭后，即可使用。

烧水器操作安全注意事项如下：
（1）严禁空烧，打开电源开关前必须放水确认；
（2）避免长时间打开而不放水，否则烧水器内部产生水蒸气而形成空烧，加热指示灯会亮起；
（3）控制每次接水量，不超过两壶；
（4）飞机在地面过夜停留，需把水箱内的水放尽，以防水箱冻裂；
（5）飞机起降过程中必须关闭烧水器电源。

3．烧水杯

除了烧水器，通常还配备烧水杯，可将少量饮用水快速加热到100℃。烧水杯和旋转式电源开关（计时器）如图 4-12 所示。

图 4-12　烧水杯

烧水杯操作方法如下：
（1）向烧水杯中注入五分之四的水；
（2）将烧水杯身上的插头插在插座上，并用固定架锁好；
（3）顺时针旋转旋转式电源开关，设定烧水时间（0～15 分钟），琥珀色工作指示灯亮起；
（4）水烧开后，计时器自动或人工回"0"；
（5）抬起固定架，将烧水杯拔下。

烧水杯操作安全注意事项如下：
（1）严禁空烧；
（2）注水不宜过多或过少；
（3）先插后开，先关后拔；
（4）烧水过程中锁定烧水杯。

4．餐车

餐车用于存储和运送餐食、饮料、机上销售物品或其他服务用品。餐车分为长车和对半车，结构如图 4-13 所示。餐车上相关设备的说明如表 4-9 所示。

图 4-13　餐车

表 4-9　设备及说明图

设　　备	说　　明
手柄	推拉餐车
标志牌栏	说明装载物品
通风孔	通风对餐食制冷
门锁	锁定餐车门
刹车板	红色：刹车；绿色：解除刹车

餐车操作方法如下：

（1）在厨房内打开餐车位的护盖门或保护锁扣，踩绿色刹车板，将餐车从停放处拉出；

（2）打开餐车门：将餐车门上的锁定手柄旋转至 OPEN 位置，再向外转动餐车门；

（3）往餐车内部及上面装载物品；

（4）推拉餐车进入客舱供餐；

（5）回到厨房后将餐车门关闭：向内转动餐车门，再将餐车门上的锁定手柄旋转至 CLOSED 位置；

（6）将餐车归位并固定锁好，踩红色刹车板。

餐车操作安全注意事项如下：

（1）餐车上面摆放餐食或饮料不宜过高，防止烫伤或溅到旅客；

（2）停止或停放餐车时需要使用刹车；

（3）飞机起降或遇颠簸时应停止工作，餐车需归位并锁好。

5．厨房储物柜

厨房储物柜和备份箱位于前、后厨房内，用于储存和运送机上供应品，如图 4-14 所示。厨房储物柜是可以移动的装置，门上设有锁扣开关，用完后需及时锁好。

图 4-14　储物柜

6．厨房配电板

每个厨房内都配有厨房配电板，设有保险开关（跳开关）、厨房灯光开关和电源开关。保险开关是厨房内烤箱、烧水器、烧水杯等电器设备的保险装置，当电路出现过载，其会自动断开电源；重启电器需再次按下相应的保险开关。厨房灯光设有三个挡位：明亮、较暗和关闭，旅客登机、下机或乘务员工作期间，将厨房灯光调至明亮挡位；起飞、下降期间调至较暗挡位；夜航飞行值班期间调至关闭挡位。此外，配电板上还设置厨房电器设备的电源开关，电源开关是拨动式或按钮式的，还配有指示灯。

7. 水系统

厨房净水由飞机上的水箱提供，厨房污水经过加热净化后直接排出机外。厨房水系统包括水开关阀门（见图 4-15）、水龙头和积水槽（见图 4-16）。每个厨房内的配电板或积水槽附近都配有独立的水开关阀门，控制厨房设备的供水，当出现设备漏水等情况时需将相应开关关闭。前、后厨房内各有一个积水槽和水龙头，用于清洗物品及排出污水。严禁向水槽内倒咖啡、牛奶、茶水等液体，以防堵塞。

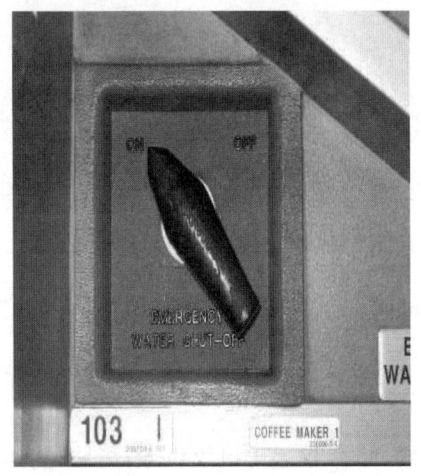

图 4-15　水开关阀门　　　　　　　图 4-16　积水槽

二、卫生间设备

（一）卫生间设备布局

波音 737-800 机型设有 3 个卫生间（有些航空公司设置 4 个卫生间，在 L2 门前部左侧有 2 个），L1 门的前部左侧有 1 个；L2 门前部左侧和 R2 门前部右侧分别有 1 个，如图 4-17 所示。

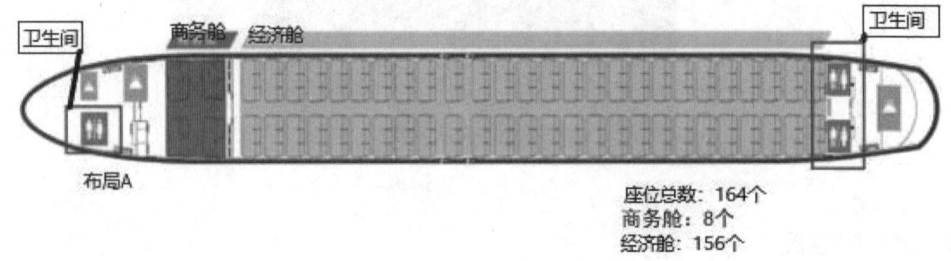

图 4-17　卫生间布局

每个卫生间的内部结构类似，如图 4-18 所示。卫生间内设有马桶、洗手池、废纸箱、烟雾探测器、折叠式或推拉式门、灭火设备、水系统、灯光组件、氧气面罩、卫生间服务组件（LSU）、婴儿折叠板、残疾人扶手等。

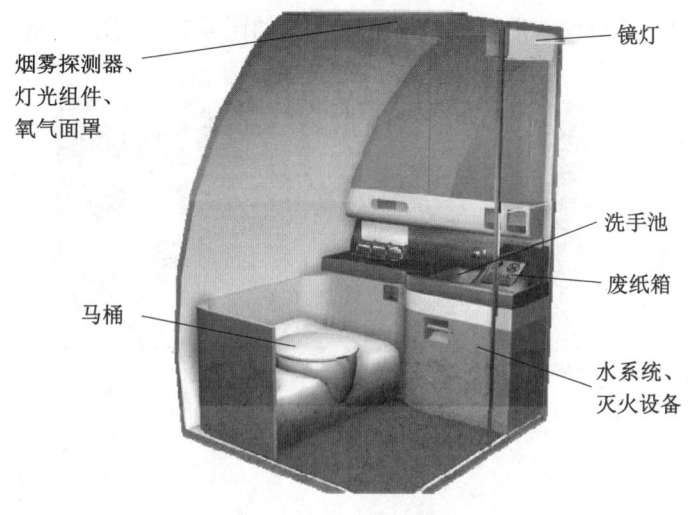

图 4-18　卫生间设备

（二）卫生间设备与设施的使用

1. 马桶

马桶多为高压抽气式的，由马桶盖、马桶坐垫、冲水按钮和水关断阀门（位于马桶底部）等组成。使用马桶后按下冲水按钮（PUSH），马桶会自动抽气。注意不要将纸巾、毛巾、清洁袋、茶叶包等物品投入马桶。

2. 洗手池

洗手池上设有水龙头，水龙头上有温度选择旋钮或按钮，红色为热水，蓝色为冷水，如图 4-19 所示。当洗手池内积水过多时，按压积水钮可放出污水。

图 4-19　洗手池

3. 废纸箱

废纸箱位于洗手池下方，废纸箱门位于洗手池侧边，如图 4-19 所示，废纸箱门在使用后会自动弹回。注意严禁向废纸箱内丢弃烟头和易燃物品。

4．烟雾探测器

每个卫生间顶部都设置有烟雾探测器，其结构如图 4-20 所示。

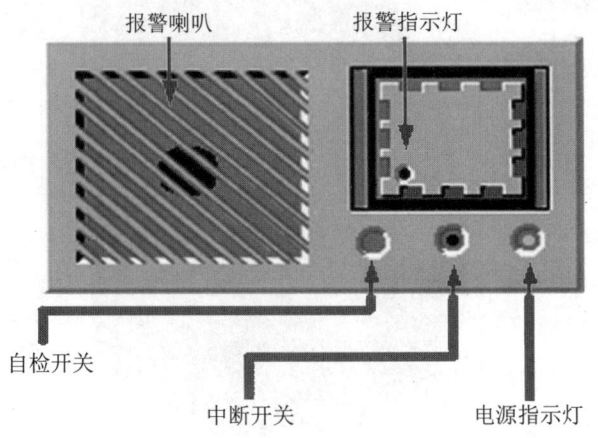

图 4-20 烟雾探测器

正常工作时，绿色电源指示灯亮；当卫生间内烟雾浓度达到一定水平时，红色的报警指示灯闪亮，同时报警喇叭发出鸣叫声，卫生间门外侧壁板上的琥珀色灯亮；当烟雾驱散后，报警灯熄灭，报警声停止。此外，中断开关可解除报警。

5．自动灭火装置（见第八章第一节）

6．卫生间服务组件

卫生间内设有一套旅客服务组件，包括"禁止吸烟"信号牌、"请回座位"信号牌、呼叫按钮等，便于旅客更好地使用设备，如图 4-21 所示。"请回座位"信号牌位于呼叫按钮旁边，当发生紧急情况，需要旅客返回座位时，该信号牌会亮起。

图 4-21 卫生间服务组件

卫生间内壁上设有旅客呼叫按钮，当旅客需要帮助时按下此按钮，卫生间门外侧壁板上的琥珀色灯亮并响起单高谐音铃声，并且呼叫显示系统的琥珀色指示灯也亮起，如图 4-22 所示。解除呼叫方法是按一下卫生间门外侧壁板上的琥珀色灯或者重按卫生间内呼叫按钮。

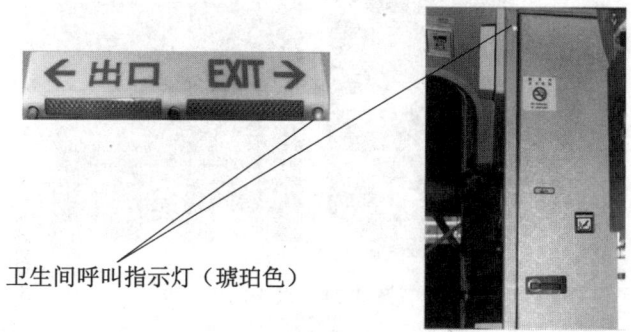

图 4-22　卫生间呼叫指示灯

7. 卫生间门闩

卫生间门闩外部设有盖板（LAVATORY）和标牌，如图 4-23 所示。当卫生间内部有人插上门闩将门锁定后，标牌显示红色"有人"（OCCUPIED）；当卫生间内无人时，标牌显示绿色"无人"（VACANT）。当有人被反锁在卫生间内时，乘务员可以打开盖板（LAVATORY），并用尖锐物体从外部扳动锁定键至标牌显示"无人"，再打开门闩。

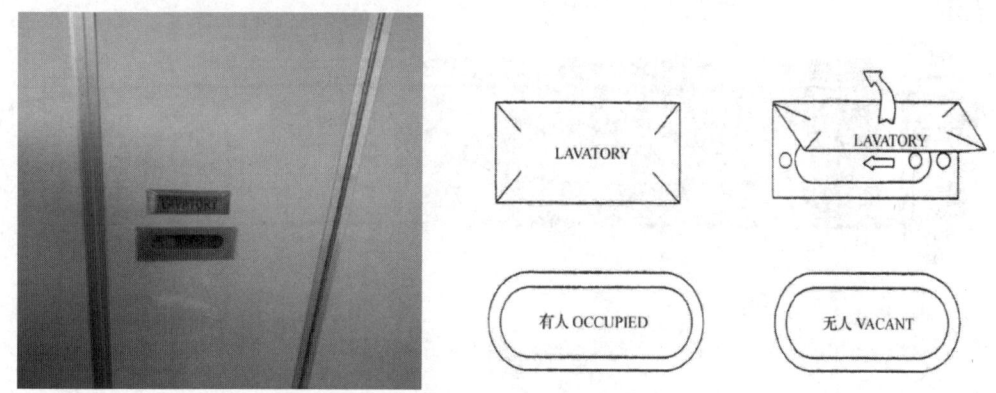

图 4-23　卫生间门闩

卫生间镜灯受门闩控制，插好门闩后，镜灯自动亮起。但当飞机在地面停留时，镜灯不受门闩控制，始终亮着。

8. 卫生间水系统

洗手池可以提供冷水和热水，冷水来源于飞机的水箱，热水来源于洗手池下方的热水器。热水器可将冷水加热到 52℃～56℃，水温达到 88℃时将自动断电，或者由乘务员控制热水器的关闭。洗手池的污水通过过滤净化后，加热并通过排水管路排出机外。

马桶的进水可以来源于飞机的水箱净水或马桶独立循环水系统。马桶的污水冲入飞机后部单独的污水箱，飞机降落后，地面有污水车负责排放。

当卫生间发生水龙头关不上、马桶溢水等异常情况时，需要关闭卫生间水关断阀门。水关断阀门位于洗手池下方，通过旋转手柄位置可实现四个工作挡位：正常工作位置（供水、排水）、仅向水龙头供水、仅向马桶供水和关断位置，如图 4-24 所示。

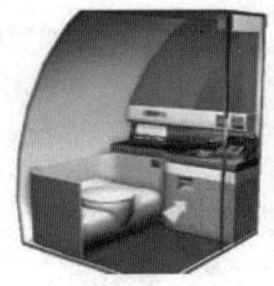

图 4-24　水阀门

三、出入机舱设备

（一）机舱门

波音 737-800 机型客舱共设有 4 个舱门，如图 4-25 所示，客舱左侧 2 个舱门为旅客登机门，用于旅客和机组人员上下飞机，用 L1 和 L2 标示，其中 L1 为主要登机门；客舱右侧 2 个舱门为服务门，用于对接食品车、电源车、排污车、加水车和行李托运车等，用 R1 和 R2 表示。

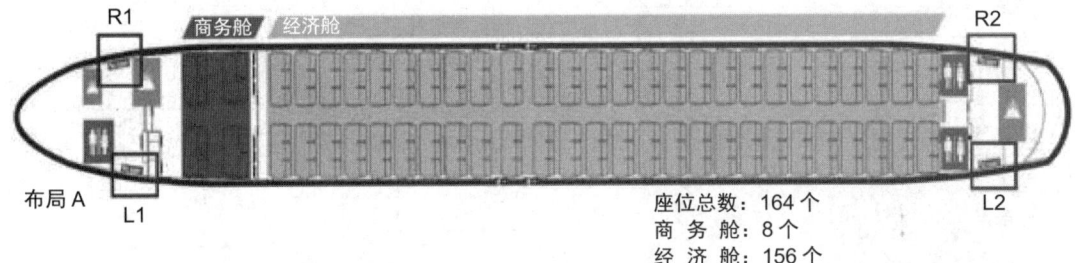

图 4-25　舱门布局

舱门内部、外部及主要结构件实物如图 4-26 所示，舱门结构部件及说明如图 4-27 和表 4-10 所示。

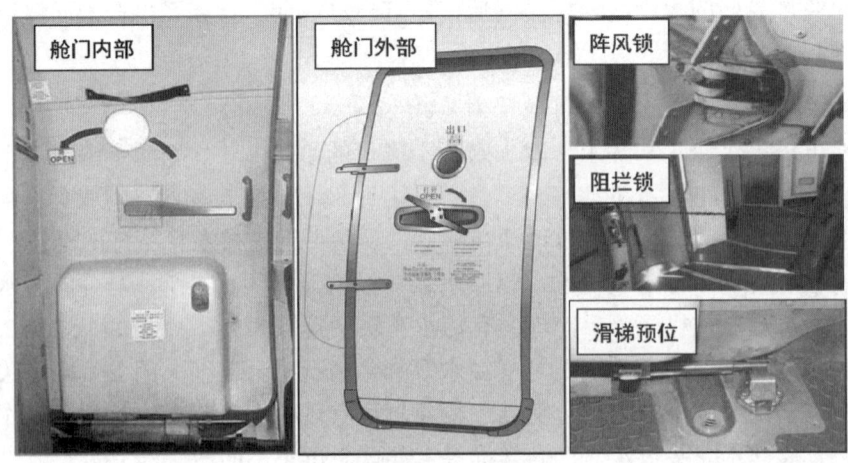

图 4-26　舱门结构实物图

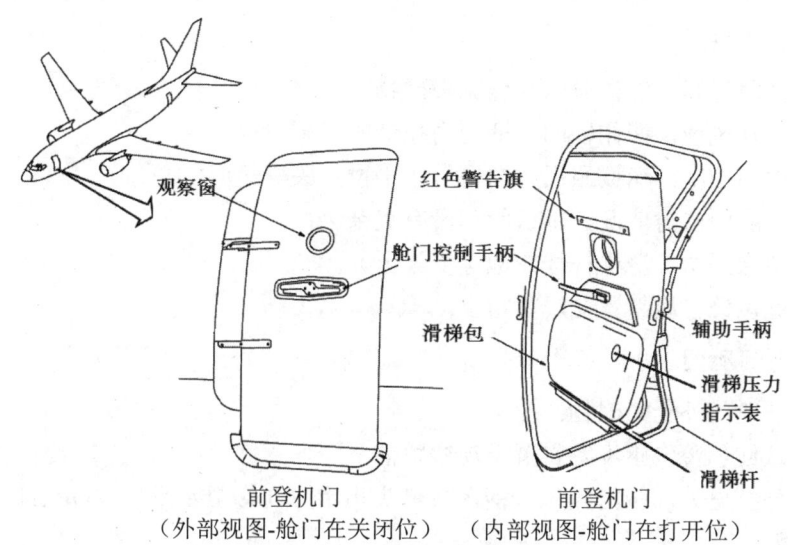

图 4-27 舱门结构部件

表 4-10 舱门部件及说明

舱 门 部 件	说　　明
红色警告旗	警示滑梯已预位，舱门打开时滑梯会自动放出
观察窗	观察机外情况
舱门控制手柄	开启或关闭舱门
辅助手柄	从内部辅助推开或拉回舱门
滑梯压力指示表	指示滑梯充气瓶的压力是否正常
滑梯包	存放滑梯
滑梯杆	使滑梯充气或解除滑梯充气
滑梯杆挂钩	滑梯杆挂在挂钩上时滑梯不会充气
地板支架	滑梯杆挂在地板支架上时打开舱门，滑梯自动充气
阵风锁	当舱门打开时，固定舱门
阻拦锁	舱门打开时，防止人坠机

舱门操作方法如下：

1. 内部开启舱门

（1）确认滑梯已解除预位（滑梯杆在舱门滑梯挂钩上）；

（2）将红色警告旗横置在观察窗上方；

（3）确认舱门外无障碍物；

（4）将舱门控制手柄按照箭头指示方向转至水平位（OPEN）；

（5）握住辅助手柄向外推动舱门，直至被阵风锁锁定；

（6）舱门外如果没有衔接物，挂上阻拦锁。

2．内部关闭舱门

（1）收回阻拦锁，确认舱门内外无障碍物；

（2）按下阵风锁，握住辅助手柄向内拉动舱门至舱内；

（3）将舱门控制手柄按照反方向转至水平位，关好舱门；

（4）检查舱门密封情况，确认舱门没有夹杂物；

（5）将滑梯预位（滑梯杆挂在地标支架上）；

（6）将红色警告旗斜置在观察窗上。

3．外部开启舱门

（1）确认舱门外无障碍物；

（2）确认红色警告旗没有斜置于观察窗前；

（3）向外拉出外部舱门操作手柄，按箭头指示方向转至水平位（OPEN），松开手柄并收入手柄槽；

（4）将舱门向外拉开，直至被阵风锁锁定；

（5）舱门外如果没有衔接物，挂上阻拦锁。

4．外部关闭舱门

（1）收回阻拦锁，确认舱门内外无障碍物；

（2）按住阵风锁直至舱门拉动后松开；

（3）将舱门推回舱内；

（4）向外拉出外部舱门控制手柄，按照反方向转至水平位，舱门关好后松开手柄并收入手柄槽；

（5）检查舱门密封情况，确认舱门没有夹杂物。

舱门操作安全注意事项如下：

（1）滑梯预位是为发生紧急情况撤离时，打开舱门滑梯能够自动充气（5～7秒），旅客可以通过滑梯迅速撤离。

（2）滑梯预位和解除滑梯预位必须按照乘务长的指令操作。正常着陆时，须先解除滑梯预位再开舱门，以防造成人员伤亡。

（3）内部开启和关闭舱门时，乘务员应握住辅助手柄进行操作。

（4）外部开启和关闭舱门时，转动外部舱门控制手柄时应缓慢，以防造成舱内人员伤亡。

（二）自备滑梯

波音 737-800 机型配备自备梯，在机场地面设备不足的情况下，机上人员可以自助上下飞机。自备梯存放在前登机门 L1 下方，其为电动系统控制的折叠梯子，由 L1 门乘务员控制面板上的"自备梯控制"区控制，如图 4-28 所示。自备梯控制面板上的按钮及说明如表 4-11 所示。

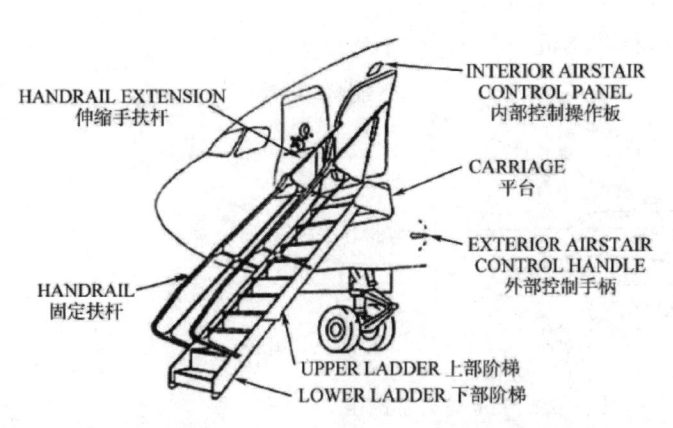

图 4-28 自备梯及控制面板

表 4-11 按键及说明

按 键	说 明
FORWARD AIRSTAIR：OFF/AUTO/ON	自备梯照明控制开关：关/自动/开
EXTEND	展开自备梯
RETRACT	收起自备梯
STANDBY	就绪
STAIR OPER	琥珀色工作指示灯

自备梯操作方法如下：

1．内部控制展开

（1）打开 L1 舱门至锁定位；

（2）按住控制面板上的展开键（EXTEND）直至自备梯完全展开，同时琥珀色工作指示灯（STAIR OPER）亮起；

（3）松开展开键（EXTEND），拉出伸缩扶手杆，使其固定在门两侧。

2．内部控制收回

（1）松开伸缩扶手杆，并收回至固定扶杆上；

（2）按住控制面板上的收回键（RETRACT）直至自备梯完全收回，同时琥珀色工作指示灯（STAIR OPER）亮起；

（3）松开收回键（RETRACT）。

3．电力失效情况下的操作

当飞机电力失效时，可使用电平供电，同时按住控制面板上的 STANDBY 键和 RETRACT 键或 EXTEND 键实现收放自备梯。

4．外部控制

当飞机电力失效时，可通过旋转外部控制手柄（位于登机门）控制自备梯的收放，如图 4-29 所示。

自备梯操作安全注意事项如下：

（1）使用自备梯时风速不可以超过 74km/h。

（2）地面不平坦或有障碍物不可以使用自备梯。

（3）自备梯展开时不可以移动飞机。

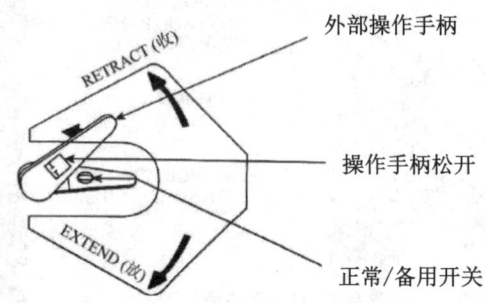

图 4-29　自备梯外部操作

（三）应急出口

波音 737-800 机型客舱共设有 4 个翼上应急出口，如图 4-30 所示，均用于紧急情况下从翼上滑下飞机撤离，客舱左侧 2 个应急出口用 WL1 和 WL2 标示，客舱右侧 2 个应急出口用 WR1 和 WR2 标示。

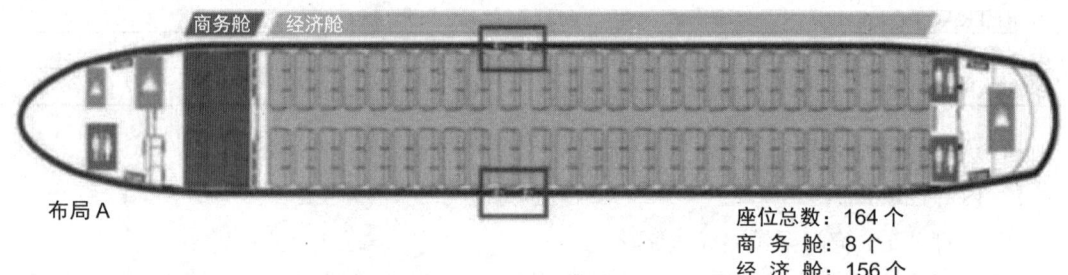

图 4-30　应急出口布局

波音 737-800 机型客舱的应急出口为舱盖式，结构如图 4-31 所示。

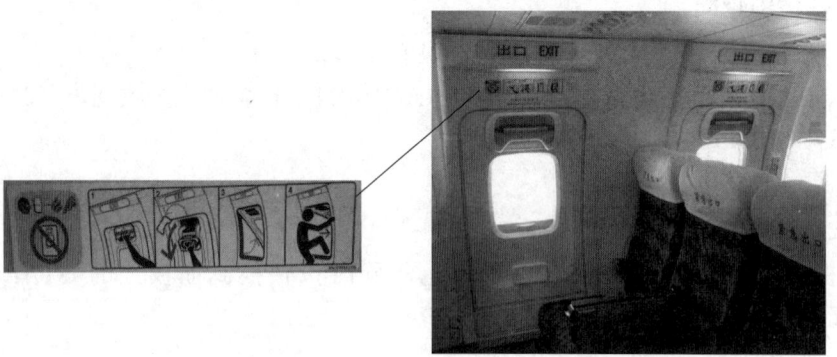

图 4-31　应急出口结构

应急出口操作方法如下：

1. 内部开启

（1）用力向下、向内拉下应急手柄；

（2）应急窗口自动向外、向上翻起。

2．外部开启

（1）按压应急窗口上方的外部开启面板；

（2）应急窗口自动向外、向上翻起。

应急出口操作安全注意事项如下：

（1）翼上应急出口设有滑梯装置，撤离时应从窗口逃出后从翼上滑下飞机。

（2）一般应急出口的座位空隙相对较大且舒适，但是对乘坐人有要求，必须是男性，并且在紧急状态下需要协助乘务人员打开舱门。

四、乘务员控制面板

波音 737-800 机型配有前后 2 个乘务员控制面板，分别位于前舱门 L1 和后舱门 L2 的乘务员工作区，有按键触摸式和液晶显示式乘务员控制面板。

（一）前乘务员控制面板

前乘务员控制面板（forward attendant panel，FAP）位于前舱门 L1 处乘务员座位上方，设有自备梯收/放控制系统、娱乐控制系统和客舱灯光控制系统，如图 4-32 所示。前控制面板上的按键及说明如表 4-12 所示。

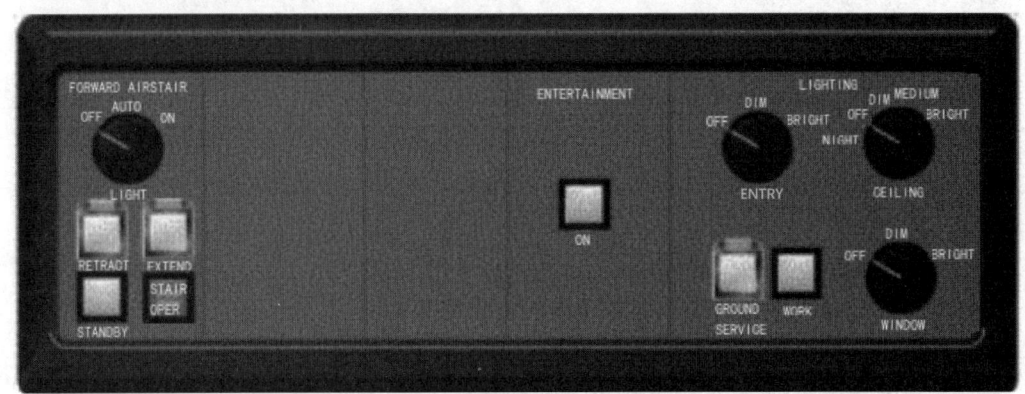

图 4-32　前乘务员控制面板

表 4-12　按键及说明

按　键	说　明
ENTERTAINMENT	娱乐系统控制开关
ENTRY：OFF/DIM/BRIGHT	入口灯：关/暗（10%亮度）/亮（100%亮度）
CEILING：NIGHT/OFF/DIM/MEDIUM/BRIGHT	顶灯：夜间/关/暗（10%亮度）/中（50%亮度）/亮（100%亮度）
WINDOW：OFF/DIM/BRIGHT	窗灯：关/暗（10%亮度）/亮（100%亮度）
WORK	工作灯
GROUND SERVICE	地面服务电源开关

前乘务员控制面板操作方法如下：

1. 自备梯控制面板

操作方法详见本章第二节。

2. 娱乐系统控制开关

用于控制客舱电影等的播放。

3. 客舱灯光系统

（1）客舱入口灯：用于前登机门的照明，分3个挡位，置于亮挡位时门栏灯亮起。

（2）客舱顶灯：包括天花板灯和行李架顶部的灯光，当其选定夜间模式时，只有行李架顶部的灯光亮。

（3）客舱工作灯：用于前乘务员工作区的照明。

4. 地面服务电源开关

用于地面机务人员测试电力。

（二）后乘务员控制面板

后乘务员控制面板（after attendant panel，AAP）位于后舱门L2处乘务员座位上方，设有饮用水系统、污水系统和客舱灯光控制系统，如图4-33所示。后控制面板上的按钮及说明如表4-13所示。

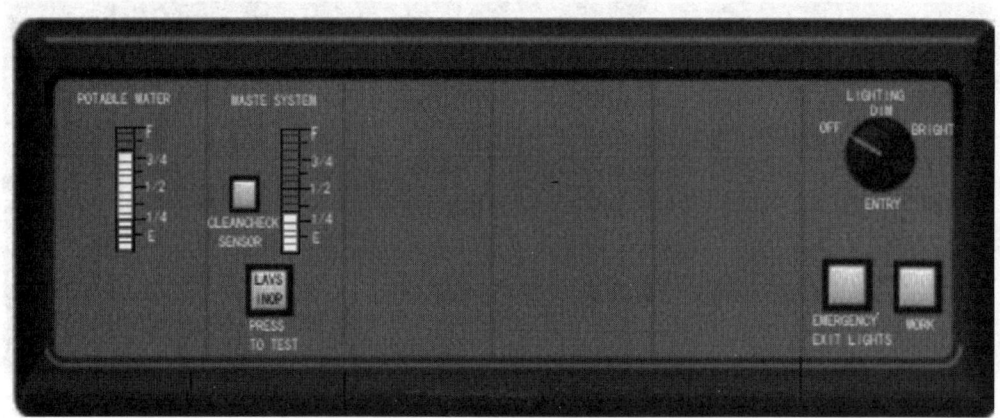

图4-33　后乘务员控制面板

表4-13　按键及说明

按　　键	说　　明
POTABLE WATER	饮用水系统
WASTE SYSTEM	污水系统
CLEAN CHECK SENSOR	检测马桶的污水量
LAVS INOP	疏通马桶堵塞
ENTRY	入口灯
WORK	工作灯
EMERGENCY	应急灯

后乘务员控制面板操作方法如下：

1. 饮用水系统

饮用水系统控制面板上设有清水表，显示水箱内剩余水量的多少，用"F""E""3/4"、"1/2""1/4"刻度表示。其中"F"表示满，"E"表示空，"1/4"刻度为警戒线。

2. 污水系统

污水系统控制面板上设有污水表，按下"CLEAN CHECK"键后，污水表可显示马桶污水量，刻度和清水表相同，但"3/4"刻度为警戒线。此外，按下"LAVS INOP"键的同时按马桶冲水按钮可疏通马桶堵塞。

3. 灯光系统

入口灯和工作灯分别用于后舱门及乘务员工作区的照明，应急灯光开关详见第六章第三节。

新式波音737NG飞机采用液晶式乘务员控制面板，如图4-34所示，可以实现LED灯光系统、娱乐系统、清/污水系统的控制，以及地面勤务、紧急灯光等的控制。

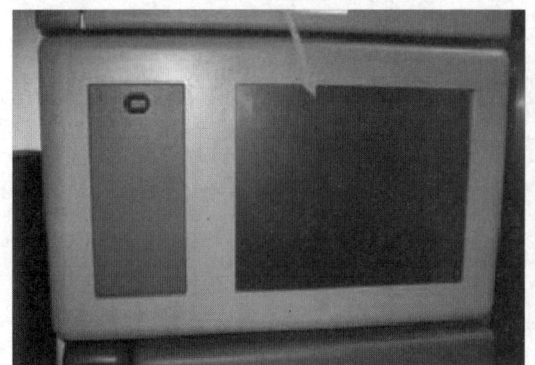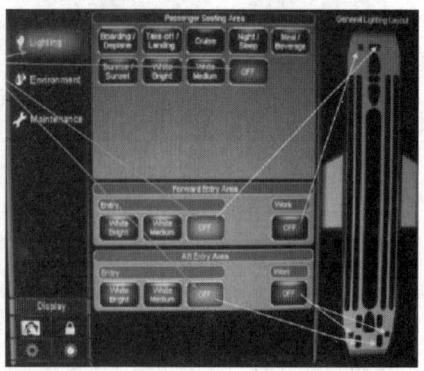

图4-34 液晶乘务员控制面板

五、机内通信系统

（一）机内呼叫系统

机内呼叫系统包括机组呼叫系统、客舱呼叫系统和卫生间呼叫系统，呼叫显示面板位于前后入口天花板上方的应急出口处，如图4-35所示。

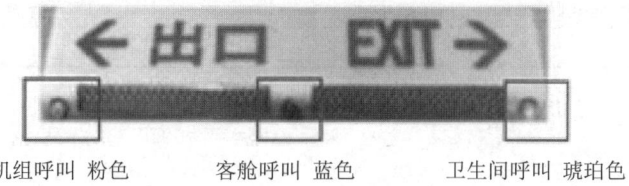

机组呼叫 粉色　　客舱呼叫 蓝色　　卫生间呼叫 琥珀色

图4-35 呼叫显示面板

1. 机组呼叫系统

机组呼叫系统用于飞行机组和乘务员之间呼叫，呼叫时，显示面板上的粉色指示灯闪亮，并伴有高低音交替的铃声。按下内话机上的 RESET 键或挂机可停止呼叫。

2．客舱呼叫系统

客舱呼叫系统用于旅客呼叫乘务员，由旅客控制面板上的呼叫乘务员按钮控制，呼叫时，显示面板上的蓝色指示灯闪亮，并伴有单高音铃声。再次按旅客控制面板上的呼叫乘务员按钮，控制可解除。

3．卫生间呼叫系统

卫生间呼叫系统详见本章第二节。

（二）电话与广播系统

内话机是集通话和广播于一体的综合话机，位于前、后乘务员工作座席处，用于机组之间通话、乘务员之间通话、客舱广播及报警等。内话机的结构如图 4-36 所示，内话机正面按键和背面数字提示如表 4-14 所示。

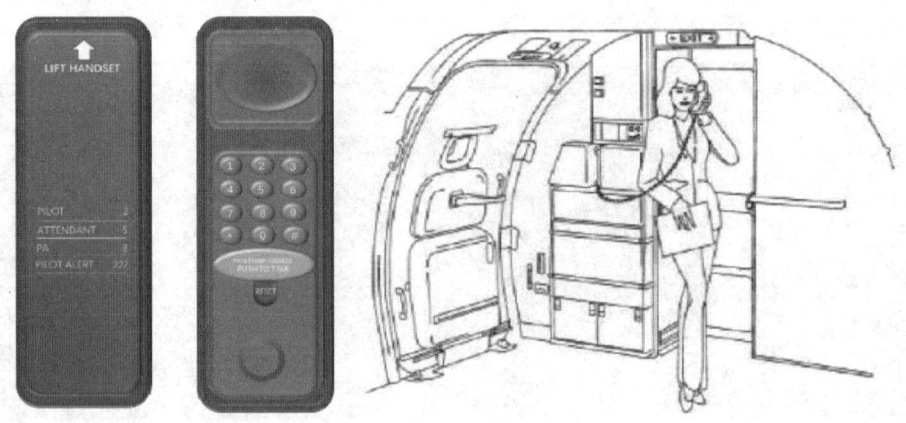

图 4-36　内话机

表 4-14　按键及说明

按　　键	说　　明
2	驾驶舱通话
5	乘务员之间通话
8	客舱广播
222	紧急呼叫驾驶舱
PASSENGER ADDRESS/PUSH TO TALK	客舱送话键
RESET	复位

内话机的操作方法如下：

1．通话

从存放架上取下内话机，按表中相应数字按键即可进行通话，结束后按"RESET"按键或挂机。

2．客舱广播

从存放架上取下内话机，按下"8"键后持续按住"PASSENGER ADDRESS/PUSH TO

TALK"键,即可进行客舱广播,结束后按"RESET"按键或挂机。

为保证发生紧急情况时,紧急通知广播不被干扰覆盖,客舱广播设有等级超控系统,顺序为:驾驶舱广播、乘务员广播、预录广播、机上录像、登机音乐、耳机频道。

六、机内娱乐系统

老式波音 737-800 客舱娱乐系统包括音频系统和视频系统。音频系统用于登机音乐和预录广播内容;视频系统用于播放电视节目、安全须知和飞行情况等内容。

(一)音频系统

音频系统的控制面板位于 L1 门乘务员坐席上方,由地面机务人员提前将各种广播内容及音乐录入该系统,乘务员根据需要按数字键进行选播,旅客通过旅客服务组件的扬声器收听。音频系统控制面板的结构如图 4-37 所示,其按键及说明如表 4-15 所示。

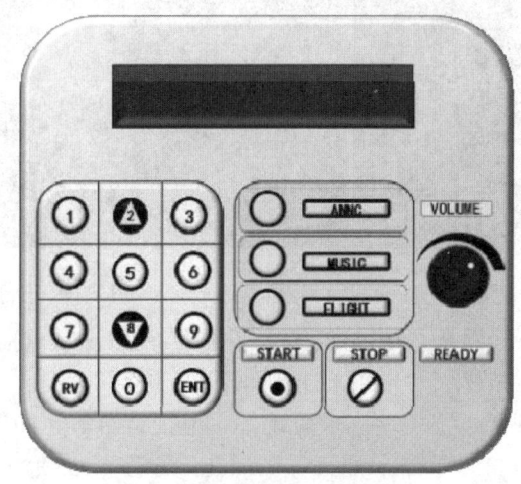

图 4-37 音频系统控制面板

表 4-15 按键及说明

按 键	说 明
ANNC	预录广播
MUSIC	登机音乐
START	开始
STOP	结束
VOLUME	音量调节

音频系统的操作方法如下:

(1)按 ANNC 键或 MUSIC 键,准备播放预录广播或登机音乐;

(2)按数字键选择播放内容(事先设定好数字对应的播放内容,预录广播包括不同语言的欢迎词、紧急迫降介绍等),并显示在显示屏上;

(3)按 VOLUME 键可调节音量至适宜;

(4)按 START 键开始;

（5）按 STOP 键结束。

音频系统操作安全注意事项如下：

（1）播放音量的大小应不影响旅客谈话；

（2）旅客登机完毕后必须按 STOP 键以防占用旅客耳机频道。

（二）视频系统

视频系统的控制面板位于 L1 门处的储物柜内，包括 1 台视频系统控制组件（VSCU）和两台录像机（VCPs），用于播放预先存储的影视节目、登机信息等，如图 4-38 所示；客舱顶部设有 20 台伸缩式液晶显示屏，在旅客服务组件内部，有视频系统控制组件控制收放，飞机滑行、起飞和下降时必须收回，如图 4-39 所示。

图 4-38 视频系统控制组件

图 4-39 液晶显示屏

新式波音 737-800 客舱娱乐系统（IFE）大多配有音频/视频点播系统（AVOD），该系统为每一个乘客提供了独立的、个性化的娱乐服务，旅客可以通过座椅上的触摸屏显示器点播自己喜爱的歌曲或视频、飞机动态位置地图、电视节目等，如图 4-40 所示。AVOD 设有独立的音频通道，在每个显示器上都有耳机插孔，乘客可以使用耳机欣赏音乐或视频，既可避免客舱噪声影响，也不会对其他旅客产生影响。此外，某些波音 737-800 机型还安装了无线娱乐系统，旅客可使用个人娱乐设备（如平板、笔记本电脑）访问热点，在飞机上享受上网服务。

图 4-40 新式波音 737-800 客舱娱乐系统

七、机内照明系统

（一）机内照明系统布局

波音 737-800 机型机内照明系统包括驾驶舱照明、客舱照明和应急照明。客舱照明由白炽灯和荧光灯提供，包括顶灯、窗灯、阅读灯、标志照明灯、入口灯、乘务员工作灯、卫生间的灯和厨房的灯等。全新波音 737-800 天空内饰、飞机的客舱照明系统采用了天花板凹形发光二极管（LED）灯光照明，如图 4-41 所示，可以根据不同的飞行或服务阶段调节灯光模式，如登机、起飞、用餐等多种模式灯光，为旅客提供更舒适的乘机体验。

图 4-41　波音 737-800 飞机客舱天空内饰 LED 照明效果

（二）机内照明系统的使用

机内照明系统的操作方法如下：

（1）客舱内顶灯、窗灯、入口灯和乘务员工作灯由前后乘务员控制面板控制（详见本章第二节）；

（2）阅读灯由旅客服务组件控制（详见本章第二节）；

（3）厨房的灯由前后厨房配电门控制（详见本章第二节）；

（4）卫生间的灯由卫生间的门控制，门打开时，灯光强度为暗亮；门锁闭时，灯光强度为明亮；

（5）标志照明灯包括"请勿吸烟"指示灯、"系好安全带"指示灯、"请回座位"指示灯，由驾驶舱人工或自动控制。

（6）应急照明系统（详见第六章第三节）。

机内照明系统操作安全注意事项如下：

（1）在登机、安全示范和下机时将灯光全部打开（100%）；

（2）起飞、下降时将灯光调暗至最低限度，并留 10% 顶灯灯光以增加紧急情况下的能见度；

（3）服务时调整客舱灯光（不超过 50% 亮度），以保证提供正常舒适的光亮度为宜；

（4）夜间航行时，以及晚餐和第二餐供应期间，使用较暗的灯光；

（5）在供餐前不要用强光唤醒旅客。

八、通用设备

通用设备是指每架飞机上都会配备的设备，并且差别不大，如客舱座椅、行李架、旅客服务组件、观察窗、衣帽间和储物柜、婴儿摇篮、书报架等。

（一）行李架

波音 737-800 机型的行李架位于客舱两侧、旅客座椅上方，用于存放旅客行李物品及部分应急设备。行李架分为上翻式和下拉式两种类型，如图 4-42 所示，新引进机型多选装下拉式新型大行李架。行李架的边缘可设置手扶凹槽和座位号码。

图 4-42　行李架

行李架的操作方法如下：

（1）上翻式行李架应向上拉动锁扣，盖板自动向上弹开；关闭时确保锁扣锁紧。

（2）下拉式行李架应向下拉动锁扣，行李架自动开启一条缝隙，用力向下拉至完全打开；关闭时确保锁扣锁紧。

行李架操作安全注意事项如下：

（1）不能放置过大、过重物品，应在行李架最大限制重量内。

（2）不能放置光滑、尖锐、坚硬的物品。

（3）不能放置可能泄漏的物品。

（4）除旅客登机和下机时打开，其余时间必须关紧扣好。

（5）滚动物品须固定，行李架关好后不可以有物体伸出。

（二）座椅

波音 737-800 机型的客舱座椅类型分为经济舱座椅和商务舱座椅，如图 4-43 和图 4-44 所示，经济舱座椅为三联式，商务舱座椅为双联式，结构如图 4-45 所示。

旅客座椅的操作方法如下：

（1）头枕：固定头部，防止冲击；

（2）靠背：靠背调节按钮位于扶手内侧，按下按钮的同时向后靠，靠背倾斜 15°；再次按下按钮，靠背自动复位。除了应急出口处的座椅靠背不可调节，其他靠背角度均可调节（舱位不同，可调角度不同）；

（3）坐垫：水上撤离时，坐垫可当作漂浮物使用；

第四章　主要机型的各种机上设备及操作

图4-43　经济舱座椅

图4-44　商务舱座椅

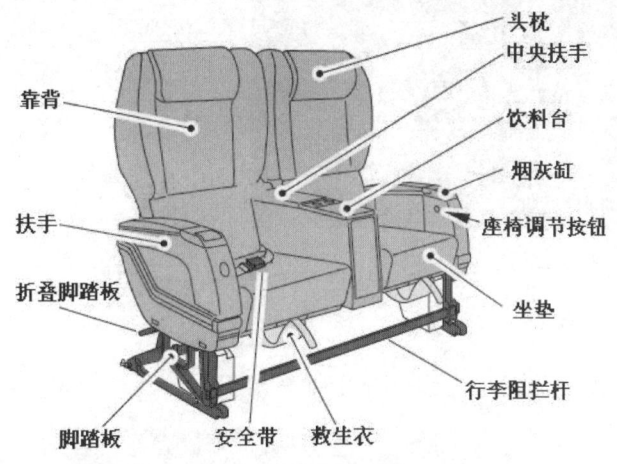

图4-45　商务舱座椅结构

（4）扶手：扶手上有旅客控制组件，设有靠背调节按钮、耳机插孔、音量调节按钮、频道调节按钮等；

（5）安全带：坐垫上面有两条安全带，飞机起降、颠簸、紧急迫降时须扣好；

（6）小桌板：飞行中可供旅客用餐使用，在靠背后面或扶手内（舱位第一排或头等舱）；

（7）救生衣：每个坐垫下面或扶手内配备一件救生衣，用于水上撤离；

（8）座椅口袋：靠背后面配备一个口袋，装有航空公司宣传杂志、安全须知卡、清洁袋等；

（9）阻拦杆：位于座椅下方，用于防止行李移动；

（10）脚踏板：增加旅客的舒适度；

（11）杯托：需要时拉出使用；

（12）视频显示器：座椅上方的视频显示器由乘务员控制。

旅客座椅操作的安全注意事项如下：

（1）应急出口处座椅靠背不可调节。

（2）在起降阶段，靠背必须调直、小桌板必须收回并扣好、杯托收回并复位、视频显示器关闭。

（3）座椅扶手可抬起，使三个座椅连成一排，供特殊旅客使用。

波音 737-800 机型的乘务员座椅位于 L1 门、L2 门和 R2 门区域，共 6 个弹跳式座椅，如图 4-46 所示，结构如图 4-47 所示。乘务员座椅是自动折叠式的，不用时自动折叠回原位；肩带是防止惯性的设备，不用时自动缩回原位。乘务员在飞机起飞、下降、滑行时需要回到自己的座位并系好安全带。

图 4-46　乘务员座椅

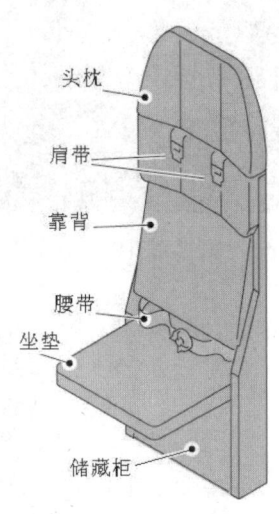
图 4-47　乘务员座椅结构

（三）旅客服务组件

波音 737-800 机型的旅客服务组件位于行李架下方，其结构如图 4-48 所示。

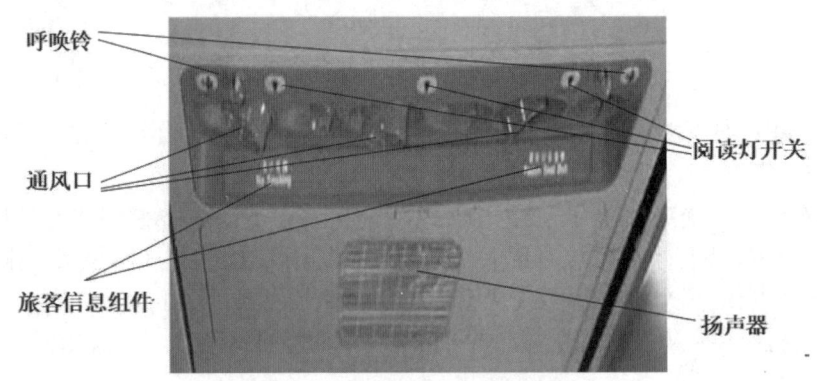
图 4-48　旅客服务组件

旅客服务组件的操作方法如下：

（1）阅读灯光：按下阅读灯开关（灯泡标识），阅读灯供旅客阅读刊物时使用。

（2）呼唤铃：按下呼唤铃，内置灯泡被点亮，并伴有铃声提示；再次按下按钮，关闭呼唤铃。当旅客需要帮助时使用。

（3）通风口：左右旋转通风口可调节风速。

（4）旅客信息组件：包括"请勿吸烟""系好安全带"等信号灯。

（5）扬声器：收听客舱广播，由乘务员在前舱音频控制面板上调节。

旅客服务组件操作的安全注意事项如下：
（1）通风口、阅读灯按钮、呼唤铃按钮由旅客自主操作；
（2）客舱音乐、广播音量由乘务员在前舱音频控制面板上调节。

第三节　空客 A320-200 机上设备及操作

一、厨房设备

空客 A320-200 机型设有 2 个厨房，前厨房位于 R1 门的前部，负责商务舱旅客和机组人员的餐饮服务；后厨房位于 L2 门和 R2 门中间的后部，负责经济舱旅客的餐饮服务，如图 4-49 所示。

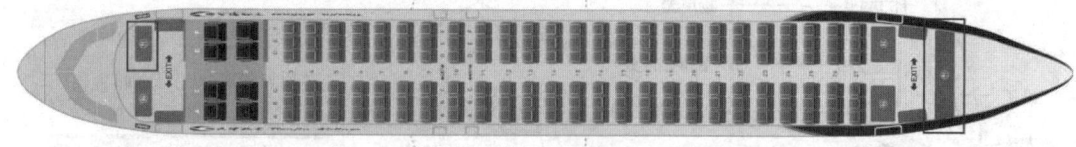

图 4-49　厨房布局

前、后厨房内有一整套完整的餐饮服务设备，包括烤箱、烧水器、烧水杯、储物柜、垃圾箱、餐车、配电板、水系统等设备，如图 4-50 所示。厨房内设备的使用方法同波音 737-800，详见本章第二节。

图 4-50　厨房

二、卫生间设备

空客 A320-200 机型设有 3 个卫生间，L1 门的前部左侧有 1 个；L2 门前部左侧和 R2 门前部右侧分别有 1 个，如图 4-51 所示。

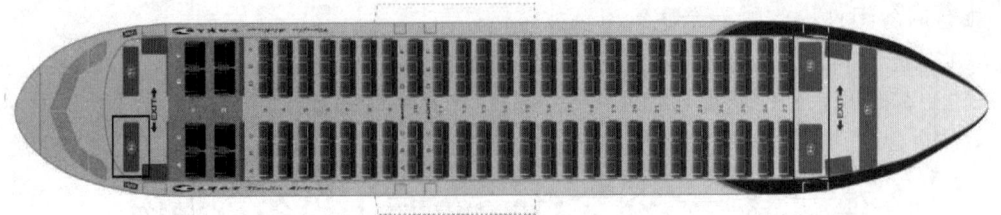

图 4-51 卫生间布局

每个卫生间的内部结构类似，如图 4-52 所示，包括马桶、洗手池、清洁卫生用品、卫生间服务组件、烟雾探测器、折叠式或推拉式门、灭火设备、水系统、灯光组件、氧气面罩等，部分卫生间还设有婴儿折叠板和残疾人扶手，使用方法同波音 737-800，详见本章第二节。

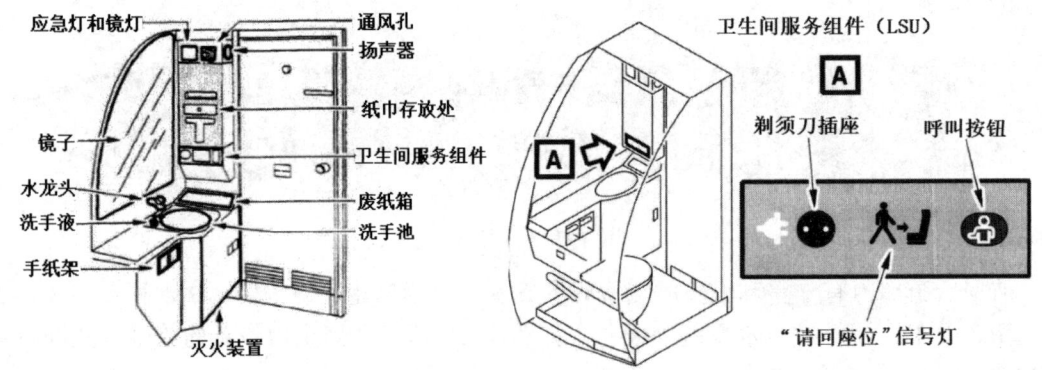

图 4-52 卫生间内部结构

A320 机型卫生间的用水来源于飞机客舱地板下面的水箱，容积为 200 升；马桶的粪便排入地板下面的污水箱，容积也为 200 升。卫生间水关断阀门位于废纸箱柜门下部，当洗手池或马桶出现漏水等故障时，通过控制手柄打开或关闭水阀门（绿色为关位，蓝色为开位），如图 4-53 所示。关闭水阀门后，为了防止热水器过热，还要关闭热水器，并关闭洗手间。此外，在洗手池下面有一个圆形浮动阀门，当洗手池堵塞时，通过拉起阀门顶部的圆环，可以操控排水。

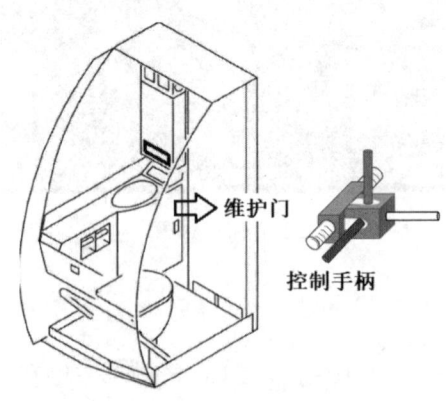

图 4-53 控制手柄

三、出入机舱设备

（一）机舱门

A320 机型客舱共设有 4 个舱门，如图 4-54 所示，客舱左侧的 2 个舱门为旅客登机门，用于旅客和机组人员上下飞机，用 L1 和 L2 标示，其中 L1 为主要登机门；客舱右侧的 2 个舱门为服务门，用于对接食品车、电源车、排污车、加水车和行李托运车等，用 R1 和 R2 标示。

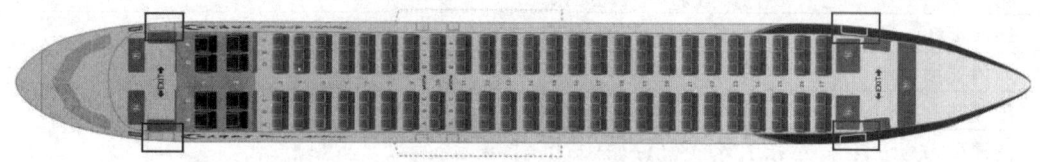

图 4-54　舱门布局

客舱 4 个舱门均为"I"型，舱门内部结构如图 4-55 所示，舱门外形如图 4-56 所示。舱门结构部件及说明如表 4-16 所示。

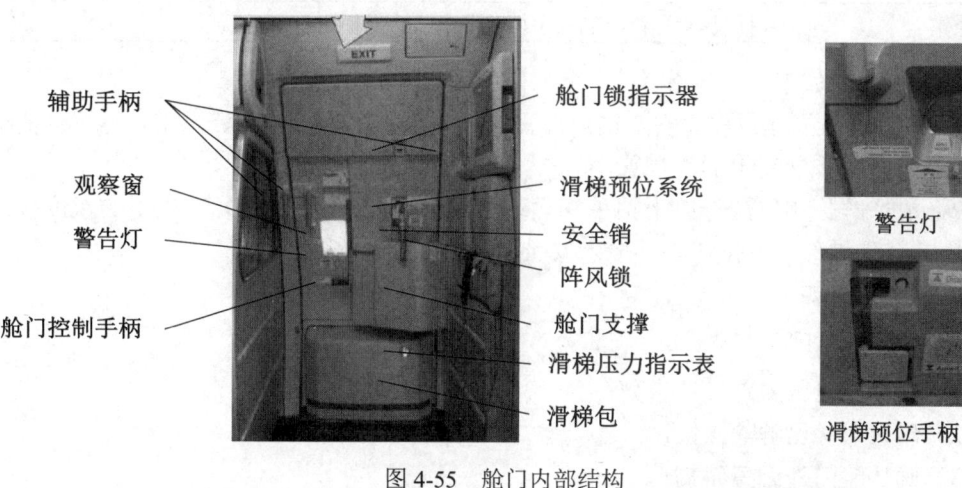
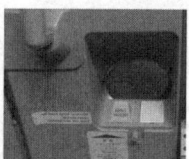

图 4-55　舱门内部结构

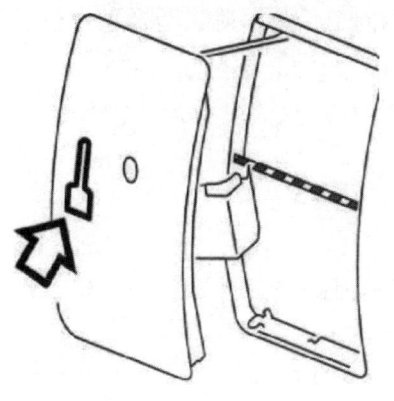

图 4-56　舱门外形

表 4-16 舱门结构部件及说明

舱 门 部 件	说　　明
舱门锁指示器	显示舱门开关状态。舱门关闭并锁好显示绿色底色"LOCKED"字样；舱门未关好显示红色底色"UNLOCKED"字样
观察窗	观察机外情况
警告灯	SLIDE ARMED 滑梯预位指示灯：白色指示灯亮，提醒滑梯已预位 CABIN PRESSURE 客舱压力警告灯：红色警告灯亮，提醒客舱内外压差未完全解除
舱门控制手柄	从内部开启或关闭舱门
辅助手柄	从内部辅助推开或拉回舱门
舱门支撑	提供助力
阵风锁	当舱门打开时，固定舱门
滑梯压力指示表	指示滑梯充气瓶的压力是否正常
滑梯包	存放滑梯
滑梯预位系统	使滑梯预位或解除预位： 手柄上抬为解除预位；手柄下按为预位 手柄位置指示牌：DISARMED 绿色解除预位/ARMED 红色预位
安全销	滑梯解除预位时加固手柄位置，防止滑梯充气

滑梯操作方法如下：

（1）滑梯预位操作：按住安全销顶部释放按钮将其拔出，展平警示带；下按手柄至红色手柄位置指示牌"ARMED"位置。

（2）滑梯解除预位操作：上抬手柄至绿色手柄位置指示牌"DISARMED"位置，取出安全销并按住顶部释放按钮将其插入安全销孔内。

舱门操作方法如下：

1．内部开启舱门

（1）确认客舱压力警告灯未亮；

（2）确认滑梯已解除预位；

（3）确认舱门外无障碍物；

（4）握住辅助手柄，将舱门控制手柄向上抬起，确认滑梯预位指示灯未亮后继续抬至 180°；

（5）向外推动舱门，直至被阵风锁锁定。

2．内部关闭舱门

（1）确认舱门内外无障碍物；

（2）按下阵风锁；

（3）握住辅助手柄，向内拉动舱门至舱内；

（4）将舱门控制手柄向下压 180°至关闭；

（5）确认舱门指示器显示"LOCKED"锁定字样；

（6）检查舱门密封状态，确定舱门没有夹杂物。

3. 外部开启舱门

（1）确认舱门外无障碍物；
（2）从观察窗观察确认客舱压力警告灯未亮；
（3）确认滑梯已解除预位；
（4）按外部手柄解锁板，向上抬起手柄至绿色标线；
（5）将舱门向外拉开，直至被阵风锁锁定。

4. 外部关闭舱门

（1）确认舱门内外无障碍物；
（2）按住阵风锁直至舱门拉动后放开；
（3）将舱门推回舱内；
（4）将外部手柄下压至与舱门平齐；
（5）检查舱门密封情况，确认舱门没有夹杂物。

舱门操作安全注意事项如下：

（1）观察窗下面的两个警示灯在正常情况下开启舱门时都不亮，若滑梯预位，则指示灯亮，需再次确认滑梯预位状态；若客舱压力警告灯亮，需关闭舱门并立即报告机长。
（2）滑梯预位手柄在"ARMED"位置时，从外侧开启舱门后，滑梯将自动回到"DISARMED"位置。
（3）滑梯预位和解除滑梯预位必须按照乘务长的指令操作。
（4）内部开启和关闭舱门时，乘务员应握住辅助手柄再操作舱门控制手柄。
（5）舱门打开后无任何衔接物时须挂上阻拦锁，关门前须收回。

（二）应急出口

空客 A320 机型客舱共设有 4 个翼上应急出口，如图 4-57 所示，客舱左侧的 2 个应急出口用 WL1 和 WL2 标示，客舱右侧的 2 个应急出口用 WR1 和 WR2 标示。

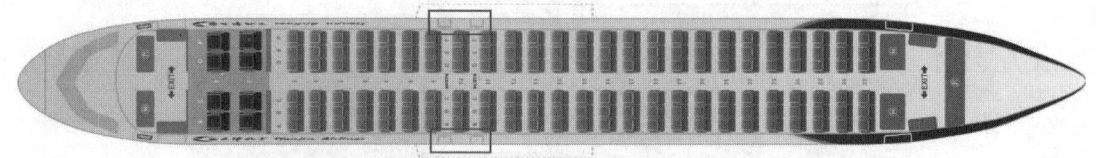

图 4-57　应急出口布局

客舱设置的 4 个翼上应急出口均为"Ⅲ"型，结构如图 4-58 所示。
应急出口的操作方法如下：

（1）取下手柄护盖；
（2）滑梯预位指示器亮（位于侧壁板上）；
（3）下拉操作手柄，抓住舱门底部手柄凹口，移开应急出口；
（4）若滑梯不能自动充气，则拉动人工充气手柄（位于应急出口窗框内的红色手柄）。

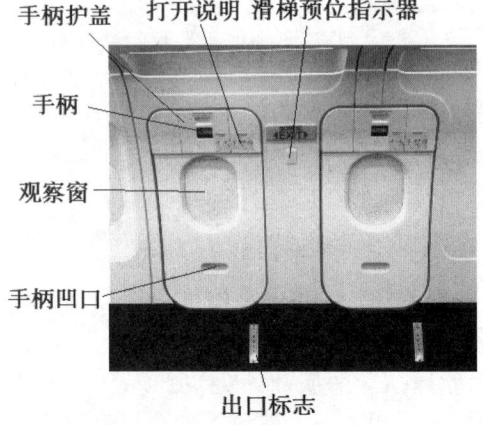

图 4-58 应急出口结构

应急出口操作安全注意事项如下：
（1）取下翼上应急窗口后，要放在不妨碍撤离的位置。
（2）应急出口始终处于待命状态，仅限紧急情况下使用。

四、乘务员控制面板

（一）前乘务员控制面板

空客 A320 机型配有前后 2 个乘务员控制面板，分别位于前舱门 L1 和后舱门 L2 的乘务员工作区，包括触摸式和液晶显示式，可以控制客舱灯光、预录广播、登机音乐、清/污水状况、烟雾报警灯，液晶显示式控制面板还增加了客舱温度、舱门、滑梯状态的监控。

前乘务员控制面板位于前舱门 L1 处乘务员座位上方，由液晶触摸屏和杂项面板组成，设有音频控制系统、灯光控制系统、舱门滑梯显示、温度控制系统、清/污水显示系统和故障显示系统，如图 4-59 所示。乘务员控制面板上的按键及说明如表 4-17 所示。

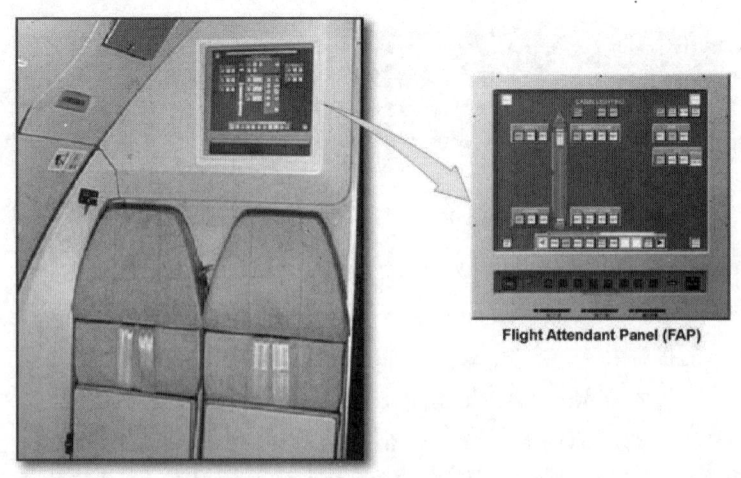

（a）前乘务员控制面板的位置

图 4-59 前乘务员控制面板

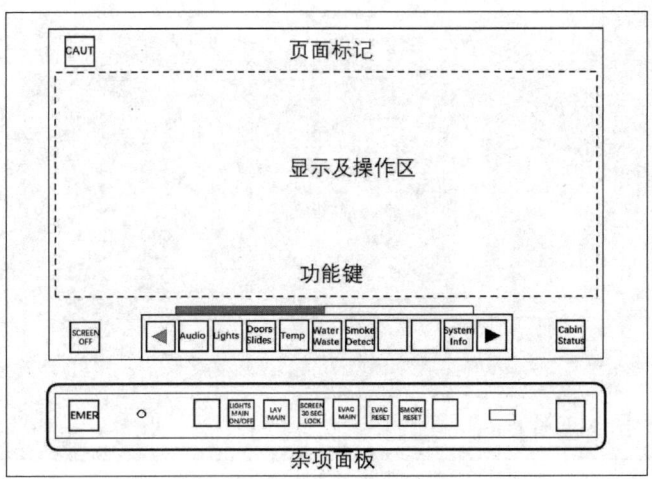

(b) 前乘务员控制面板的按键

图 4-59　前乘务员控制面板（续）

表 4-17　按键及说明

按　　钮	说　　明
CAUT	信息提示灯
Screen Off	屏幕关闭键
Audio	音频控制系统
Lights	灯光控制系统
Doors/Slides	舱门及滑梯预位显示系统
Temp	温度控制系统
Water/Waste	清/污水显示系统
Smoke Detect	烟雾探测系统
Cabin Status	返回主菜单，进入客舱页面
绿色滚动条	显示当前页面位置
三角按键	向左/右翻页
EMER	应急灯光控制系统
LIGHTS MAIN ON/OFF	主灯光开/关
LAV MAIN	卫生间维护
SCREEN 30 SEC.LOCK	触摸屏锁定 30 秒供清洁
EVAC CMD	撤离指令
EVAC RESET	撤离重置
SMOKE RESET	烟雾重置

前乘务员控制面板操作方法如下：

1．选择控制页面

（1）打开电源，输入密码；

（2）触摸"Cabin Status"键进入客舱主页面，通过功能键或前后翻页键选择所需客舱控制系统，如图 4-60 所示。

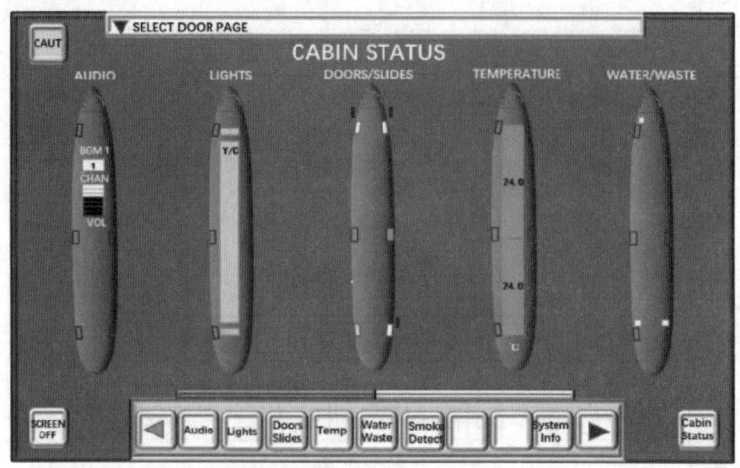

图 4-60 客舱主页

2. 音频控制系统

音频控制系统（AUDIO）页面如图 4-61 所示，页面中的按键及说明如表 4-18 所示。

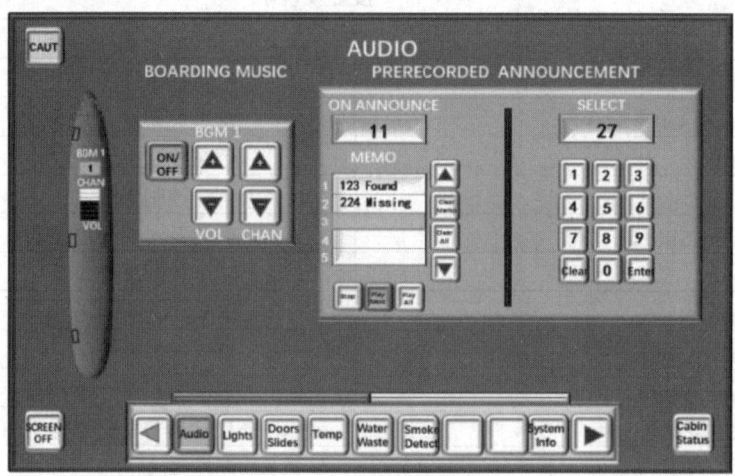

图 4-61 音频控制系统

表 4-18 按键及说明

按　键	说　明
BOARDING MUSIC	登机音乐
BGM	背景音乐
CHAN	频道
VOL	音量
ON/OFF	登机音乐开关
PRERECORDED ANNOUNCEMENT	预录广播
ON ANNOUNCE	正在广播
MEMO	记忆广播项目
Clear Memo	清除记忆项目

续表

按 键	说 明
Clear All	清除全部记忆项目
Stop	停止播放
Play Next	播放下一个记忆项目
Play All	播放全部记忆项目
SELECT	选择区
Clear	清除
Enter	输入

BOARDING MUSIC 面板操作方法如下：

（1）点击 ON/OFF 键，其显示绿色；

（2）飞机图形显示当前频道和音量；

（3）根据需要调节 BOARDING MUSIC 面板上的频道和音量；

（4）播放完毕，点击 ON/OFF 键，其显示灰色，飞机图形变成全灰并不显示内容。

PRERECORDED ANNOUNCEMENT 面板操作方法如下：

（1）点击 SELECT 面板上的数字键选择所需项目编号；

（2）点击 Enter 键，将所选项目输入 MEMO 面板；

（3）点击 Play Next 键或 Play All 键播放所需项目；

（4）播放完毕，清除所有记忆项目。

操作安全注意事项如下：

（1）登机音乐在旅客登机和下机时播放；

（2）登机音乐频道和音量应预先调好，音乐应轻松愉快，音量应适中；

（3）广播项目按航空公司要求播放。

3．灯光控制系统

灯光控制系统（Lights）页面如图 4-62 所示，页面中按键及说明如表 4-19 所示。

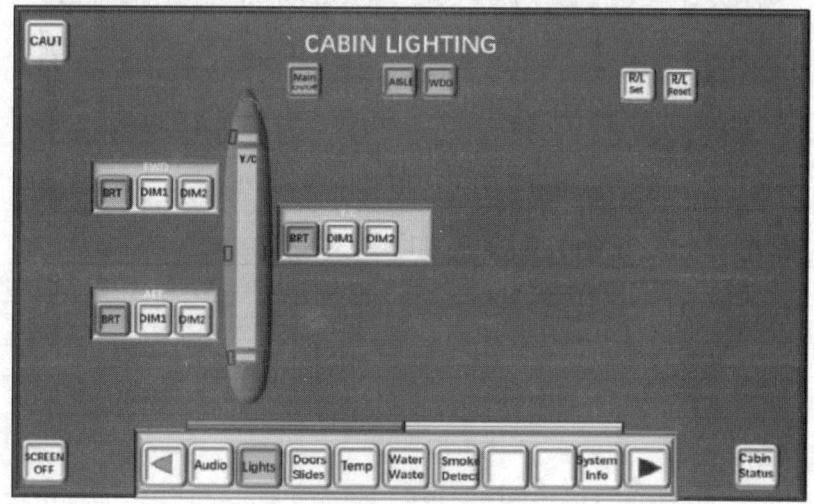

图 4-62 灯光控制系统

表 4-19　按键及说明

按　　键	说　　明
Main On/Off	总开关
AISLE	客舱顶灯开关
WDO	客舱窗灯开关
R/L Set	打开阅读灯
R/L Reset	关闭阅读灯
FWD	前入口灯开关
AFT	后入口灯开关
BRT	100%亮度
Y/C	客舱顶灯和窗灯开关
DIM1	50%亮度
DIM2	10%亮度

灯光控制系统面板操作方法：根据需要点击相应按键，其显示绿色；再次点击相应绿色按键即为关闭，其显示灰色。

4. 舱门及滑梯预位显示系统

舱门及滑梯预位显示系统（DOORS/SLIDES）页面如图 4-63 所示，页面中颜色显示及状态如表 4-20 所示。

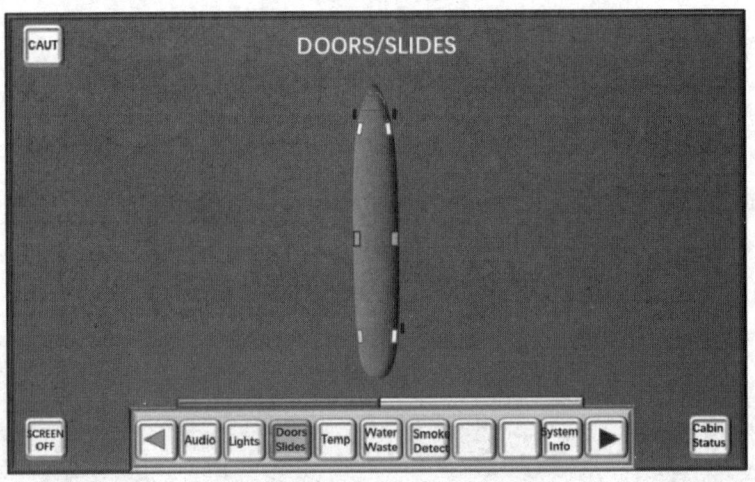

图 4-63　舱门及滑梯预位显示系统

表 4-20　颜色显示及说明

颜　　色	舱门状态
红色	舱门打开或未关闭好
黄色	舱门已正确关闭，滑梯在解除预位状态
绿色	舱门已正确关闭，滑梯在预位状态

5. 温度控制系统

温度控制系统（CABIN TEMPERATURE）页面如图 4-64 所示，页面中按键及说明如表 4-21 所示。

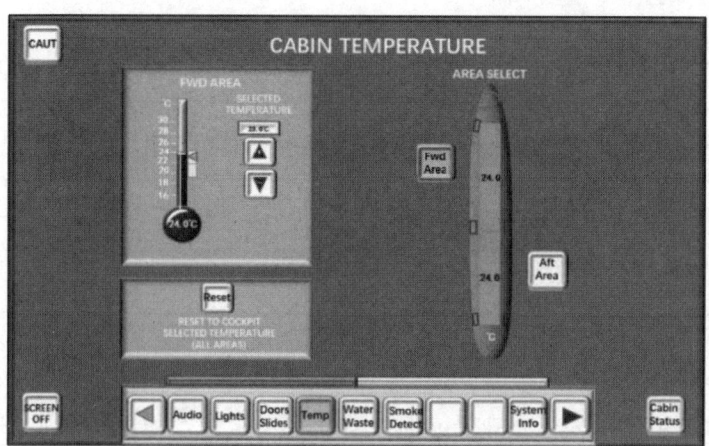

图 4-64　温度控制系统

表 4-21　按键及说明

按　键	说　明
AREA SELECT	区域选择
Fwd Area	客舱前部
Aft Area	客舱后部
SELECTED TEMPERATURE	目标温度
Reset	重置至驾驶舱调节的温度（全部区域）

CABIN TEMPERATURE 面板操作方法如下：

（1）点击 Fwd Area 键或 Aft Area 键选择控制区域，左侧显示调节页面；

（2）点击"+"或"-"键调节温度，每按一次，温度变化 0.5℃，调至所需温度，显示在 SELECTED TEMPERATURE 窗口。温度计右侧绿色箭头指示目标温度，浅色区域为温度调节范围±2.5℃。

6. 清/污水显示系统

清/污水显示系统（WATER/WASTE）页面如图 4-65 所示，页面中按键及说明如表 4-22 所示。

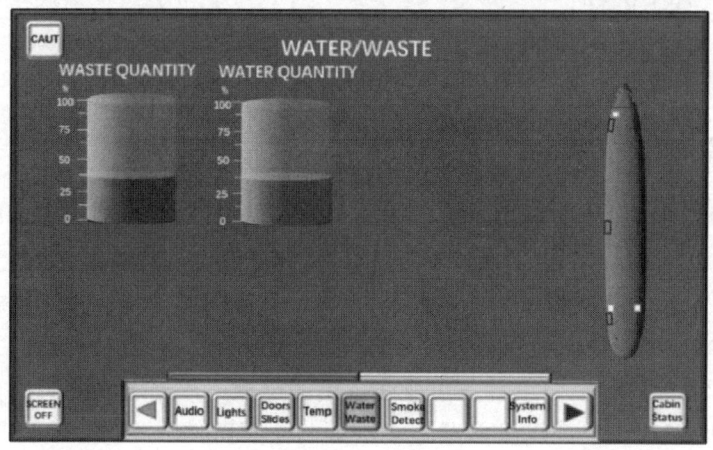

图 4-65　清/污水显示系统

表 4-22 按键及说明

按 键	说 明
WASTE QUANTITY	显示污水量
WATER QUANTITY	显示清水量

清/污水显示系统页面上 WASTE QUANTITY 区域显示污水量，用百分比表示，起飞前应在"0"位；WATER QUANTITY 区域显示清水量，起飞前应在"100"位。

（二）后乘务员控制面板

后乘务员控制面板位于后舱门 L2 处乘务员座位上方，设有客舱灯光系统和紧急撤离信息控制系统，如图 4-66 所示。后乘务员控制面板上的按钮及说明如表 4-23 所示。

图 4-66 后乘务员控制面板

表 4-23 按键及说明

按 钮	说 明
ENTRY	后入口灯
CABIN	客舱灯
EVAC RESET	解除应急报警
EVAC	应急报警键
SMOKE RESET	卫生间烟雾警告的指示和重置

五、机内通信系统

（一）机内呼叫系统

A320 机型的机内呼叫系统包括机组呼叫系统、客舱呼叫系统和卫生间呼叫系统，呼叫系统信息呈现在乘务员显示面板（additional indication panel，AIP）和区域呼叫显示面板（area call panel，ACP）上。

1. 乘务员显示面板

乘务员显示面板安装在前后乘务员座席一侧的壁板上，显示客舱广播、内话系统的拨号和呼叫等信息。AIP 包括中间的液晶显示屏和两侧的指示灯，其结构如图 4-67 所示，设备及说明如表 4-24 所示。

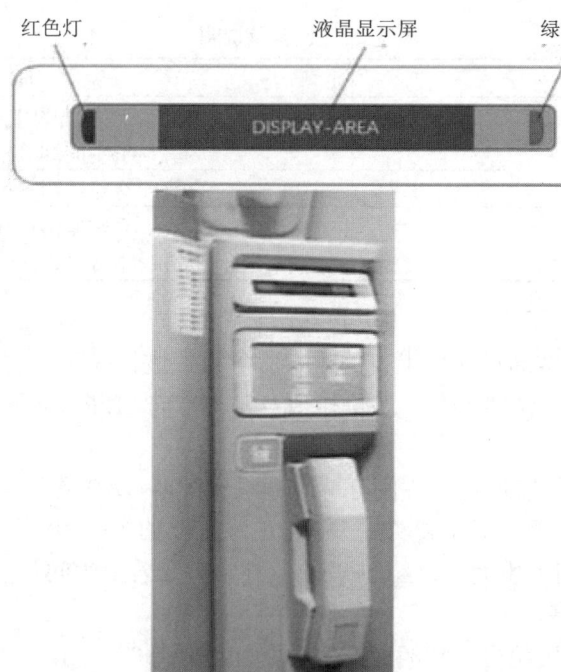

图 4-67 乘务员显示面板

表 4-24 按键及说明

设备	作用
红色灯	显示系统和应急信息（正常情况下两灯恒亮，紧急情况下闪烁）
绿色灯	显示通信信息（正常情况下两灯恒亮，紧急情况下闪烁）
液晶显示屏	显示通信系统使用状态及呼叫区域等信息

2. 区域呼叫显示面板

区域呼叫显示面板安装在乘务员座椅附近过道的天花板上，提供呼吸系统信息的远程视觉显示。ACP 包括不同颜色的 LED 灯光和响声，其结构如图 4-68 所示，设备及说明如表 4-25 所示。

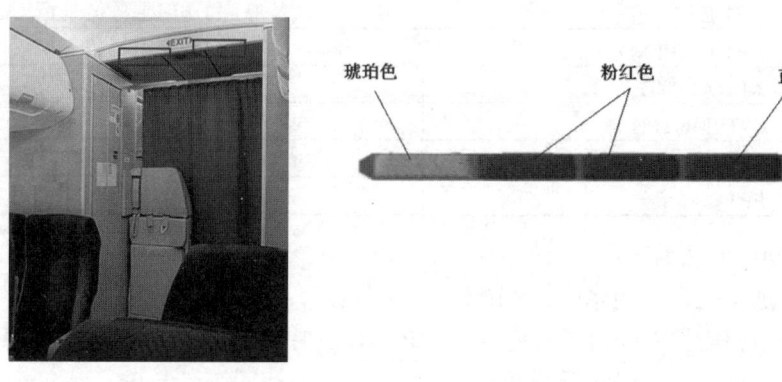

图 4-68 区域呼叫显示面板

表 4-25 设备及说明

设 备	说 明
琥珀色	常亮：卫生间呼叫 闪亮：卫生间烟雾报警
蓝色	常亮：客舱呼叫
粉红色	常亮：驾驶舱内话呼叫 闪亮：乘务员之间内话呼叫

机内呼叫系统显示如下：

（1）客舱呼叫：旅客通过座椅上方的旅客服务组件进行呼叫，AIP 绿色指示灯亮起，显示呼叫位置、座位排数及左右方向（L/R）；ACP 蓝色灯常亮。

（2）卫生间呼叫：旅客通过卫生间呼叫按钮进行呼叫，AIP 绿色指示灯亮起，显示呼叫卫生间位置（LAV A/D/E，表示 L1 门卫生间、L2 门卫生间、R2 门卫生间）；ACP 琥珀色灯常亮。若卫生间烟雾报警，琥珀色灯闪亮。

（3）机组呼叫：驾驶舱内话呼叫或乘务员之间内话呼叫，AIP 绿色指示灯亮，显示通话信息；ACP 粉红色灯常亮或闪亮。

（二）电话与广播系统

A320 机型内话机位于前、后乘务员座椅处，通过按不同的电话键可以与机组或乘务员通话，还可以播放客舱广播以及报警。内话机结构如图 4-69 所示，内话机正面电话键作用如表 4-26 所示。

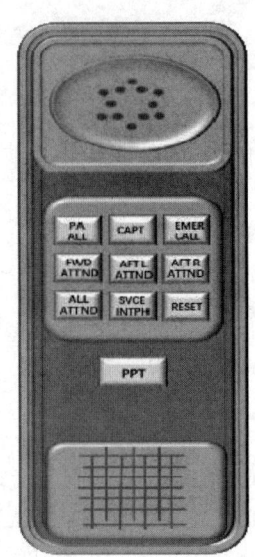

图 4-69 内话机结构

表 4-26 按键及说明

按 键	说 明
PA ALL	全客舱广播
CAPT	呼叫驾驶舱
EMER CALL	紧急呼叫
FWD ATTND	呼叫 L1 门乘务员
AFT L ATTND	呼叫 L2 门乘务员
AFT R ATTND	呼叫 R2 门内话机
ALL ATTND	呼叫所有乘务员
SVCE INTPH	呼叫地面机务
RESET	重置内话机，将其复位
PPT	送话键

内话机的操作方法如下：

（1）从存放架上取下内话机，AIP 显示"#"；

（2）按表中相应按键即可进行呼叫，AIP 上显示呼叫站位/被呼叫站位信息，并且 AIP 和 ACP 相应指示灯亮起，提示音响起；

（3）被呼叫的人取下内话机即可接听；

（4）通话结束后，按"RESET"键或挂机；

（5）播放客舱广播时，须按下 PPT 键，声音才能进入客舱，通话时，无须按 PPT 键。

六、机内娱乐系统

A320-200 机型客舱的娱乐系统包括音频系统和视频系统，为旅客提供音频和视频节目。娱乐系统播放器位于前舱，由乘务长控制，操作方法详见前乘务员控制面板操作方法（本章第三节）。根据舱级可选装电动收放显示屏或椅背显示屏，公务舱可使用个人点播娱乐系统，如图 4-70 所示。

图 4-70　个人点播娱乐系统

七、机内照明系统

A320 机型的机内照明系统包括驾驶舱照明、客舱照明和应急照明，功能和操作方法与波音 737-800 机型机内照明系统类似，如图 4-71 和图 4-72 所示。客舱照明系统操作方法详见前乘务员控制面板操作方法（本章第三节）。

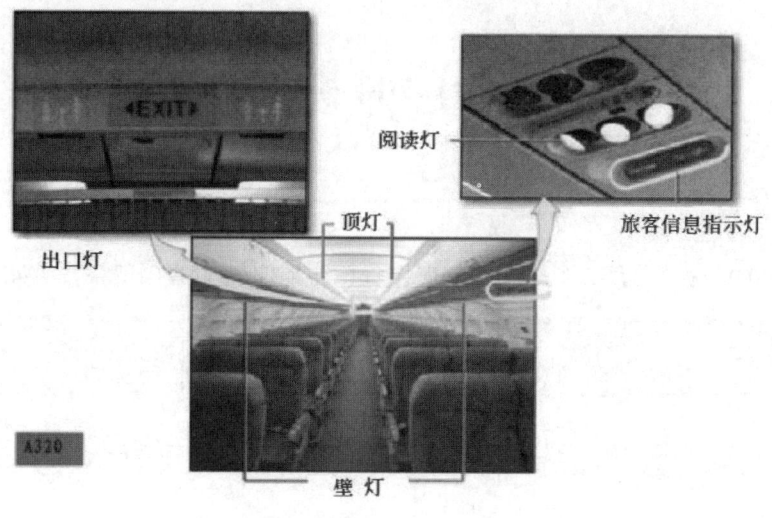

图 4-71　机内照明系统

图 4-72　客舱照明

八、通用设备

A320 机型的通用设备与波音 737-800 机型的结构与功能类似，但外观存在差异。行李架、座椅和旅客服务组件如图 4-73 和图 4-74 所示。

图 4-73　座椅及行李架

图 4-74　旅客服务组件

第四节　ARJ21-700 机上设备及操作

一、厨房设备

ARJ21-700 型飞机设有 2 个厨房，分别设置在客舱右侧服务门的前后，如图 4-75 所示。

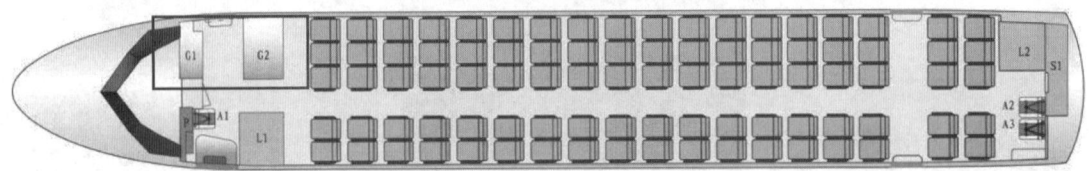

图 4-75　厨房布局

1号厨房配有1个咖啡机、1个烧水器、1个烧水杯、1个废物箱、2个冰块容器、2辆食品车。2号厨房内配有2个单烤箱，1辆食品车，1辆饮料车，1辆废物车，1个废物箱以及若干食品箱等设备，有可收起的工作台。1号厨房和2号厨房内的设备分别如图4-76和图4-77所示。

图4-76　1号厨房　　　　　　　　　图4-77　2号厨房

二、卫生间设备

ARJ21-700型飞机设有2个卫生间，左侧登机门的后部有1个，客舱后部右侧有1个，如图4-78所示。也可以选装设置3个卫生间，将客舱后部的储藏室改装成卫生间。

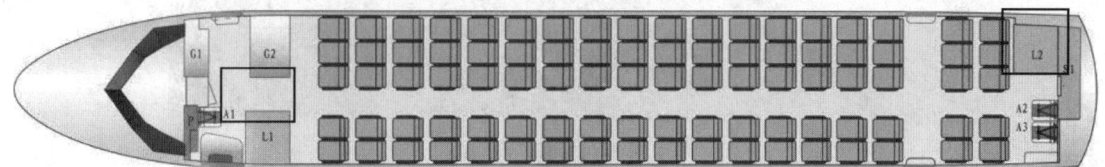

图4-78　卫生间布局

前、后卫生间内配有马桶、洗手池、废纸箱、婴儿折叠板以及卫生间服务组件等，效果图如图4-79所示。

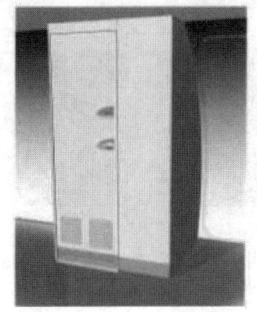 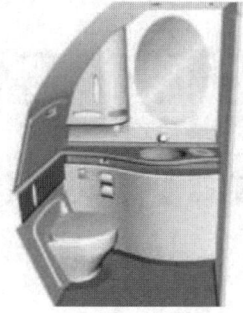  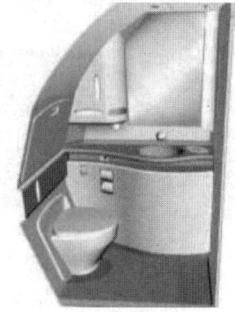

图4-79　前、后卫生间设备

三、出入机舱设备

（一）机舱门

ARJ21-700 型飞机客舱共设有 2 个舱门，客舱左侧 1 个舱门为旅客登机门，客舱右侧 1 个舱门为服务门，舱门布局如图 4-80 所示，实物如图 4-81 所示。

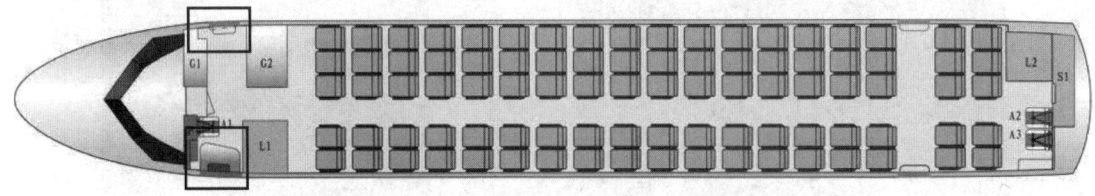

图 4-80　舱门布局

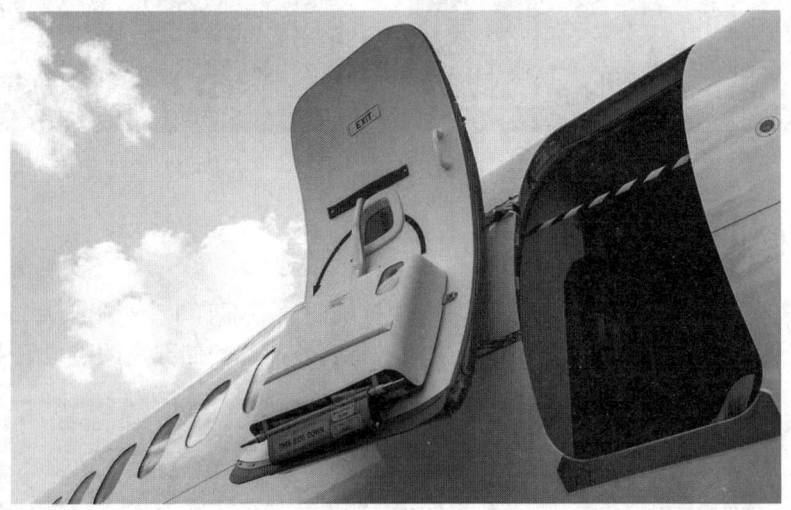

图 4-81　舱门设备

（二）应急出口

ARJ21-700 型飞机客舱共设有 2 个翼上应急出口，如图 4-82 所示，用于旅客在紧急情况下撤离飞机，实物如图 4-83 所示。

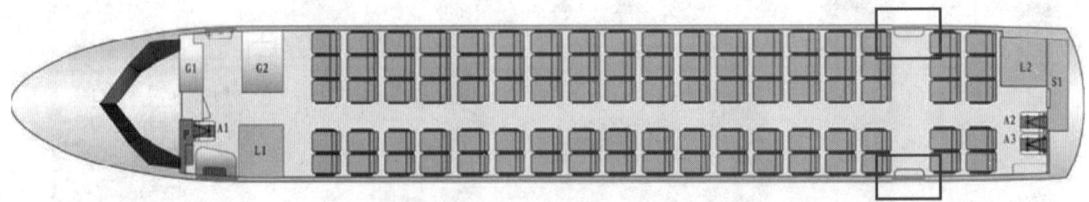

图 4-82　应急出口布局

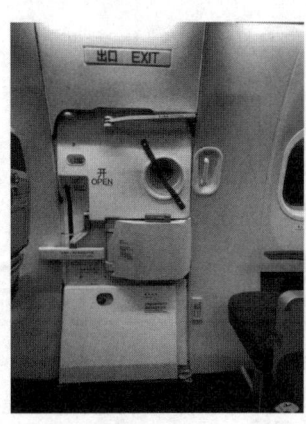 

图 4-83 应急出口

 思政拓展

大鹏一日同风起，扶摇直上九万里
——国产飞机 ARJ21 的发展之路

背景资料：

历史总是以各种方式呈现和记录。改革开放 40 多年，中国航空工业不断打造出一张又一张亮丽而不容忽视的名片，与世界航空强国同台竞争。在这众多名片中，如果说起中国民用飞机的历史跨越，ARJ21 脱颖而出。

新中国的航空工业通过仿制苏联军民用飞机起步。改革开放以来，在军用飞机领域，中国自主研发了多种机型。但由于种种原因，中国民用飞机产业一直相对落后，没有走出仿制的模式。研制具有自主知识产权的民用飞机，并从真正意义上实现商业上的成功，是中国航空工业几代人的梦想。从 20 世纪 70 年代我国自主研制的运 10 飞机，到 20 世纪 80 年代与美国麦道公司合作生产组装 MD82 飞机；从中德合作发展的 MPC75 支线项目，到与麦道合作开展 MD90 干线项目，与空客合作发展 AE100 项目。所有这些尝试最终都未取得理想的效果。

在这种情况下，2000 年 2 月，国务院指出民用飞机发展要按市场机制办事，决定发展具有自主知识产权及先进水平的新型涡扇支线飞机。ARJ21 喷气支线客机成为新中国航空工业历史上第一款自主设计、自主研发、拥有完全知识产权的民用飞机，填补了中国航空工业的空白，并为中国民用飞机产业的发展奠定了基础。经过十几年的艰辛努力，ARJ21 终于振翅高飞，承载着中国的期望，翱翔于天际。ARJ21 的发展历程如下：

2002 年 4 月，ARJ21 项目经中国国务院批准立项。

2003 年 3 月 27 日，中国民用航空局适航审定司签发了 ARJ21-700 飞机型号受理通知书。

2005 年 5 月，ARJ21 项目可行性研究报告获中国国务院批复。

2006 年 5 月，ARJ21 项目由详细设计阶段转入全面试制阶段。

2007 年 12 月 21 日，ARJ21-700 型飞机 101 架机在上海大场机场总装下线。

2008 年 11 月 28 日，ARJ21-700 型飞机 101 架机在上海大场机场成功首飞。

2009 年—2014 年 4 月，ARJ21-700 型飞机在各种极端条件下试飞，直至完成环球飞行。

2014 年 12 月 30 日，ARJ21-700 型飞机获中国民航局颁发的型号合格证。

2015 年 11 月 29 日，ARJ21-700 型飞机首架交付机交付给成都航空。

2016 年 6 月 28 日，首架 ARJ21 型飞机正式投入航线运营。

2016 年 12 月 7 日，ARJ21 型飞机获得了首个国外适航当局颁发的型号接受证。

2020 年 6 月 28 日，中国航空集团有限公司、中国东方航空集团有限公司、中国南方航空集团有限公司同时接收首架 ARJ21 型飞机。

2020 年 7 月 20 日，ARJ21 型飞机累计运输旅客 100 万人次。

资料来源：根据中国航空工业集团有限公司官网、百度百科整理。

思政启发：

启发 1：我国为什么自主研制大飞机？

我国自主研制大飞机的意义是：科技上，推动科技进步和产业升级；经济上，带动产业发展，提升社会经济水平；政治上，体现国家综合实力，提升民族自信心；军事上，为军用飞机国产化奠定基础，增强国防实力。

启发 2：ARJ21 客机的研制对我国航空业发展有何意义？

通过 ARJ21 客机的研制，我国经历了喷气支线客机设计、制造、试验、试飞、交付、批产等阶段，积累了大飞机研制与项目管理经验，为后续国产飞机的研制奠定了基础。

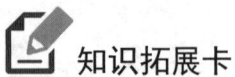 **知识拓展卡**

舒适客舱的奥秘

当人们从平原进入高原地区时，一般人需要 2~3 个月的时间慢慢适应当地的低氧环境，才能在这种环境下生存，并进行正常或接近正常的脑力及体力活动。

如果人不能适应高山低氧环境，可能会患高山病，如高原性心脏病、高原性细胞增多症、高原性高血压或高原性低血压等。长期居住在高原的人，体能会渐渐适应高原地区的特殊气候条件，在神经体液的调节下，机体各部分机能会产生相应的变化。其中，呼吸系统和循环系统的变化较为明显。

飞机升空后，随着飞行高度逐渐增加，周围的空气越来越稀薄，气压下降，温度也下降。在海拔 4000 米以上的高空，人会有较严重的缺氧表现。到了海拔 6000 米的高空时，机外温度下降到零下 24℃，空气密度仅为地面的 53%。此时，人能维持有效知觉的时间仅 15 分钟。

早期，驾驶员靠穿上厚厚的皮飞行服来抵御寒冷，但没有办法解决低气压的问题，飞机的飞行高度也因此受到限制。1945 年以前，运输机的飞行高度都被限制在海拔 6000 米以下，通常只在海拔 600~4000 米的区间飞行。虽然后来在飞机上添置了制氧设备或氧气瓶等，但这些设备只能在应急或特殊情况下使用，不能从根本上解决问题。

1947 年，飞机上安装了涡轮压气机，它可以源源不断地给客舱提供相当于正常大气压

80%的空气。有了这一法宝，客机的飞行高度才突破海拔6000米的禁区，达到10 000米以上。增压后的客舱气压相当于海拔2400米高度的大气压，旅客的舒适度显著提升。

或许有人会问：为什么不把客舱内的气压调整到和海平面的气压一样呢？这是因为客舱内部的压力越高，飞机升到高空以后，机内机外的压力差也就越大，飞机结构所承受的压力也越大。目前，客舱内设定的压力对于一般人来说没有什么不舒服的感觉，可是飞机结构受力却大为减轻，我们在制造飞机时可以减轻飞机的结构重量，使飞机更加经济，更加环保。

在飞机起飞和降落时，由于短时间内发生较为剧烈的气压变化，一些乘客会感到耳朵内鼓膜疼痛不适，这种不适比较轻微，持续时间也较短，乘客可以用重复张嘴闭嘴的动作或者嚼口香糖，使耳鼓膜内外的气压保持平衡，这可以有效减轻这种症状。

增压客舱是一个密封结构。外界空气经过增压后输送到客舱内。为了保证客舱内的空气新鲜，空气每3分钟左右就更新一次。在喷气式飞机上，由喷气发动机的压气机提供客舱所需要的增压空气；对于活塞式飞机，如果需要飞到6000米以上的高空，就必须加装一台涡轮增压器使空气增压。

客舱内的温度控制也很有学问。在喷气式客机中，从压气机输送过来的空气处于压缩状态，温度很高，这就需要再从外面引入一些冷空气在空调系统内与之混合，达到一定的标准后再送入客舱。

一般来说，飞机客舱根据功能的不同分为许多区域，每个区域内都有温度表、压力表、湿度表，能及时反映该区域的温度、压力、湿度的变化情况。这些数据也被传输到驾驶员面前的飞行控制面板上，驾驶员可以适时进行调整。

资料来源：张格. 舒适客舱的奥秘[J]. 大飞机，2016（4）：102.

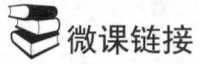 **微课链接**

本章授课与学习思路引导

 **推荐阅读**

1. 梅逸凡. C919我们的大飞机[EB/OL].（2022-12-30）[2024-05-15]. https://mp.weixin.qq.com/s?__biz=MzA4MjUwODIzNA==&mid=2649595399&idx=1&sn=1fe39adaed730ac1ba701e2f4a3186d7&chksm=879d9ea2b0ea17b430755d35cf75a9b3e1077f39c252bb2a4f728c7e9b025de49260b799d62c&scene=27.

2. 从飞机机型演变看中国民航40年产业的发展[EB/OL].（2022-12-30）[2024-05-15]. https://mp.weixin.qq.com/s?__biz=MzI4ODAyODQ1Nw==&mid=2652431743&idx=3&sn=319f1fedf18457514e8e880aad36177a&chksm=f028e739c75f6e2f85adad34999aac68e6e555d834feb915f0a9506c56b0f43775fc3b24032b&scene=27.

 **本章总结**

本章以波音737系列中波音737-800机型、空客A320系列中空客A320-200机型以及ARJ21翔凤客机中ARJ21-700机型为例,从乘务员使用角度,阐明各主要机型客舱设备的布局、种类、结构、功能及操作方法,具体包括机型特征、客舱设备布局、厨房设备、卫生间设备、出入机舱设备、乘务员控制面板、机内通信系统、机内娱乐系统、机内照明系统、通用设备等。

 思考与复习

思考题

1．波音737-800、空客A320-200、ARJ21-700机型有何特征?
2．波音737-800、空客A320-200、ARJ21-700的客舱设备布局有何异同?

复习题

1．波音737-800和空客A320-200的厨房设备有哪些?如何操作?
2．波音737-800和空客A320-200的卫生间设备有哪些?如何操作?
3．波音737-800和空客A320-200的舱门如何操作?
4．波音737-800和空客A320-200的乘务员控制面板有哪些功能?如何操作?
5．ARJ21-700的舱门有哪些?

第五章 主要机型各飞行阶段客舱设备的使用

【学习目的】

民航客机完成一次执飞任务，要经历不同的飞行阶段，而在不同的飞行阶段，乘务员需要按规范完成对客舱设备的操作，以满足客舱安全及客舱服务的要求。本章以波音737-800、空客 A320-200 为例，从乘务员使用角度阐明各主要机型在不同飞行阶段的客舱设备使用的操作程序与规范。通过本章的学习，应达到以下目的：

1. 了解一般飞行阶段的划分及内容；
2. 掌握波音 737-800 不同飞行阶段客舱设备的使用；
3. 掌握空客 A320-200 不同飞行阶段客舱设备的使用；
4. 了解飞行关键阶段的客舱设备使用。

【核心思想】

1. 不同飞行阶段的技术要求不同，客舱设备的使用必然有不同的要求；
2. 不同机型客舱设备的使用均有一个基本原则：保证飞行安全，适应旅客服务的需求；
3. 在飞行关键阶段，客舱必须服从飞行安全的要求。

【素质目标】

1. 复杂工作环境下的思维能力与无误操作的职业修养；
2. 结合 ARJ21 客机发展历程，培养爱国情怀和民族自豪感。

【能力目标】

1. 培养专注力：把事情做到最好的能力。
2. 实际操作能力：能够熟练操作波音 737-800、空客 A320-200 客舱设备。

【引导案例】

乘务员一时失误，飞机紧急返航

2018年9月20日上午，一架由孟买飞往印度的航班起飞不久后迅速返航，原因是飞机上突然出现大量乘客耳鼻流血、头痛不止等现象。

据统计，这架航空班机上共有166名乘客，出现流鼻血、耳朵流血的有30多人，其他乘客均有不同程度的眩晕、恶心等症状。事后乘客表示，飞机刚起飞就出现了混乱。

经初步调查，这架飞机在爬升过程中，机组人员忘记打开保持机舱压力的开关，导致机舱压力异常，氧气面罩掉了下来，飞机紧急返回孟买。

资料来源：飞机乘务员一时失误，造成30名乘客受伤，无奈紧急返航[EB/OL]．（2018-09-21）．https://www.163.com/dy/article/DS8BL8V10517TETO.html。

第一节　飞行阶段的划分及工作内容

按研究目的的不同，飞行阶段有不同的划分方法。按飞机的飞行状态，正常情况下，可以把飞行阶段分为滑行、起飞、爬升、巡航、下降、着落六个阶段，还可以进一步细化为起动前、起动后、滑行前、起飞前、起飞后、爬升、巡航、下降准备、进近、着陆、着陆后、停机与离机多个飞行环节。在遇到非正常情况时，为了保证飞行安全，还要启动紧急程序、不正常程序。按客舱服务要求，按乘务组的工作流程划分，可以把飞行过程分为预先准备、直接准备、飞行实施和飞行讲评四个阶段。这种划分方式全面涵盖了客舱服务的全过程，明确了乘务员每一阶段的工作内容、规范与要求，是实施客舱管理的依据。

基于本教材的研究对象，结合客舱设备的使用，按照设备功能、乘务组使用、乘客需要之间的内在关系，结合飞行阶段的特点，将飞行阶段作如下划分。

一、客舱准备阶段

客舱乘务员应按照《关于规范航空承运人飞行前准备的咨询通告》（AC-121-23）的要求，完成飞行前的准备工作。在直接准备阶段或之前完成与飞行机组和安保组的协同准备。其中最重要的是召开机组准备会议：会议由机长召集并组织，全体机组成员参加，各工种汇报准备情况；机长检查、落实各工种准备情况；明确机组分工，密切协助配合；听取安全员对近期安全形势的汇报，共同确定空防措施；确保飞行所需的各种证件、证书齐全有效；根据任务性质，对安全飞行和服务提出要求。

客舱乘务员必须按照航空公司的程序完成旅客登机前的客舱准备工作，包括但不限于以下内容：

（1）确认防护式呼吸装置（PBE）在位；

（2）确认应急和漂浮设备在位；

（3）确认客舱乘务员手册现行有效；

（4）了解航空公司的应急程序；
（5）清点好飞机供品总量，不能超过航空公司的规定，以避免飞机隐载；
（6）清舱时若发现可疑物品，需立即报告机长；
（7）清舱时如果发现遗失物如手机、电脑等，应将其交由地面工作人员带下飞机；
（8）按照航空公司的程序，固定厨房设施和服务车，完成相应准备；
（9）清舱结束后报告机长。

二、登机过程

在登机过程中，客舱乘务员主要的工作为安排旅客对号入座、协助旅客合理合规地摆放行李、检查应急出口状态等一系列工作，包括但不限于以下内容：
（1）检查并清空应急出口处的行李；
（2）协助旅客摆放并固定行李；
（3）检查应急出口处的旅客是否符合就座规定，向其讲解应急出口注意事项并请该旅客仔细阅读应急出口《安全须知卡》；
（4）如果发现行李超出尺寸或重量规定，应及时向地面工作人员反映；
（5）报告机长旅客登机完毕。

三、滑行前

推出停机位之前，客舱乘务员完成下列检查，每位旅客均应当遵守乘务员为保障安全而提出的下列要求，如果没有配备乘务员，将由机组或指定人员完成包括但不限于以下内容：
（1）完成安全广播，安全演示到位（包括安全带、氧气面罩、救生衣以及紧急出口使用方法的演示）；
（2）确认每位旅客都系好安全带；
（3）禁止吸烟；
（4）椅背竖直，脚垫收起；
（5）小桌板归位；
（6）所有帘子拉开系紧；
（7）拉开遮光板；
（8）行李架扣紧；
（9）确保紧急出口、走廊过道以及机门附近无任何手提行李；
（10）出口座位的旅客符合乘坐规定。乘务员须向旅客讲解开关紧急出口门的方法以及对紧急出口座位乘坐人的要求；
（11）在每次飞行前，机长应当确保每位在紧急情况下需要别人帮助才能迅速撤至出口的人员和该人员的护理人员（如有）都收到了简介，已被告知在发生紧急情况时疏散航空器的程序；
（12）2岁以上的儿童需有单独座位，2岁以下的婴儿须有成人抱着，并且要用安全带固定；

(13) 确认所有移动电话、便携式电脑等电子设备已关闭并存放好；

(14) 旅客座椅处无饮料和餐具；

(15) 洗手间无人占用并锁好，马桶盖盖板盖上，所有散落物品均收好放置于相应橱柜中锁闭；

(16) 无人座椅上的安全带和肩带已扣好；

(17) 固定好厨房餐具、餐车及供应品；

(18) 灯调制"DIM"位，厨房灯光关闭；

(19) 确认烤箱、烧水器等电器电源关闭；

(20) 报告机长"客舱准备完毕"；

(21) 除了完成保障飞机正常飞行和机上人员安全的工作外，乘务员应当在规定座位上坐好并系好安全带和肩带；

(22) 回顾应急准备措施：

① 应急设备的位置和使用；

② 出口位置和使用；

③ 应急程序；

④ 可以协助我们实施应急程序的旅客。

四、飞行阶段

在每次起飞之后，在要求系好安全带的信号灯即将关断之前或者刚刚关断之后，通过广播通知旅客，即使要求系好安全带的信号灯已熄灭，在座位上的乘客仍须继续系好安全带。

在飞机巡航阶段，客舱乘务员的主要工作是维持客舱秩序，与驾驶舱进行沟通，保证飞行航班的正常运行，完成航空公司的相应任务，包括但不限于以下内容：

(1) 客舱乘务员必须了解航空公司的正常运行程序；

(2) 飞行机组在进出驾驶舱时应与客舱机组进行沟通，保证进出时的安全；

(3) 飞行关键阶段严禁干扰驾驶舱的工作；

(4) 巡航阶段，客舱机组与驾驶舱每小时进行一次不短于5分钟的交流；

(5) 在可预知的颠簸发生之前，客舱机组应广播通知旅客；

(6) 按照航空公司的程序，监控旅客医用氧气的使用；

(7) 不向受限制的旅客（如武装人员、犯人、押送人员和醉酒人员）供应含酒精的饮料；

(8) 按照航空公司的规定，对旅客使用的便携式电子设备（PED）进行管理；

(9) 禁止吸烟（包括雾化类电子烟）；

(10) 防止旅客触动或破坏机上烟雾探测器；

(11) 按照航空公司的规定处理飞行过程中发现的危险品（含生化制品）；

(12) 接入机上电源的用电设备须经航空公司许可，禁止使用未经航空公司允许的用电设备，如加湿器、烧水壶等无关物品。

五、着陆前

飞机着陆及进近阶段是飞行关键阶段，因此客舱机组人员在每次着陆前进行简介，说明下列事项：

（1）使用安全带或约束系统；

（2）客舱内安全须知（例如，正确存放手提行李，避免占用过道和通道，落地时小桌板、座椅靠背、脚踏、机上娱乐系统和遮光板等在要求的位置）；

（3）关于便携式电子设备的使用和载运政策；

（4）紧急出口位置的再确认。

六、停机

（1）在飞机未滑行到预定的停机位时，乘务员应确认每一位旅客坐在座位上，系好安全带，手机关机；

（2）到达停机位后，乘务员确认发动机关车，报告机长并收到地面工作人员发出的敲门信号，方可打开机门；

（3）旅客下机前，乘务员必须确认登机梯可供旅客安全使用，摆渡车已到位；

（4）与地面工作人员交接特殊旅客等事宜；

（5）检查机上有无旅客遗留的物品；

（6）与地面工作人员交接相关单据和文件。

七、乘务员离机

按照航空公司的程序进行讲评、记录和报告，具体内容主要分为技术档案和能证明该乘务员是否满足运行要求的记录以及应当填写的其他内容和报告。技术档案的主要内容是：按时间顺序保存各种训练记录，航线飞机飞行训练记录，资格检查记录，事故、事故征候结论，奖惩记录等。奖惩记录是指与客舱安全职责相关的奖励和惩罚，通常不包含与客舱安全职责无关的奖惩记录。而证明该乘务员满足运行要求的记录是：体检鉴定和疾病治疗记录、机型资格记录以及飞行时间、值勤时间和休息时间的记录。除这几项外，如有需要还应填写《客舱记录本》的内容，如发生紧急医学事件或机上扰乱以及非法干扰行为等紧急事件，还应填写机上紧急事件报告。

对于记录的保存，航空公司应在客舱乘务员所服务的基地保存上述记录，以便接受局方的检查。客舱乘务员不再服务于该航空公司时，航空公司应当在该人员离职之日起，将技术档案、证明该乘务员满足运行要求的记录保存至少 24 个月。航空公司应做好客舱乘务员离职或辞职、终止聘用或取消聘用资格的记录。客舱乘务员在离职时，航空公司应按照该人员的要求提供技术档案、证明该乘务员满足运行要求的记录副本（副本包括原件的复印件、影印件、扫描件等复制品），并且不可以收取费用。

八、短停环节

（1）机组成员应禁止未经批准的人员进入驾驶舱；

（2）在中途过站停留时，如果乘坐该飞机的旅客仍停留在飞机上，且留在飞机上的客舱乘务员数量少于最低配备要求的数量，航空公司应当采取下列措施：

① 保证飞机发动机关车并且至少保持打开一个地板高度出口，供旅客下飞机；

② 留在飞机上的客舱乘务员数量应当至少是最低配备要求数量的一半，有小数时，舍去小数，但至少为1人；

③ 可以用其他人员代替要求的客舱乘务员，代替客舱乘务员的人员应当是符合应急撤离训练要求的合格人员且应当能够被旅客识别。

（3）允许留在飞机上的旅客或行李一般可以不检查，但在起飞前要对驾驶舱、厨房、卫生间等区域进行安全检查；

（4）在过站时，所有箱柜的门都要关好。

第二节　波音737-800各飞行阶段客舱设备的使用

一、波音737-800机型介绍

（一）波音737-800机型的特征

波音737-800是美国波音公司设计生产的一种双发涡扇中短程窄体客机，属于波音737NG系列，是737-700的机身延长版本，对标的是空中客车公司的A320。B737-800在两等级机舱配置下，可载164人；若全部为经济客位，载客量可达189人。在设计方面，波音公司重新设计了新一代737的机翼，机翼的弦长增加了50厘米，翼展增加了5米，使机翼总面积增加了25%，燃油容量提高了30%。因其采用新型B-737的机翼，使B737-800的最大航程达到6000千米，巡航速度提高到0.785马赫（848千米/小时），最快速度可达0.82马赫（885千米/小时），最高巡航高度为12 400米，超越了同级竞争机型。在动力方面，B737-800使用国际发动机公司（CFM）生产的CFM56-7型发动机，与传统型737上配置的CFM56-3发动机相比，其推力增加了11%，其噪声远远低于三级噪声标准，而且它还具有油耗低和维护费用低的特点，使航程加大，飞行能力增强。由此可见，波音737-800兼具舒适与经济的优点，使其成为现代主流客机。

（二）客舱内的设备布局

波音737-800机型客舱布局如表5-1所示。

表5-1　B737-800机型的客舱布局

客舱布局	两级布局	单级布局
商务舱座位布局	8座，1~2排（2-2布局）	0
经济舱座位布局	156座，3~29排（3-3布局）	184座，1~14排，16~31排（3-3布局），15排（2-2布局）
座位总数	164座	184座

续表

客舱布局	两级布局	单级布局
紧急出口	在经济舱中部11~13排： 客舱左侧2个：WL1、WL2； 客舱右侧2个：WR1、WR2	在经济舱中部13~15排： 客舱左侧2个：WL1、WL2； 客舱右侧2个：WR1、WR2
舱门	客舱左侧2个：L1、L2；客舱右侧2个：R1、R2	
卫生间	机头左侧1个，机尾两侧2个	
厨房	机头右侧1个，机尾中间1个	
衣帽间	机头左侧1个	
乘务员座席	L1门2个，L2门2个，R2门2个，均为双人座椅	

二、乘务组配置与责任

（一）客舱乘务员配置及座位安排

客舱乘务员按5+1配置，其座位安排如图5-1所示。

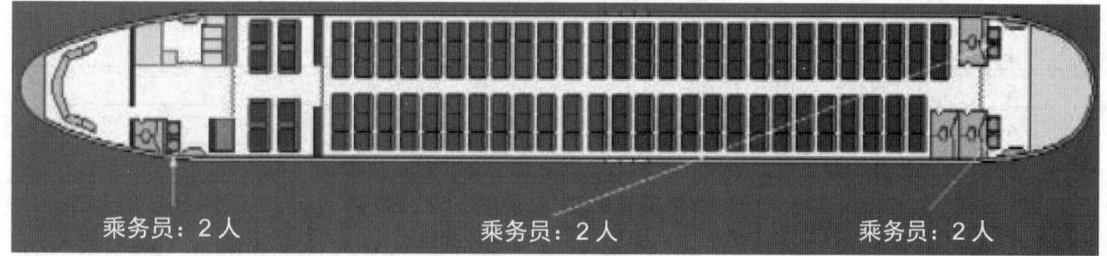

图5-1 B737-800乘务组配置

（二）机门滑梯操作分工

具体分工原则如下：L1机门滑梯由客舱乘务员PS1（号位代码）负责，L2机门滑梯由客舱乘务员SS4负责，R1机门滑梯由客舱乘务员FS2负责，R2机门滑梯由客舱乘务员SS5负责，负责操作机门滑梯的客舱乘务员分配如图5-2所示。

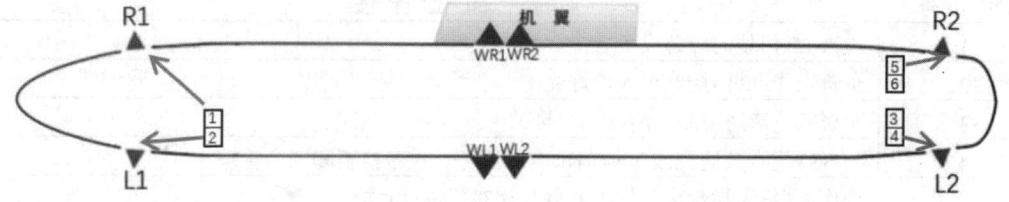

图5-2 B737-800负责操作机门滑梯的客舱乘务员分配图

（三）各号位乘务员的责任

各号位乘务员的责任如表5-2所示。

表 5-2　B737-800 机型各号位乘务员的责任

\multicolumn{2}{c}{PS1 主任乘务长/乘务长（1号），座席：L1 门内侧}	
序　号	岗　位　责　任
1	操作 L1 门控制板
2	检查 L1 门处应急设备
3	负责操作及检查录像设备
4	在 L1 门迎送乘客
5	检查 L1 门卫生间，摆放及清理卫生用品
6	负责服务 F 舱客舱，设备检查和安全管理
7	操作 L1 门滑梯预位（解除）并与相对门进行互检
8	组织落实飞行前和飞行后的清舱工作
9	负责组织飞行后的讲评

SS2 乘务员（2号），座席：L1 门外侧	
序　号	岗　位　责　任
1	检查位于 R1 门的应急设备
2	检查并操作前厨房设备及控制板
3	检查前厨房餐食，酒类，供应品，回收及各项准备工作
4	与 PS1 配合共同完成 F 舱服务和安全管理
5	负责机组的服务
6	操作 R1 门滑梯预位（解除）并与相对门进行互检
7	根据工作区域落实航前和航后清舱工作

SS3 乘务员（3号），座席：L2 门内侧	
序　号	岗　位　责　任
1	检查位于 R2 门的应急设备
2	检察翼上出口并与旅客确认翼上出口安全须知
3	负责 F 舱和 Y 舱阅读刊物的接收和摆放
4	负责检查经济舱的卫生间、摆放和清理卫生用品
5	与 PS4 配合，共同完成 Y 舱前部客舱服务、设备检查和安全管理
6	根据工作区域落实航前和航后的清舱工作

SS4 乘务员（4号），座席：L2 门外侧	
序　号	岗　位　责　任
1	检查 L2 门处的应急设备
2	负责操作 L2 门控制板入口灯光
3	负责接收清洁用品、清点及交接
4	与 SS3 配合共同完成 Y 舱前部客舱服务、设备检查和安全管理
5	操作 L2 门滑梯预位（解除）并与相对门进行互检
6	负责监控落实 Y 舱航前和航后清舱情况

SS5 乘务员（5号），座席：R2 门外侧	
序　号	岗　位　责　任
1	检查位于 R2 门处的应急设备
2	检查并操作后厨房设备、控制板

续表

\multicolumn{2}{c}{SS5乘务员（5号），座席：R2门外侧}
序　号	岗 位 责 任
3	检查后厨房餐食及各项准备工作
4	与SS6配合完成Y舱后部客舱服务
5	检查水表
6	操作R2门滑梯预位（解除）并与相对门进行互检
7	根据工作区域落实航前和航后清舱工作

\multicolumn{2}{c}{SS6乘务员（6号），座席：R2门内侧}
序　号	岗 位 责 任
1	检查位于L2门处的应急设备
2	负责Y舱供应品的检查、回收及各项准备工作
3	与SS5配合完成Y舱后部客舱服务、设备检查和安全管理
4	根据工作区域落实航前和航后清舱工作

三、旅客登机前直接准备阶段的机舱设备使用

直接准备阶段是指乘务员登机后到乘客登机前的时间段，该阶段直接关系到空中乘务工作的有效实施、客舱安全及服务质量。登机前客舱设备的使用如图5-3所示。

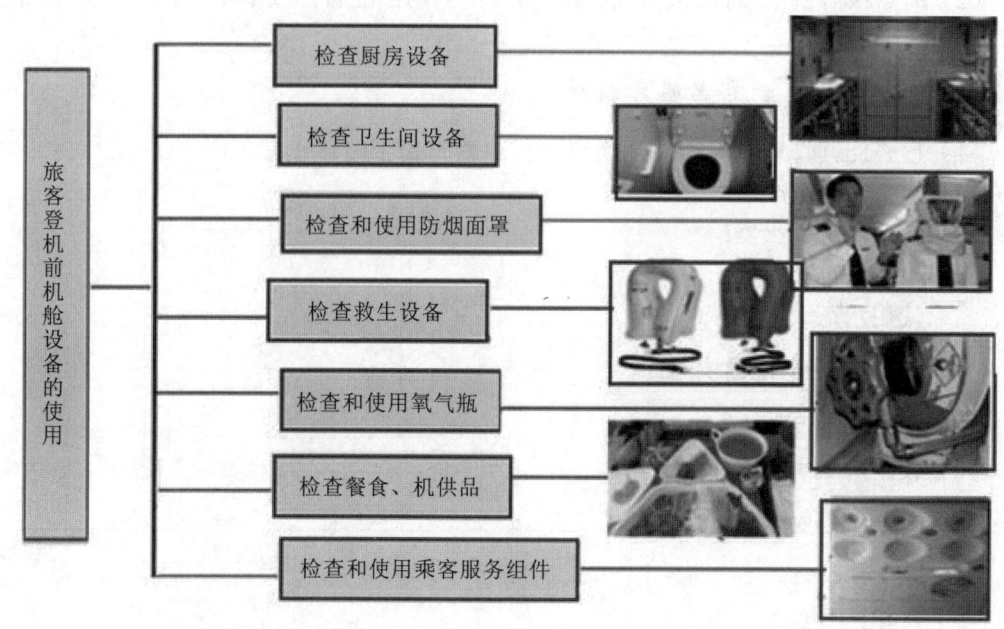

图5-3　登机前客舱设备的使用

（一）检查厨房设备

包括但不限于：

（1）飞机起飞前，烤箱必须断电；

（2）检查厨房设备；

（3）检查并确定厨房内无外来人、外来物；
（4）检查并确保厨房电器设备处于正常状态；
（5）检查并确保厨房内水供应充足（由后乘务员面板控制）；
（6）检查厨房地板、服务台、烤炉、冰箱等是否清洁。

（二）检查卫生间设备

包括但不限于：
（1）检查并确定卫生间内无外来人、外来物；
（2）确保马桶抽水系统正常工作；
（3）确保垃圾箱盖板、坐便器盖板放好，并且能正常工作；
（4）确保洗手池用水系统正常；
（5）确保台面、镜面、坐便器、地面干净；
（6）检查卫生用品（香皂、卫生纸、马桶垫纸、清洁袋、香水等）是否放置于指定位置并摆放整齐。

（三）检查餐食、机供品

包括但不限于：
（1）清点核对餐食种类、数量是否与"配餐单"相符，餐食是否新鲜；
（2）清点核对机供品种类、数量是否与"机上用品配备回收清单"相符，机供品是否完好。

（四）检查和使用乘客服务组件

（1）检查阅读灯、通风口、呼唤铃、扬声器等是否能够正常工作；
（2）检查海伦灭火器；
（3）使用海伦灭火器；
（4）检查水剂灭火器；
（5）使用水剂灭火器。

（五）检查和使用防烟面罩

（1）检查防烟面罩；
（2）使用防烟面罩。

（六）检查和使用氧气瓶

（1）检查氧气瓶；
（2）使用氧气瓶。

（七）检查救生设备

（1）查看救生船是否在位；
（2）查看救生衣是否在位，数量是否正确，包装是否完好；
（3）打开应急灯，查看应急灯是否处于完好状态（注意：地板应急指示灯连续 2～3 个以上不亮，飞机便不允许起飞）；

(4)查看手电筒是否在位,工作状态是否良好;
(5)查看《出口座位乘客须知卡》是否在座椅背后的口袋里,与飞机机型是否相符,有无破损;
(6)查看应急医疗箱和急救药箱是否在位,铅封是否完好;
(7)后舱门供应餐食时,可使用后入口灯照亮后舱,其控制组件如图5-4所示。

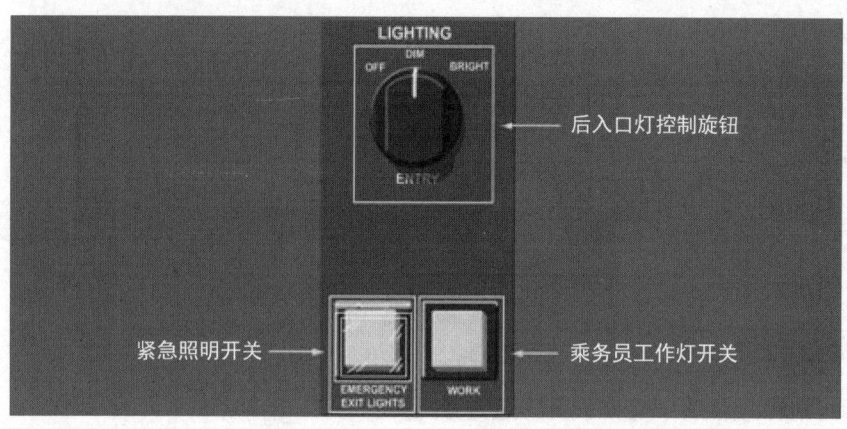

图 5-4　B737-800 机型控制组件

四、旅客登机期间机舱设备的使用

旅客登机期间的核心流程是客舱门的开启,在此过程中,还会涉及行李架、客舱灯光设置等。关于旅客登机期间客舱设备的使用操作如图5-5所示。

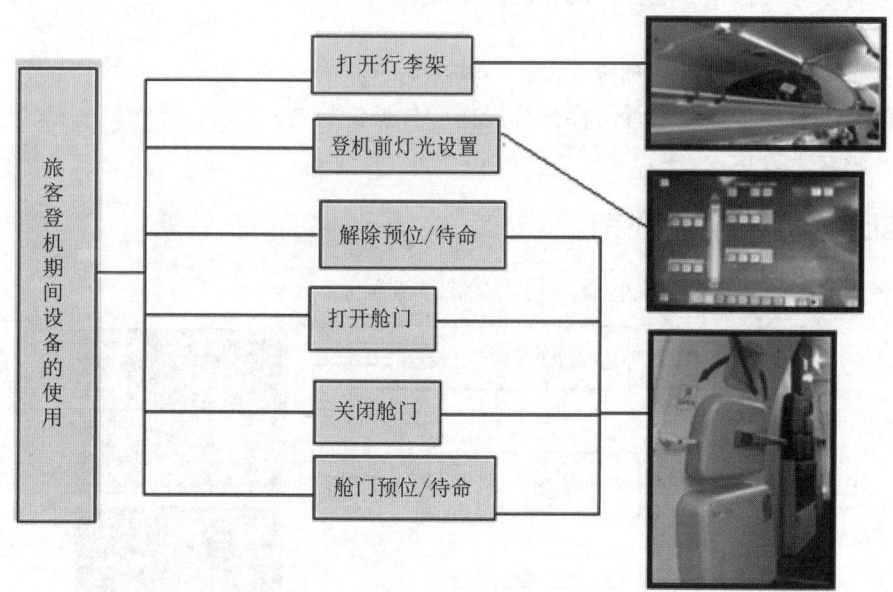

图 5-5　旅客登机期间客舱设备的使用操作

(一)登机前的灯光设置

在乘客登机之前将客舱灯光调至"高挡"(Bright),方便乘客登机和适应客舱环境。

(二)解除预位/待命

(1)将滑梯杆从地板支架上取出,固定到滑梯挂钩上;
(2)将滑梯预位警示带解除,平扣在观察窗上方;
(3)确认舱门预位已解除,并报告乘务长。

(三)打开舱门

(1)乘务长发布"解除滑梯预位,换位检查"指令;
(2)各乘务员按指令进行解除滑梯预位操作,并换位检查;
(3)报告乘务长;
(4)乘务长发布"开启舱门"指令;
(5)各乘务员按指令开启舱门,拉好警示带;
(6)报告乘务长。

(四)舱门预位/待命

(1)将滑梯预位警示带斜跨过安全窗并固定;
(2)将滑梯杆从滑梯挂钩上取下,连接到地板支架上;
(3)确认舱门已预位,报告乘务长。

(五)关闭舱门

(1)乘务长发布"关闭舱门"指令;
(2)各乘务员按指令进行关闭舱门操作;
(3)报告乘务长;
(4)乘务长发布"滑梯预位,换位检查"指令;
(5)各乘务员按指令进行滑梯预位操作,并换位检查;
(6)报告乘务长。

五、推出停机位至起飞前

推出停机位至起飞前的机舱设备使用如图5-6所示。

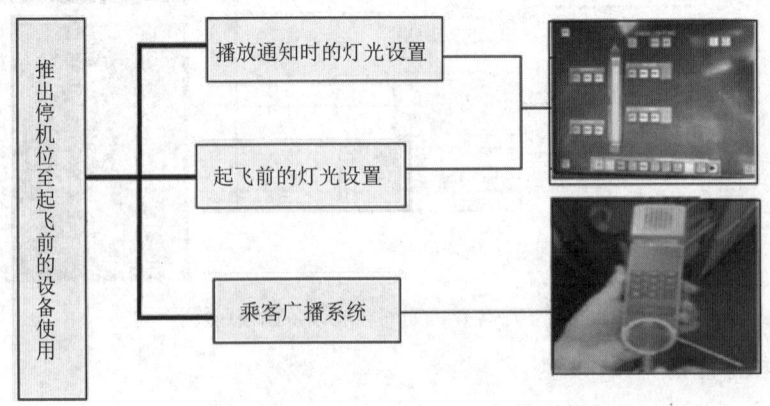

图5-6 推出停机位至起飞前的机舱设备使用

（一）播放通知时的灯光设置

播放安全须知时将客舱灯光调至"中挡"（Medium），便于乘客观看。

（二）起飞前的灯光设置

飞机起飞前将客舱灯光调至"暗挡"（Dim）。

（三）乘客广播系统

最需要使用的设备是乘客广播系统。其主要用于对客舱进行广播。驾驶舱广播、乘务员广播以及预录通告都是通过乘客广播系统完成的。该系统通过扬声器从驾驶舱或客舱乘务员处向客舱区域、厨房区域和盥洗室区域进行乘客广播。

客舱内话系统可以实现驾驶舱成员、客舱乘务员以及全机各个维护和服务区域之间的通话。在进行客舱内话时，应取下内话机，如图 5-7 所示，然后按压相应按键呼叫相关人员。按压"RESET"键或将内话机挂回支架，则通信终止。

图 5-7　内话机

六、飞行中的设备使用

飞行中的机舱设备使用如图 5-8 所示。

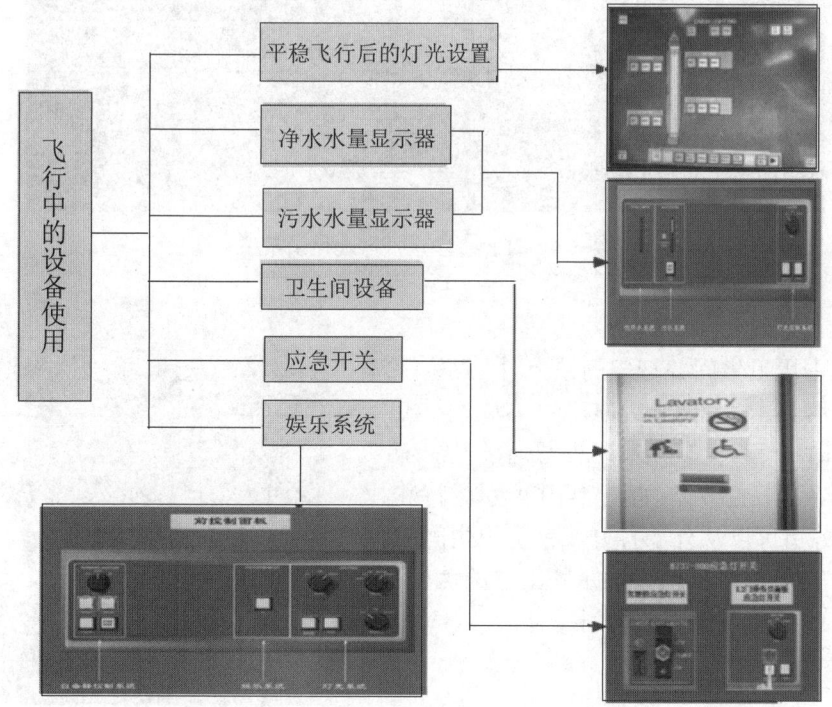

图 5-8　飞行中的机舱设备使用

（一）平稳飞行后的灯光设置

飞机进入平稳飞行后，将客舱灯光调至"中挡"（Medium）。厨房值班灯在航班飞行的任何阶段都不可以关闭。当乘客在阅读时，必须询问乘客意见后再帮其打开阅读灯。长航线夜航飞行时，客舱灯光应由暗逐渐调节到亮，给乘客一个适应过程。在具备条件的机型中，可根据工作进度的不同分别调节头等舱和经济舱的灯光。

（二）净水水量显示器

显示飞机水箱中的水量多少，当水位到"1/4"时，则需要加水。

（三）污水水量显示器

包括"CLEAN CHECK"键、污水水量显示表和"PRESS TO TEST"键。

（1）按下"CLEAN CHECK"键，可通过污水水量显示表检查马桶的污水量。

（2）按下"PRESS TO TEST"键的同时按下马桶冲水按钮，可疏通堵塞的马桶。

灯光设置、净水水量显示器及污水水量显示器如图5-9所示。

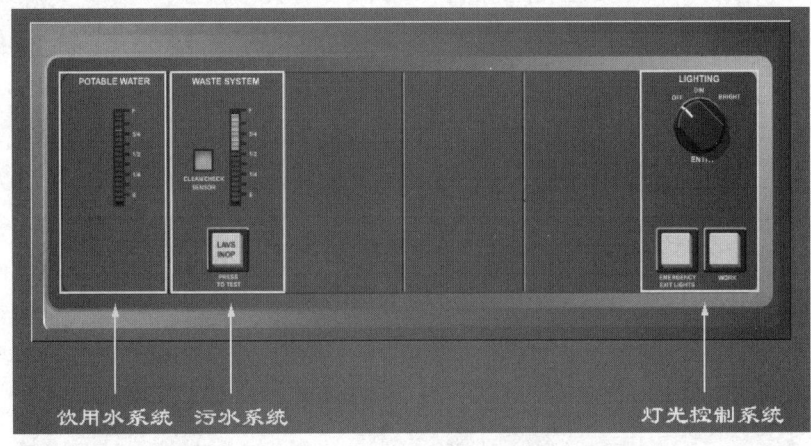

图5-9 灯光、净水及污水控制系统

（四）卫生间设备

当有人占用卫生间并把门闩锁上时，卫生间门口的显示牌显示"OCCUPIED"（有人），卫生间空闲时，卫生间门口的显示牌显示"VACANT"（无人），如图5-10所示。特殊情况下，乘务员可以从外部打开或锁上卫生间的门，方法是：打开卫生间门口显示牌上方的盖板，向左侧或右侧拨动盖板下的门闩即可。

图5-10 卫生间门面板

（五）应急灯开关

应急灯光的用途：用于指示出口位置，在应

急情况下为飞机内部、外部出口提供照明。

操作：正常情况下，由驾驶舱控制应急灯开关；此开关在飞行前处于"预位"（ARMED）状态；在"预位"时，如果电源中断，所有内部、外部应急灯自动打开照明；无论驾驶舱的应急灯光开关在哪个位置，乘务员都可通过操作位于乘务员控制面板上的开关打开应急灯，如图5-11所示。

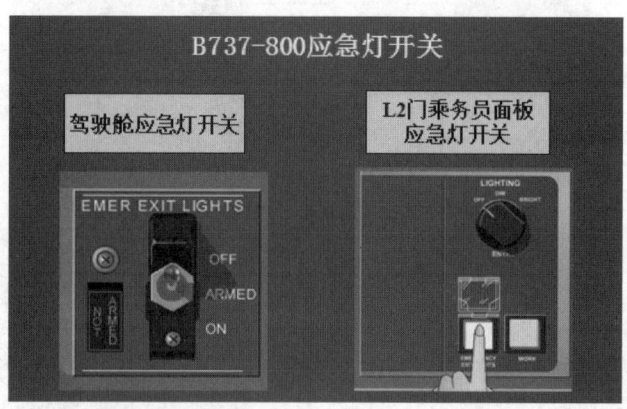

图5-11　B737-800应急灯开关面板

（六）娱乐系统

巡航时可以打开娱乐系统供乘客休息放松，其控制面板如图5-12所示。

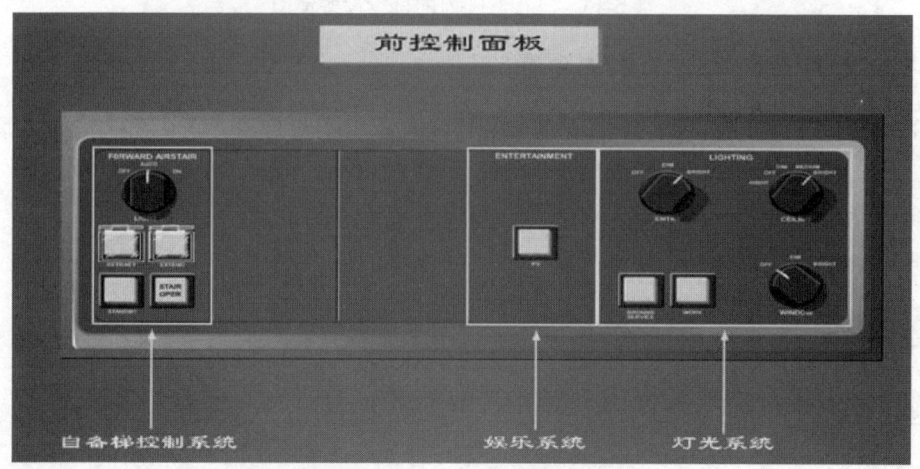

图5-12　娱乐系统控制面板

七、着陆前

飞行着陆前的机舱设备使用如图5-13所示。

（一）降落前的灯光设置

飞机降落前将客舱灯光调至"暗挡"（Dim）。

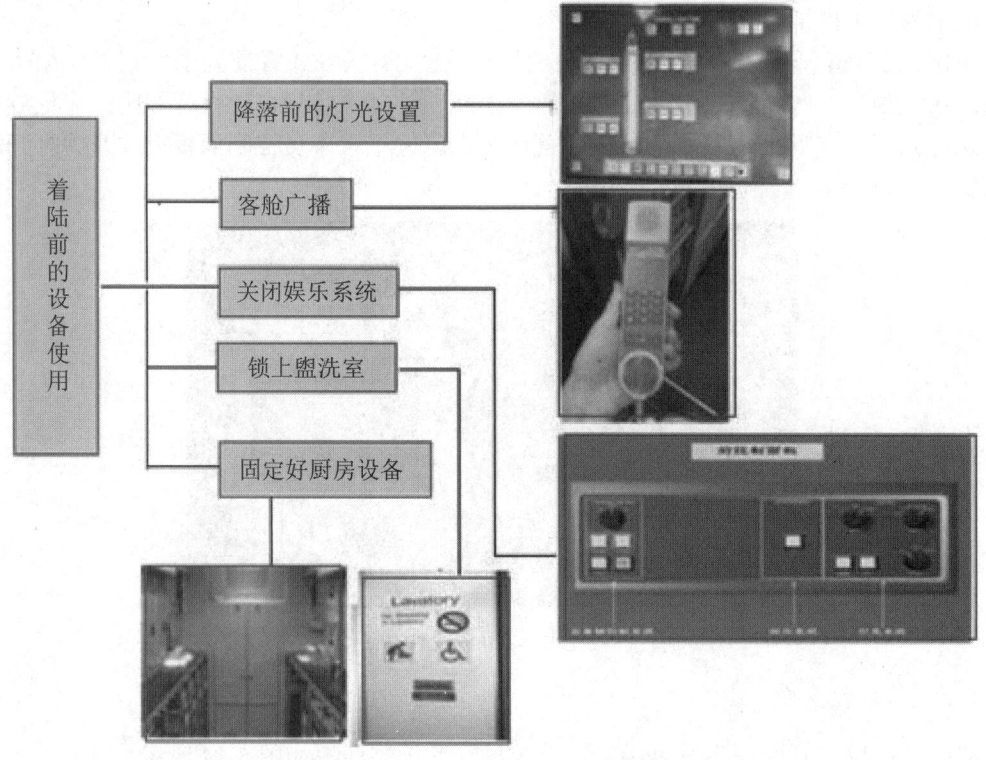

图 5-13　飞行着陆前的机舱设备使用

（二）其他设备的使用及注意事项

（1）及时进行客舱广播，停止餐饮服务，完成客舱安全检查，确认盥洗室无人后锁门；
（2）固定好厨房用品，关闭厨房电源，清点供应品，填写供应品回收单；
（3）确认申报单，完成表格填写，完成客舱安全检查，报告飞行机组；
（4）关闭娱乐系统。

八、着陆后

着陆后的灯光设置：滑行时调至"中挡"（Medium）。

九、离机

离机时客舱设备的使用如图 5-14 所示。

（1）离机时的灯光设置：落地停稳后调至"高挡"（Bright），便于乘客下机。舱门入口灯在迎送乘客时打开，其余时间关闭；乘务员工作灯在入口灯关闭时打开。
（2）打开音乐，播放广播。
（3）解除预位/待命。
（4）打开舱门。

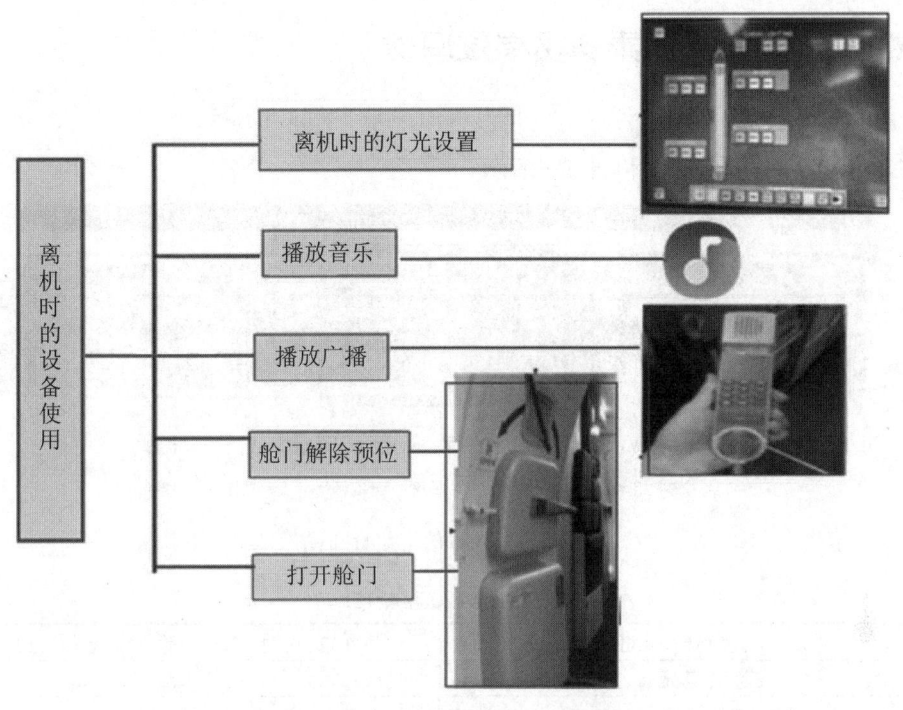

图 5-14　离机时客舱设备的使用

第三节　空客 A320-200 各飞行阶段客舱设备的使用

一、A320 机型的特征

A320 系列是欧洲空中客车工业公司研制的双发中短程 150 座级客机。包括 A318、A319、A320 及 A321 四种客机，这四种客机拥有相同的基本座舱配置，飞行员只要接受相同的飞行训练，就可以驾驶以上四种不同的客机。这种共通性设计也降低了维修的成本及备用航材的库存。A320 是一种真正的创新的飞机，为单通道飞机建立了一个新的标准，A320 较宽敞的客舱给乘客提供了更大的舒适性，可采用更宽的座椅，它比其竞争者飞得更远、更快，因而具有更好的使用经济性。在此基础之上，空客公司又研制了较大型和较小型机型，即 186 座的 A321 和 124 座的 A319、107 座的 A318。

A320 系列客机在设计中采用"以新制胜"的方针，采用先进的设计和生产技术以及新的结构材料和先进的数字式机载电子设备，是世界上第一种采用电传操纵系统的亚音速民航运输机。其机翼在 A310 机翼的基础上又进行了改进。双水泡形机身截面显著提高了货舱装运行李和集装箱的能力。其客舱舒适而宽敞，是当前最受欢迎的 150 座级的中短程客机。1994 年 5 月，波音公司购买了一架二手 A320 飞机陈列在西雅图，以此来激励波音员工，这可能也是空客公司的最高荣誉。由此可见 A320 在中短程客机中不可撼动的地位。

二、A320 客舱布局和乘务员岗位职责

1. A320 客舱布局

A320 客舱布局如图 5-15 和表 5-3 所示。

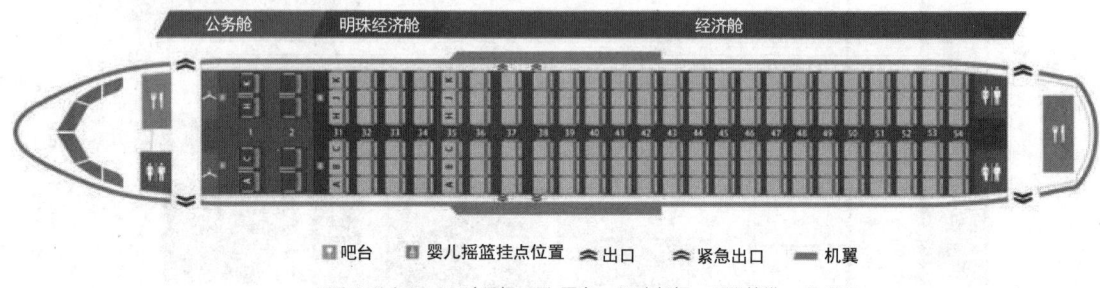

图 5-15　A320 的客舱分布图

表 5-3　A320 客舱布局

旅客座椅	152（C 舱 8，W 舱 24，Y 舱 120）
乘务员座椅	6
乘务组 最低安全配置标准	4
公务舱：1～2 排；经济舱：31～34 排；经济舱：35～54 排	

2. A320 客舱乘务员岗位职责

A320 客舱乘务员岗位职责如表 5-4 所示。

表 5-4　A320 客舱乘务员岗位职责

岗位	座位	舱门操作	舱门检查	应急出口旅客资格确认	安全检查区域	紧急撤离区域划分	应急撤离携带物品	脱出口位置	迎/送客位置
HA	L1L	L1	R1		L1 区域	1～36 排	应急手电筒、喊话喇叭	L1	L1/L1
AT3	L1R	R1	L1		R1 区域、1～2 排		应急手电筒、急救箱	R1	1～2 排/R1
AT2	L2	L2	R2		L2 区域、43～54 排	45～54 排	应急手电筒、喊话喇叭、应急发报机	L2	43～54 排/L2
AT4	R2R	R2	L2	翼上应急出口	R2 区域、31～42 排	37～44 排	应急手电筒、急救箱	R2	31～42 排/R2
AT5	C2			翼上应急出口	L2 区域、43～54 排	45～54 排	应急手电筒	L2，控制 L2/R2 区域	43～54 排/C2
AT6	R2L				R2 区域、31～42 排	37～44 排	应急手电筒	R2，控制 L2/R2 区域	31～42 排/R2

三、飞行中客舱设备的使用

（一）乘务员控制面板

A320 的乘务员控制面板主要分为前、后两块控制面板，前乘务员控制面板由音频系统、灯光系统、客舱门及滑梯预位显示系统、客舱温度控制系统、清水/污水显示系统五个部分组成。后乘务员控制面板由灯光系统和辅助指示面板组成。

（二）舱门的使用

1. 内部关闭舱门

（1）按住阵风锁按钮；
（2）一手抓住辅助手柄，一手向后拉门；
（3）当舱门对正门框时向内拉门并压下舱门操作手柄直至关闭；
（4）确认舱门指示牌位于锁定状态（LOCKED）；
（5）确认舱门完全关闭，没有夹任何杂物。

2. 外部关闭舱门操作

（1）将阻拦绳收回；
（2）确认舱门内、外无障碍物；
（3）按住解除阵风锁按钮并保持住，待舱门拉动后再放开；
（4）将舱门推回舱内；
（5）将舱门外部控制手柄压下至与舱门平齐，松锁板弹起至与舱门平齐，将舱门关好；
（6）检查舱门密封状况，确认舱门没有夹杂物。

3. 滑梯预位操作

（1）按住安全销顶部释放按钮，将安全销拔出，插入安全销存放孔内，展平警示带；
（2）向下按住分离器手柄直至与舱门平齐。

注意：如果分离器手柄处在 ARMED（预位）位置时，从外侧开门，手柄将自动回到解除预位（DISARMED）位置。

4. 解除滑梯预位

（1）向上抬起分离器手柄至与舱门垂直；
（2）按住释放按钮取出安全销，并插入安全销孔内，把警示带垂放在手柄上（或与手柄平行）。

5. 内部打开舱门操作

（1）确认释压警告灯未闪亮；
（2）确认分离器手柄在解除位；
（3）确认舱门外无障碍物；
（4）向上开启舱门操作手柄时，确认分离器预位警告灯未亮；
（5）然后将舱门操作手柄向上开启；

(6) 将舱门向外推到全开位，直至被阵风锁锁住。

6. 外部打开舱门操作

(1) 确认舱门外无障碍物；
(2) 从观察窗处确认客舱未释压，警告灯没有闪亮；
(3) 按下手柄解锁板；
(4) 将手柄向上抬起至绿色水平线；
(5) 将舱门向外拉到全开位，直到被阵风锁锁住。

注意：如果滑梯预位手柄处在"ARMED"的位置，从外部开门，手柄将自动回到"DISARMED"的位置。

第四节　飞行关键阶段的客舱设备使用

一、飞行关键阶段的定义

飞行关键阶段是指滑行、起飞、着陆和除巡航飞行以外在3000米（10 000英尺）以下的飞行阶段。

二、飞行关键阶段面临的风险

飞行关键阶段虽然在总飞行时间中只占约10%，但集中了大多数飞行安全风险。基于风险的可能性、危险性两个维度来综合考虑，这个阶段包括航空器最容易发生重大事故的"黑色11分钟"，即起飞爬升3分钟和进近着陆8分钟，在这两个时间段，面临的风险体现在以下几个方面：

1. 滑行阶段的风险

有的飞行员以为飞机只在道面上做简单的二维运动，不会出大的问题。然而，"大意失荆州"式的人为差错经常发生：一是滑错路线或者观察不周，导致飞机与障碍物相刮碰。国际航空运输协会粗略统计显示，机坪发生包括刮碰在内的不安全事件导致的直接和间接经济损失，每年约为50亿美元。二是对滑行道的宽窄评估不准，在转弯时使内侧主轮偏出道面，陷入草地、泥土中不能自拔。三是跑道侵入，导致与其他飞机相撞。尽管层层设防和把关，这类相撞事故发生的概率不高，但危险程度实在太高了。

2. 起飞阶段的风险

这个阶段虽然时间很短，但最容易发生机械重大故障。起飞爬升时，飞机需要尽快达到飞机高度、速度，迅速离开机场。发动机在起飞过程中处于高转速、高温、高功率状态，发动机一个叶片除了接受高温、高压的考验之外，承受的力量相当于在上面挂了10多辆大卡车。当然，发动机再完美，也可能出现失效的情况。飞机在起飞时往往加注了很多燃油，尤其是远程航班，在起飞时都是大载重，导致滑跑距离长，爬升速度比较缓慢，飞机高度低、速度慢、飞机全重大。而此时，机组要收起落架、收襟翼，要改变飞机的状态，对操纵准确性要求高，工作负荷较大。在起飞和初始爬升阶段，除了完成正常的起飞动作，机组还要时刻提防发动机突然失效或者失火，尤其是在高原机场执行 RNP 单发返场程序时。另外，机组可能遭遇风切变、鸟击或无人机撞击，还可能需要绕飞避开雷暴。

3. 爬升阶段的风险

爬升阶段的风险主要有三点：一是在繁忙机场选错、飞错离港程序；二是误听或者错误执行管制指令；三是因绕飞避开雷暴，误入或者不得不钻入飞行限制区、危险区甚至禁区。

4. 下降、进近阶段

这个阶段容易面临主观的、输出型的"人的因素"风险，即违规违章。一是选错、飞错进港程序。二是忘调、错调高度基准，尤其是在军民合用机场时，采用场压高度基准尤为重要。三是低于安全高度，导致可控飞行撞地。随着新技术的推广使用，程序适用的宽度明显变窄，就像悬崖边上的羊肠小道，一脚踏空，就会有风险。

5. 着陆阶段风险

这是见证飞行技术水平高低的重要时刻。若处理不好，容易出现以下问题：一是进近不稳定，导致飞机偏出、冲出跑道或者掉到跑道外。二是违规突破最低下降高度（MDA）、决断高度（DA），导致飞机发生可控飞行撞地事故。三是飞行技术水平不高，导致飞机发生重着陆或者擦尾、擦翼尖、擦发动机。

三、飞行关键阶段的客舱设备使用规定

在飞行的关键阶段，合格证持有人不可以要求客舱机组成员完成除安全所必需的工作之外的任何其他工作。

《大型飞机公共航空运输承运人运行合格审定规则》（CCAR-121 部）对飞行关键阶段的运行提出了具体要求：

在飞行的关键阶段，合格证持有人不可以要求飞行机组成员完成飞机安全运行所必需的工作之外的任何其他工作，飞行机组任何成员也不可以承担这些工作。

在飞行的关键阶段，飞行机组成员不可以从事可能分散飞行机组其他成员工作精力，或者可能干扰其他成员正确完成这些工作的活动，机长也不可以允许其从事这种活动。这些活动包括进餐、在驾驶舱无关紧要地交谈、在驾驶舱和客舱乘务员无关紧要地通话、阅读与正常飞行无关的刊物等。

在飞行期间，合格证持有人制定的服务程序不可以影响客舱乘务员履行安全职责。保证飞行安全是从事公共运输的飞行员的天职。飞行关键阶段的每一句口令、每一步程序、每一个动作都与飞行安全息息相关。

航空公司应建立飞行关键阶段的出口座位使用程序，确保出口座位不被某些旅客占用，这些旅客在撤离过程中可能会对他人的安全造成不利影响。

 **思政拓展**

从无到有！自主研发 C919 意味着什么？

背景资料：

首架国产 C919 大飞机通过考核并完满交付使用。编号为 B-919A 的 C919 全球首架机于 2022 年 12 月 9 日正式交付中国东方航空。经过了长达半个世纪的研发和制造，在 70 多个学科和工业以及数十万科研人员的共同努力下，C919 终于来到大众面前。国产飞机从无到有，首架自主研发的国产飞机意义深远。中国能够自主研发、制造飞机，打破了国外民航制造企业在中国的垄断，而且中国凭借良好的飞机制造技术，未来能够参与国际竞争，为中国制造的飞机谋求到国际市场的发展机会。这推动了中国的民航事业与国际接轨，以及让世界上更多国家增进对中国的了解，促进了国际合作。同时，国产发动机也传来喜讯：据商用航空发动机公司公布的信息，中国自主研发的 CJ-1000A 发动机现已进入升空测试阶段，预计最快于 2024 年应用于 C919 客机。更振奋人心的是，若是成功投产，未来或将摆脱对西方的依赖。

正如倪光南院士所言："核心技术必须牢牢掌握在自己手中。"相信在中国科研人员的努力下，国产大飞机在未来能扬眉吐气，同高铁一样成为下一个国之骄傲，飞往世界各地。

思政启发：

启发 1： 首款 C919 的成功研发意味着中国民航工业的划时代进程和重要的成就，具有划时代的意义。

启发 2： 国产发动机传来喜讯，我国自主研发的 CJ-1000A 发动机现已进入升空测试阶段。事实告诉我们："抛弃一切不切实际的幻想，只有掌握核心科技才有出路！"

启发 3： 民族的振兴，实现中华民族伟大复兴的中国梦，任重道远，需国人不懈努力。

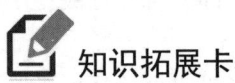 **知识拓展卡**

客舱乘务组工作程序与内容

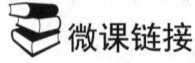 **微课链接**

本章授课与学习思路引导

 推荐阅读

1．李佳为．前后舱协同应用：释放空地互联无穷潜力[N]．中国民航报，2023-05-10．
2．李海燕．东航：客舱数字化运营凸显创新驱动价值[EB/OL]．（2016-01-13）[2024-05-15]．http://www.caacnews.com.cn/1/6/201601/t20160113_1191854.html．

 本章总结

本章在介绍飞行阶段划分的基础上，介绍了不同机型在不同飞行阶段中客舱设备的操作规范与内容，并对飞行关键阶段的客舱设备使用做了说明。

 思考与复习

思考题
1．飞行阶段的划分与客舱设备使用有什么关系？
2．不同机型的同一飞行阶段，客舱设备的使用有什么异同？

复习题
1．飞行阶段的划分及特征；
2．波音737-800不同飞行阶段的客舱设备使用要求；
3．空客A320-200不同飞行阶段客舱设备的使用要求；
4．飞行关键阶段的客舱设备使用要求。

第六章 通用应急设备的使用

【学习目的】

应急设备是指飞机在紧急情况下,为了避灾、逃生和救护,供机上人员使用的设备的总称。主要包括应急供氧设备、灭火设备、应急撤离设备、应急医疗设备等。应急设备是防止事故不断升级恶化,高效处理事故,化险为夷,避免或减少人员伤亡以及挽救经济损失的重要保障。本章学习通用应急设备的种类、功能以及使用方法,提高乘务员应急处置能力,保障客舱安全。通过本章的学习,应达到以下目的:

1. 掌握应急供氧设备的种类及功能;
2. 掌握灭火设备的种类及功能;
3. 掌握应急撤离设备的种类及功能;
4. 掌握应急医疗设备的种类及功能;
5. 能够熟练使用各种通用应急设备;
6. 了解危险品的处置、颠簸的处置、驾驶舱失能的处置和机上非法行为的处置;
7. 理解各种应急处置的原则和乘务人员的职责,掌握处置程序。

【核心思想】

1. 安全是民航永恒的主题;
2. 乘务员是守护旅客的战士,是协助机长的助手,应铭记职责;
3. 应急设备应满足特殊情况处置的需求。

【素质目标】

1. 结合情景模拟,树立"安全第一,预防为主"的观念;
2. 培养良好的服务意识、职业责任感和民族责任感。

【能力目标】

1. 逻辑思维能力：熟记各种应急设备的使用方法及注意事项。
2. 特殊情况的处置能力：熟练掌握各种特殊情况的应急处置程序，具备应急处置能力。

【引导案例】

国航 CA106 急降事件

2018 年 7 月 10 日，国航 B737/5851 号机执行 CA106 香港—大连航班，机组在广州管制区域误把空调组件关闭，导致座舱高度警告，机组按应急释压程序处理，释放客舱氧气面罩。在下降到 3000 米高度后，机组发现问题，重新接通空调组件，增压恢复正常，继续飞往大连并安全落地。经初步调查，系副驾驶吸电子烟，为防止烟味扩散到客舱，在没有通知机长的情况下，准备关闭客舱再循环风扇，却误关了相邻的空调组件开关，导致客舱引气不足，增压报警。

国航经过调查核实，依据公司安全规程对相关人员的处罚为：吊销机长航线运输、商用执照，不再受理；吊销副驾驶（在座）商用执照，不再受理；吊销副驾驶（观察员）商用执照 6 个月，停飞 24 个月；吊销签派员执照 24 个月。

资料来源：根据深圳新闻网、《北京晚报》的报道内容整理。

第一节　供氧设备及其使用

现代民航运输机的巡航高度可达 10 000 米左右，空气非常稀薄，氧气含量只有地面的四分之一，如果人体直接暴露在外界高空低压、缺氧环境下，将出现头晕、疲劳、视力减退、智力障碍等缺氧症状，严重者甚至丧失意识直至死亡。因此，现代民用运输机都采用了气密座舱和增压系统以使机内气压适宜，从而确保机组人员和旅客的舒适与安全。正常增压飞行过程中，座舱高度为 2400 米左右，人体在没有额外供氧条件下能够生存的安全高度是 3000 米，因此，机上人员无须额外供氧；但当客舱释压时，必须有应急供氧设备及时提供氧气才能保障全体人员安全。

一、释压与危害

（一）释压

释压是指由于机体破损或者增压系统出现故障，导致舱内压力降低至与外界大气压力一致，而无法维持在安全压力水平的现象。按照客舱压力降低的速度可以将客舱释压分为缓慢释压和快速释压两类。

1. 缓慢释压

缓慢释压是指客舱压力逐渐降低，常见于增压系统失灵或机体结构密封失效，如舱门或窗口密封泄露。缓慢释压常见征兆如下：

(1) 失密处发出漏气的尖锐响声；
(2) 轻细物体吸向失密处；
(3) 失密处（如舱门和窗口）有外部的光线射入；
(4) 机上乘务员出现高空缺氧症和高空低气压引起的症状；
(5) 氧气面罩脱落；
(6) 播放紧急用氧广播；
(7) 失密警告灯、"系好安全带"和"禁止吸烟"等工作指示灯亮。

2. 快速释压

快速释压是指客舱压力急剧降低，常见于增压系统失灵或机体结构严重受损，如密封金属老化破裂、炸弹爆炸或武器射击引起的机体受损，通常在 1 分钟内发生。如果释压过程在 5 秒内发生，也称为爆炸性释压。快速释压常见征兆如下：

(1) 飞机结构突然被损坏，并出现强烈震动，发出巨大的声响；
(2) 物体在客舱内飘飞，人和物体被吸向破损处；
(3) 冷空气涌入客舱，客舱温度骤降，有气流声和薄雾；
(4) 机上乘务员出现高空缺氧症和高空低气压引起的症状；
(5) 飞机做大角度紧急下降；
(6) 氧气面罩脱落；
(7) 播放紧急用氧广播；
(8) 失密警告灯、"系好安全带"和"禁止吸烟"等工作指示灯亮。

上述释压征兆并不一定同时出现，其中某一个征兆一旦出现，就可以判断为客舱释压，如氧气面罩脱落。因此，机上人员可以根据上述征兆判断客舱释压的紧急程度，从而采取相应的处置措施。

（二）释压的危害

无论是缓慢释压还是快速释压，飞行机组和旅客都不得不面对机体结构损坏、系统失效、寒冷、高空低压、高空缺氧、薄雾、噪声等混乱的局面，机体和人体都不同程度地受到危害。缓慢释压一般过程较长，在客舱氧气面罩掉落之前，机组很难及时发现，具有隐蔽性。而快速释压通常伴有巨响和明显的机体结构损坏，机组能够及时察觉。爆炸性释压的速度若超过肺部压力降低的速度（在没有口罩等物品阻拦的情况下，只需 0.2 秒），就可能造成肺部受伤。

1. 高空缺氧症

高空缺氧症是指人们暴露于高空低气压环境中，吸入气体的氧分压降低，导致机体组织和器官的氧含量减少而引起的一系列生理及病理反应。高空缺氧症的危险在于其具有极大的隐蔽性，甚至人们在发生缺氧时还自我感觉良好。因此，为了预防高空缺氧，必须了解缺氧的征兆（见表 6-1），并时刻保持警惕。另外，缺氧的征兆具有特异性，不同的人出现的缺氧症状不一样，症状出现的先后顺序也不固定。通常情况下，身体素质较差的人出现的缺氧症状更明显。

表 6-1　缺氧症状和有效意识时间

飞 行 高 度	缺 氧 症 状	有效意识时间
海平面	正常	/
3000 米	头痛、疲劳	/
4200 米	发困、头痛、视力减退、肢体不协调、指甲发紫、晕厥	/
5500 米	除了上述症状，还有记忆力减退、重复同一动作	20~30 分钟
6700 米	惊厥、虚脱、昏迷、休克	5~10 分钟
7600 米	昏迷、虚脱	3~5 分钟
9000 米	昏迷、虚脱	1~2 分钟
10 000 米	昏迷、虚脱	30 秒
12 000 米	昏迷、虚脱	15 秒

有效意识时间（TUC）是指在特定高度释压和缺氧后，可供进行合理的活命决策和实施措施的最大时间限度。有效意识时间与飞行高度、身体状况以及是否进行身体活动都有关系，高度越高、身体素质越差、活动量越大，有效意识时间越短。快速释压最危险，有效意识时间会缩短一半，如果在巡航高度 10 000 米时发生客舱快速释压，有效意识时间将只有 15 秒左右。

2. 高空低气压

高空低气压对人体会造成物理性影响，包括高空减压病、高空胃肠胀气和中耳气压性损伤。三种病症的症状和特定总结如表 6-2 所示。

表 6-2　高空低气压导致病症

病　　症	症　　状	特　　点
高空减压病	关节及其周围组织疼痛，皮肤瘙痒、刺痛和蚁走感，咳嗽，胸痛，植物神经障碍	一般阈限高度为 8000 米
高空胃肠胀气	腹胀、腹痛，极端情况下会晕厥	没有明确阈限高度，一般为 5000~6000 米
中耳气压性损伤	耳内不适、胀痛、听力下降、眩晕、恶心、呕吐、休克	多发生在 4000 米高度以下，下降过程中

二、客舱供氧

（一）正常供氧

正常增压飞行中，外界稀薄的大气进入飞机的涡轮喷气式发动机后，经发动机的压气扇压缩并送入飞机的空调系统，再经空调系统过滤、升温后送入客舱供旅客和机组人员使用，无须其他供氧设备。空调系统还会对舱内空气进行循环处理，保持舱内空气的新鲜度。但是考虑到飞机内壁承受的内外压差和发动机功率问题，舱内气压值一般低于标准大气压，大概是标准大气压的 75% 左右。因此，部分旅客会出现头晕、胸闷等症状。

(二)应急供氧

当发生座舱增压失效的紧急情况时,必须使用应急供氧设备以保证机上人员的生命安全。应急供氧设备包括驾驶舱供氧设备、客舱供氧设备和便携式供氧设备三类,如图6-1所示,分别用于机组人员供氧,乘务员和旅客供氧,以及紧急医疗救助、灭火或烟雾防护等紧急情况。

(a)驾驶舱供氧设备

(b)客舱供氧设备

(c)便携式供氧设备

图 6-1 应急供氧设备

三、应急供氧设备

应急供氧设备专供机组、乘务组和旅客在紧急情况下使用,如意外释压、应急下降、高原机场(座舱气压高度在 3000 米以上)、乘客丧失能力、危重病人等。机组、乘务组和旅客不可以任意使用应急供氧设备。

(一)驾驶舱供氧设备

驾驶舱供氧设备为驾驶舱内飞行员和观察员供氧,通常采用存储在电子舱或前货舱内的固定高压氧气瓶供氧,其储氧量大、供氧时间长(长达1小时以上),并且可以重复使用。

驾驶舱氧气面罩通常存储在机长和副驾驶座椅外侧以及观察员头顶上方的氧气面罩存放盒内,一般3~4个,供机长、副驾驶和观察员在紧急情况下快速使用,如图6-2所示。

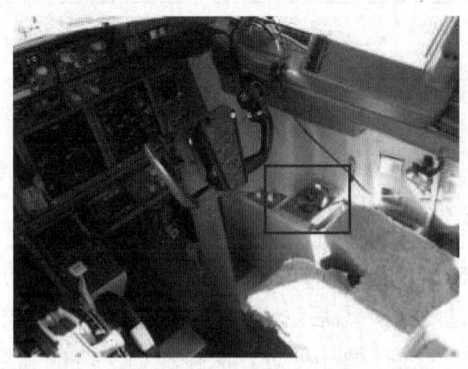
(a)存储位置
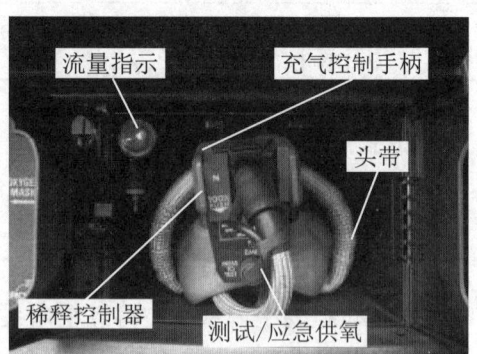
(b)供氧调节器

图 6-2 驾驶舱供氧设备

驾驶舱氧气面罩的使用方法如下:

（1）用食指和拇指捏住面罩两侧的红色充气控制手柄将其取出；
（2）继续捏住红色充气控制手柄，使面罩头带充气张开，将其戴在头上；
（3）松开红色手柄，面罩头带自然收缩，调整，使面罩紧贴口鼻处；
（4）正常呼吸，使用"稀释控制器"或"测试/应急供氧"旋钮选择供氧方式。

驾驶舱氧气面罩的使用注意事项如下：

（1）驾驶舱氧气面罩为快速穿戴型，单手5秒内可穿戴完毕，但不能自动打开；无须供氧时捏住红色手柄取下氧气面罩，可以重复使用。

（2）驾驶舱供氧设备的供氧方式包括稀释供氧、100%供氧和应急供氧三种方式，通过"稀释控制器"和"测试/应急供氧"旋钮进行选择，如图6-2（b）所示。"N"表示NORMAL（正常），使用者可在一定的座舱高度下呼吸客舱空气与氧气的混合气体，超过了这一客舱高度，调节器将提供100%纯氧；"100%"表示使用者可在所有的客舱高度范围内呼吸到纯氧；"EMER"表示应急供氧，朝箭头方向旋转时可以正压力提供纯氧。

（3）若飞机释压，并且驾驶舱没有烟雾，选择"N"或"100%"方式供氧（根据座舱高度而定），当使用者呼吸时才提供氧气，属于断续供氧。若驾驶舱有烟雾，必须选择"100%"方式供氧，并且将应急供氧旋钮旋至紧急位置，这属于连续供氧。

（4）100%供氧和应急供氧由于所供气体不含座舱空气，可用于灭火时保护性供氧；采用稀释供氧方式时不可以用于灭火时保护性供氧。

（5）应急供氧旋钮还有一个功能，与复位/测试杆（位于氧气面罩存放盒的左盖板上）、流程指示器配合进行氧气流动测试。

（6）氧气面罩内有麦克风，可正常通话。

（二）旅客供氧设备

旅客供氧设备为客舱内所有旅客和乘务员供氧，通常采用化学氧气发生器供氧，其供氧安全可靠、系统质量较轻，但是一旦触发就不能中断，供氧时间通常只有15分钟左右。只有少数飞机使用氧气瓶供氧。

旅客供氧设备由多个独立化学氧气组件构成，分别存储于客舱旅客座椅上方、卫生间天花板以及乘务员座席上方的氧气面罩存放箱中。每排旅客座椅上方有6~8个氧气面罩，卫生间内有2个氧气面罩，乘务员工作位有2~6个氧气面罩（因机型而异），如图6-3所示。

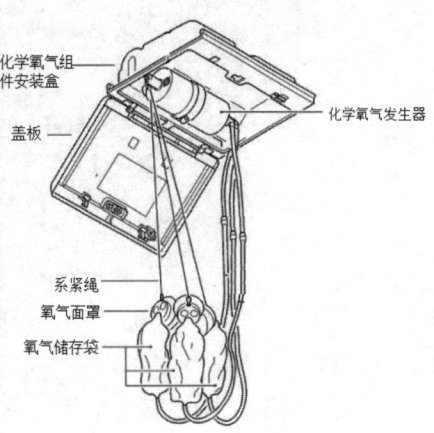

图6-3 旅客供氧设备

旅客氧气面罩的脱落方式有三种，分别为自动方式、电动方式和人工方式。

1．自动方式

正常情况下，驾驶舱顶板上氧气控制面板的"MASK MAN ON"按钮位于自动位，如图 6-4 所示，当客舱释压，飞行高度达到 4200 米左右时，旅客供氧设备将自动开启，旅客氧气面罩存放箱盖板将全部自动打开，氧气面罩脱落。

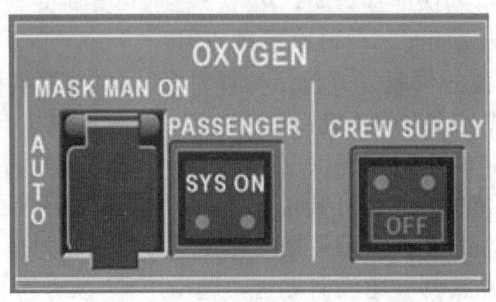

图 6-4　旅客氧气电门

2．电动方式

当自动方式失效时，可以通过按下驾驶舱顶板上氧气控制面板的"MASK MAN ON"按钮来控制开启，客舱内旅客氧气面罩存放箱盖板将全部打开，氧气面罩脱落。

3．人工方式

当自动方式和电动方式均无法打开旅客氧气面罩存放箱盖板时，可以通过人工机械开锁方式，用尖细的物品，如笔尖、别针、发夹等，插入氧气面罩存放箱盖板的小孔将其打开，氧气面罩脱落。

旅客氧气面罩的使用方法如下：

（1）通过上述三种方式之一使氧气面罩脱落；

（2）用力拉下氧气面罩，将面罩罩在口鼻处，并将松紧带戴在头上；

（3）调整带子松紧，正常呼吸，如图 6-5 所示。

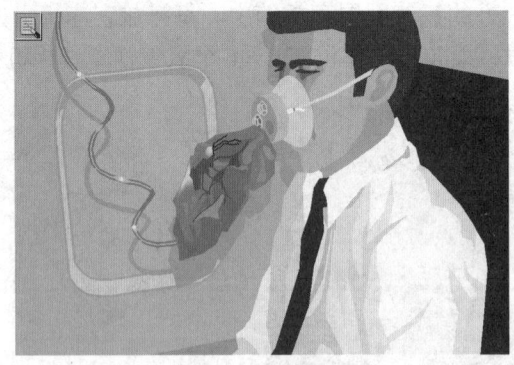

图 6-5　旅客氧气面罩使用方法

旅客氧气面罩使用安全注意事项如下：

（1）下拉氧气面罩才能触发化学氧气发生器工作，并且该氧气面罩存储箱中所有氧气面罩都开始供氧，一旦触发，不能中断；

(2) 下拉氧气面罩后,当氧气袋内充满氧气或供氧指示线变为绿色,说明有氧气流出;

(3) 化学氧气发生器工作中,不能用手触碰,以免烫伤;

(4) 旅客供氧设备采用稀释供氧方式,不能当防烟面罩使用;

(5) 乘务员应先自己佩戴,再帮助成年人,最后是未成年人;旅客应先自己佩戴后再帮助身边的孩子或其他旅客,也可同时进行;

(6) 不要将使用过的氧气面罩放回存储箱中。

(三) 便携式供氧设备

为机组和旅客移动过程中供氧,通常由手提式氧气瓶或化学氧气发生器提供氧气,主要用于医疗急救或其他紧急情况,供氧时间不少于 20 分钟。

便携式供氧设备主要由手提式高压氧气瓶供氧,其通常存放于驾驶舱内、客舱存放应急设备的行李架上以及头等舱或后舱最后一排座椅后面的储藏柜内,其基本结构如图 6-6 所示。氧气瓶的容量通常有 311 升、310 升和 120 升三种,使用氧气瓶头部的高/低流量出口向氧气面罩内输送氧气,使用时间各不相同,如表 6-3 所示。

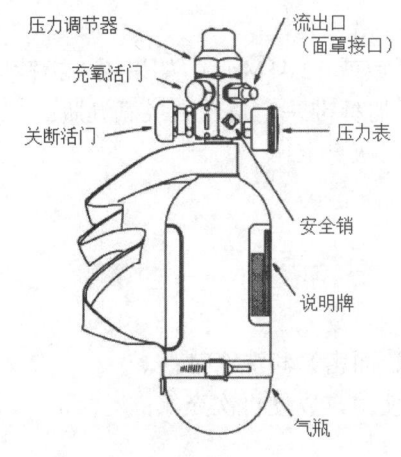

(a) 氧气瓶结构 (侧视图)

(b) 氧气瓶外观 (侧视图)

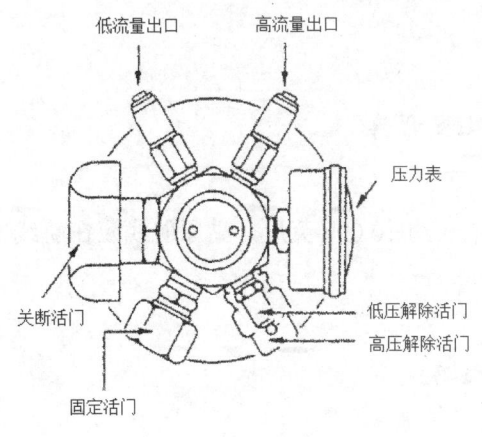

(c) 氧气瓶结构 (俯视图)

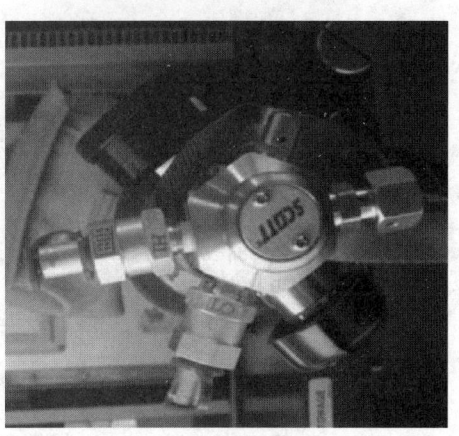

(d) 氧气瓶外观 (俯视图)

图 6-6 手提式氧气瓶

表 6-3 氧气瓶供氧时间表

流量出口	氧气瓶容量	
	311L/310L	120L
高流量出口（4L/min）	77（min）	30（min）
低流量出口（2L/min）	155（min）	60（min）

手提式氧气瓶的使用方法如下：
（1）取出手提式氧气瓶；
（2）根据需要选择一个流量接头并打开防尘帽；
（3）打开一个防尘罩，取出氧气面罩并插上上述流量接头；
（4）逆时针旋转关断活门至全开位置，开始供氧；
（5）检查氧气袋是否充满气；
（6）将氧气面罩罩在口鼻处，正常呼吸。

为保证飞行中遇到特殊情况时，手提式氧气瓶能正常使用，飞行前，乘务员应对手提式氧气瓶进行航前安全检查，方法如下：
（1）检查关断活门处于关闭的位置，铁丝铅封完好；
（2）压力指针指示在规定区域内（红色区域或 12.41Mpa），如果压力指针低于规定值，应立即通知机务人员，由机务人员根据维修手册标准决定是否更换氧气瓶；
（3）配套使用的氧气面罩包装完好并系在瓶身上；
（4）两个流量接头有防尘帽。

手提式氧气瓶使用安全注意事项如下：
（1）用氧时要小心避免瓶体碰撞；
（2）用氧时周围 4 米内不能有明火；
（3）避免氧气接触油脂（如浓重的口红、面霜）和洗涤剂；
（4）当氧气压力低于 3.45Mpa 时应停止使用，以便再次充气；
（5）肺气肿患者使用低流量；
（6）使用后填写客舱故障记录本。

四、释压应急处置

（一）驾驶舱机组人员对释压的直接处置程序

（1）戴上氧气面罩；
（2）把飞行高度迅速地下降到大约 3048 米（约 10 000 英尺，高原航线应在航线安全高度许可条件下）的高度；
（3）打开"禁止吸烟"和"系好安全带"信号灯。

（二）客舱乘务员对释压的直接处置程序

（1）停止服务工作，戴上最近的氧气面罩；
（2）迅速坐在就近的座位上，系好安全带。如果没有空座位，则蹲在客舱地板上，抓住就近的结实物体固定住自己；

(3) 命令旅客"拉下面罩，不要吸烟，系好安全带"，指导、帮助旅客戴上氧气面罩；

(4) 有些旅客难以戴上氧气面罩：

① 指示旅客摘下眼镜；

② 指示带儿童乘坐飞机的旅客要先戴上面罩，然后再协助儿童戴上面罩；

③ 指示已经戴上氧气面罩的成年人协助坐在他们旁边的儿童戴上面罩；

(5) 等待机长的指令。

(三) 到达安全高度后的客舱检查程序

飞到安全高度后，并且飞行机组已宣布可以安全走动，主任乘务长/乘务长或指定的客舱乘务员根据机长指示及时进行客舱广播，客舱乘务员进行检查并将情况汇总报告飞行机组。

(1) 携带手提式氧气瓶进行客舱检查；

(2) 检查旅客用氧情况，首先护理急救机组，其次是失去知觉的旅客和儿童，然后照顾其他旅客；

(3) 如果机身上有一裂口，则重新安排旅客的座位，让他们离开危险的区域；

(4) 检查厕所内有无旅客；

(5) 检查机舱内有无火源；

(6) 在客舱中走动，并让旅客消除疑虑；

(7) 对受伤旅客或机组成员给予急救；

(8) 如果可能，让旅客把用过的氧气面罩放入他们的座椅口袋内，不要把它们重新存放好或者试图把氧气面罩拉出旅客服务组件；

(9) 将飞机损坏的情况、旅客伤亡的情况以及处置措施等及时报告给机长。

(四) 处理客舱释压时应遵循的原则

(1) 氧气面罩的佩戴顺序：先是乘务员，然后是成年人，最后是未成年人，也可以同时进行；

(2) 在释压状态未被解除之前，任何人都应停止活动；

(3) 对有知觉的旅客提供氧气时，使其保持直立位；对没有知觉的旅客提供氧气时，使其采用仰靠位；

(4) 供应氧气时应准备好灭火设备，防止意外明火引燃发生火灾；

(5) 是否需要紧急着陆或撤离，取决于飞机的状况和机长的决定；

(6) 整个释压过程以及旅客和客舱情况要及时向机长通报。

第二节　火灾处置设备及其使用

现代民航运输机为旅客提供了舒适的出行环境，客舱内设置沙发、地毯、餐桌，厨房内，烤箱等设备一应俱全，但这些设备大多都是可燃物或高温热源，无形中增加了客舱发生火灾的风险。此外，旅客携带的行李和衣物等可燃物也增加了发生客舱火灾的风险。由于客舱空间相对狭小、密闭并且没有采取防火分隔措施，客舱火灾具有蔓延速度快、易爆炸、烟雾毒性大和扑救困难等特点。飞行中一旦发生客舱火灾，乘务员应立即拿起灭火设备，争分夺秒地实施灭火措施；如果没有及时发现和扑灭，后果将不堪设想。

一、飞机上常见的火灾类型

（一）A类火灾

1. 发生区域

A类火灾多发生在驾驶舱、客舱衣帽间以及行李舱，比如，冬天人们穿戴的化纤衣物在高空静电作用下产生火花而燃烧。另外，卫生间内的烟头处置不当引起的这类火灾也较多。

2. 灭火要领

（1）观察到灰色或褐色烟雾，烟雾较浓重；

（2）可选用水、卤代烃、干粉、惰性冷却气体灭火剂；

（3）根据卫生间/衣帽间内是否有人、门板是否灼热等情况采取相应的灭火方法；

（4）移开未烧着的衣物；

（5）检查余火是否灭尽。

（二）B类火灾

1. 发生区域

B类火灾多发生在厨房，比如，机上厨房烤箱内食物加热时间过长或食物密封不严，导致油脂溢出，高温状态下，油渍烤煳产生大量烟雾并引燃。

2. 灭火要领

（1）观察到浓重的黑色烟雾，并伴有油的味道；

（2）第一时间切断厨房电源；

（3）烤炉着火时，可关闭烤炉门以消耗氧气直至灭火；

（4）可选用卤代烃、干粉、惰性冷却气体灭火剂；

（5）不能用水灭火，因为可能导致火势蔓延；

（6）检查余火是否灭尽。

（三）C类火灾

1. 发生区域

C类火灾的发生面极广，常见的是由于错误操作引起的电器火灾，比如，粗暴中断厨房内工作中的电器设备、电器线路短路或过载引起的火灾等。

2. 灭火要领

（1）观察到浅蓝色稀薄的烟雾，伴有酸性气味；

（2）第一时间切断电源；
（3）可选用卤代烃、惰性冷却气体灭火剂；
（4）不能用水灭火，因为可能导致人员触电；
（5）如果烧水杯失火，不能将水倒入过热的烧水杯内；
（6）检查余火是否灭尽。

（四）D类火灾

1. 发生区域

D类火灾主要由于上述三种基本类型的火灾引起某些金属在高温下氧化起火，比如，飞机的机轮和刹车装置的金属燃烧。

2. 灭火要领

（1）选用"氯化钠"干粉灭火剂进行灭火；
（2）不可用水或二氧化碳灭火，因为可能导致燃烧更加剧烈甚至爆炸。

二、灭火设备及防护器具

火灾发生的必要条件是同时具备可燃物、氧气和热源，三个条件缺一不可。因此，可以通过破坏燃烧条件而终止燃烧，从而达到灭火的目的，比如降低温度到燃点以下或隔绝氧气。常用的灭火剂有水、卤代烃、干粉、惰性冷却气体，灭火设备的样式有手提式灭火瓶和卫生间灭火设备。

发生客舱火灾时，除了需要用灭火设备进行灭火，还要有相应的火灾防护器具以保障机上人员的身体免受高温、烟雾和毒气等的侵害。常用的机上火灾防护器具包括防烟面具、防烟眼镜、防火衣、应急斧以及防火手套等。

（一）手提式灭火瓶

常用的手提式灭火瓶有水灭火瓶、海伦灭火瓶、干粉灭火瓶和二氧化碳灭火瓶，其存储在驾驶舱和客舱内，如图6-7所示。

  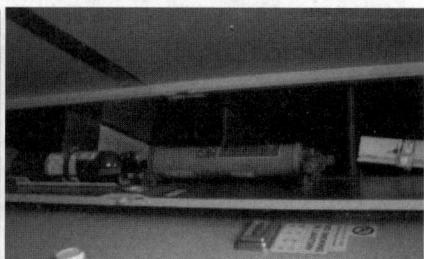

（a）驾驶舱内　　　　　（b）乘务员座席下方　　　　　（c）客舱行李架上

图6-7　手提式灭火瓶存储位置

目前，飞机客舱常配备的灭火瓶为海伦灭火瓶和水灭火瓶，常规配备数量如表6-4所示。

表 6-4 手提灭火瓶的常规配备数量

座位数/个	灭火瓶数量/个
6～30	1
31～60	2
61～200	3
201～300	4
301～400	5
401～500	6
501～600	7
601 或以上	8

1. 手提式水灭火瓶

手提式水灭火瓶内装有水和防冻剂的混合液,能够降低燃烧温度、隔绝空气,防止火势蔓延。手提式水灭火瓶适用于 A 类火灾,不能用于 B、C、D 类火灾。

手提式水灭火瓶的结构包括喷嘴、触发器、手柄、铅封和二氧化碳瓶等,如图 6-8 所示。

 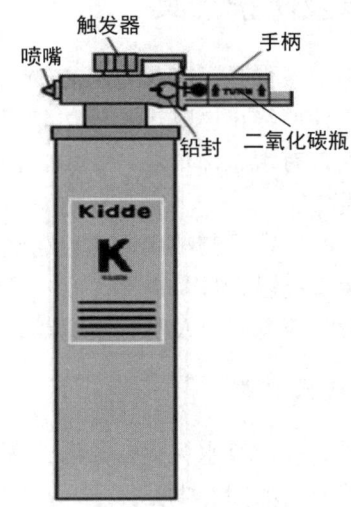

(a) 手提式水灭火瓶外形　　(b) 手提式水灭火瓶的结构

图 6-8　手提式水灭火瓶

手提式水灭火瓶的使用方法如下:

(1) 取出水灭火瓶;

(2) 顺时针方向转动手柄到底,听到"呲"的一声表示二氧化碳瓶被触发;

(3) 垂直握住瓶体;

(4) 距离火源 2～3 米,将喷嘴对准火源底部边缘;

(5) 按下触发器,平行移动瓶体。

手提式水灭火瓶的飞行前检查程序如下:

(1) 固定在指定位置,数量正确;

(2) 铅封处于完好状态,瓶体无坏损;

（3）日期在有效期内。

手提式水灭火瓶使用安全注意事项如下：

（1）瓶体不能横握或倒握；

（2）瓶内的水已加入防冻剂和防锈剂，不能饮用；

（3）喷射距离为 2～3 米，每按压一次，喷射时间为 20～25 秒，可反复按压，总喷射时间为 40 秒；

（4）不能用于电器、油类、可燃性液体或气体引起的火灾。

2．手提式海伦灭火瓶

手提式海伦灭火瓶内装有卤代烃（氟利昂）灭火剂，能够喷出惰性气体，从而隔绝空气制止燃烧反应。飞机上使用的有 HALON 1301（溴氯三氟甲烷，BTM）和 HALON 1211（溴氯二氟甲烷，BCF）两种类型。适用于 A、B、C、D 类火灾，尤其适用于 B、C 类火灾，对于 A 类火灾没有水灭火瓶效果好。

手提式海伦灭火瓶的结构包括喷嘴、触发器、压力表、环形安全销和手柄等，如图 6-9 所示。

（a）手提式海伦灭火瓶外形　　（b）手提式海伦灭火瓶的结构

图 6-9　手提式海伦灭火瓶

手提式海伦灭火瓶的使用方法如下：

（1）取出海伦灭火瓶；

（2）快速拔下环形安全销；

（3）垂直握住瓶体；

（4）距离火源 2～3 米，将喷嘴对准火源底部边缘；

（5）按下触发器，平行移动瓶体。

手提式海伦灭火瓶的飞行前检查程序如下：

（1）固定在指定位置，数量正确；

（2）安全销穿过手柄和触发器的适当位置，并且铅封完好；

（3）压力指针指向绿色区域；

（4）日期在有效期内。

手提式海伦灭火瓶使用安全注意事项如下：

（1）瓶体不能横握或倒握；

（2）海伦灭火瓶喷出气化的惰性气体只能快速扑灭表层的火，应用水将失火区域浸透以焖灭余火（电器灭火禁用）；

（3）不能对人体喷射，以免窒息；

（4）喷射距离为2～3米，时间为10秒。

（二）卫生间灭火设备

卫生间内设有一套自动灭火系统，包括烟雾探测器和自动灭火设备两部分。卫生间灭火设备固定在卫生间的洗手盆下方，当卫生间温度达到固定高度时，该灭火设备自动启动进行灭火。烟雾探测器详见第四章第二节。

卫生间灭火设备由一个海伦灭火瓶和两个指向废纸箱的热敏感喷嘴组成，还有温度指示器或压力表，如图6-10所示。

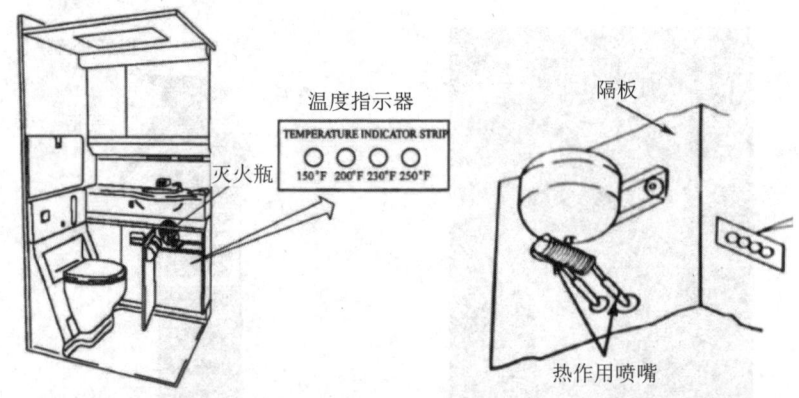

（a）卫生间灭火设备结构

（b）卫生间灭火设备实物

图6-10　卫生间灭火设备

通常情况下，上述温度指示器为白色，如图6-10（a）所示，并且两个喷嘴被密封剂封死；当废纸箱的温度达到 77～79℃时，温度指示器变成黑色，喷嘴的密封剂融化并自动向废纸箱喷射海伦灭火剂，持续时间为 3～15 秒，当灭火剂释放完毕后，喷嘴尖端的颜色变为白色。

卫生间灭火设备使用安全注意事项如下：

（1）该设备用于卫生间废纸箱自动灭火，卫生间其他区域失火只能用手提式灭火瓶进行灭火；

（2）飞行前检查：检查温度指示器是否为白色或者海伦灭火瓶压力表的指针是否在绿色区域，否则应检查灭火扑灭情况并更换灭火设备。

（三）防烟面具

防护式呼吸面罩（protective breathing equipment，PBE）是一种便携式供氧设备，它是机组人员在客舱封闭区域失火或有浓烟时使用，保护眼睛和呼吸道免受烟雾和毒气侵害。防烟面具通常存放在座舱手提式灭火瓶旁边的盒子里或旅客行李架上。

防护式呼吸面罩的结构包括全面罩、送话器、松紧带、化学氧气发生器和触发拉绳等，如图 6-11 所示。

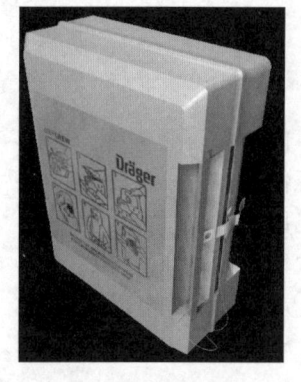 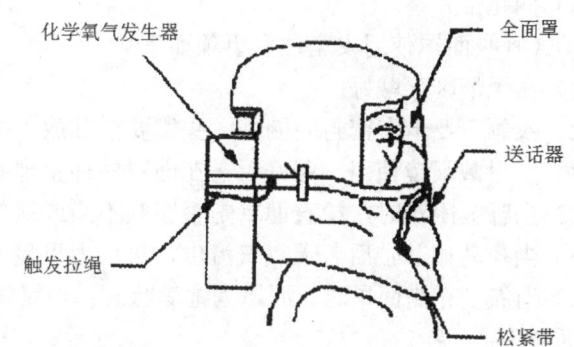

(a) PBE 储存盒　　　　　　　　(b) PBE 结构

图 6-11　防护式呼吸面罩

防护式呼吸面罩的氧气由其后部的化学氧气发生器提供。拉断触发拉绳后，化学氧气发生器启动，与使用者呼出的二氧化碳反应并产生氧气。供氧时间平均为 15 分钟，如果呼吸过快会有灰尘感和咸味，供氧时间相对减少。

飞机上配备的防护式呼吸面罩种类和型号众多，穿戴和使用方法大致相同，以 A 型 PBE 为例进行介绍，其使用方法如下，示意图如图 6-12 所示。

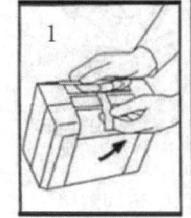 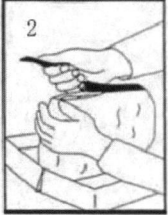 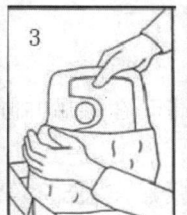   

图 6-12　PBE 使用方法

（1）打开 PBE 储存盒；

（2）取出包装并撕去封条；

（3）取出 PBE 并展开；

（4）掌心相对伸入橡胶护颈内用力向两边撑开，观察窗向地面从头部套下；将长发或辫子完全放在头罩内；

（5）向下拉氧气发生器，使 PBE 开始工作；

（6）向后系好腰带；

（7）调整送话器的位置，使其与口鼻完全吻合。

取下防护式呼吸面罩的方法如下：

（1）在远离火焰和烟雾的安全处进行；

（2）用双手将靠近观察窗下角的金属片向前推动，松下调节袋；

（3）双手从颈下插入面部，向上拉起 PBE 并取下。

防护式呼吸面罩的飞行前检查程序如下：

（1）固定在指定位置，数量正确；

（2）确认包装盒未被打开；

（3）捆扎带完整。

防护式呼吸面罩使用安全注意事项如下：

（1）在无烟区穿戴好；

（2）衣领不要卡在密封胶圈处，头发要全部放入面罩内；

（3）如果戴眼镜使用，戴好后需在面罩外部整理眼镜位置；

（4）当呼吸困难时，检查面罩是否穿戴不当或氧气已用完；

（5）当拉动调节带后若无氧气流出，再用力重复一次，否则取下面罩；

（6）当氧气充满面罩时，面罩为饱满状态；当氧气用完后，面罩会出现内吸，应迅速到无烟区摘下；

（7）当观察窗上有水气或雾气时应迅速取下面罩；

（8）取下面罩后，因头发内残留有氧气，不要靠近有明火或火焰的地方，要充分抖散头发；

（9）戴上面罩后，通过面罩前部的送话器与外界联系。

（四）防烟眼镜

防烟眼镜是供机组成员在驾驶舱充满烟雾时使用，保护眼睛不受伤害，能够继续飞行。常存储在驾驶员和观察员座位旁边。

使用方法如下：

（1）和氧气面罩一起戴在脸上，把橡胶带套在脑后并固定，如图 6-13 所示；

（2）调整眼镜和面罩，使眼镜的密封边紧贴在眼部和氧气面罩边缘。

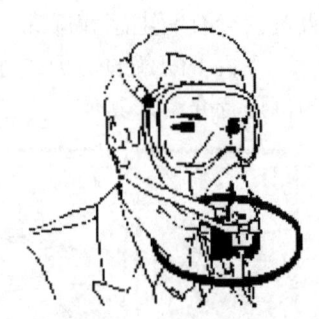

图 6-13　防烟眼镜

（五）防火衣

防火衣主要供灭火者在主货仓灭火时使用，防止灭火者四肢和躯干受火的侵害，如图6-14所示。注意进入火场前需将防火衣穿好，并完全扣好。

（六）应急斧

应急斧用于灭火时清理障碍物和劈凿舱壁等结构。应急斧手柄包裹橡胶材料，不导电，抗高压，如图6-15所示。应急斧存储在驾驶舱内。

（七）防火手套

防火手套供机组人员在驾驶舱失火时使用，或者供兼职消防员在主货仓失火时使用。防火手套为石棉材质，具有防火隔热作用，如图6-16所示。防火手套存储在驾驶舱内。

图6-14 防火衣

图6-15 应急斧

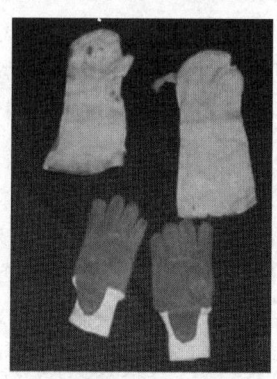
图6-16 防火手套

三、烟雾和起火的基本处置程序

（一）发生机上火灾的原因

根据资料显示，发生机上火灾的原因多种多样，最主要的原因是旅客违反规定、乘务员操作失误、电气设备故障等，具体情况如下：

（1）卫生间发生火灾。卫生间发生火灾占飞机火灾的比例约45%，主要原因一方面是抽水马达自燃，另一方面是旅客违反规定吸烟并且乱丢弃烟头引起卫生间废纸箱失火。卫生间发生火灾需要使用海伦灭火瓶，采取开门灭火或门上凿洞的方式灭火，灭火后注意用湿毛毯堵住门缝，防止烟雾溢出。

（2）旅客携带或夹带易燃易爆物品。这类物品引起的火灾面积大、烟雾毒性大，严重危及人机安全，要根据引起火灾的可燃物选择相应的灭火设备。

（3）厨房火灾发生的概率也相对较大，多为乘务员错误操作厨房电器设备。因此，应规范使用厨房电器设备，减少发生火灾的隐患。

乘务员应对存在火灾隐患的区域和情况加强监控，针对不同的火灾类型采用不同的应急处置程序。

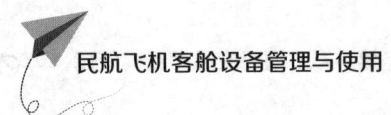

（二）基本处置程序

无论何种火灾，乘务员的基本处置程序如下：

（1）寻找火源，准确判断火情；

（2）切断火灾区域电源；

（3）报告机长火情及区域；

（4）立即组成三人灭火小组，分别负责灭火、联络和援助；

（5）正确使用相应的灭火设备进行灭火；

（6）监视火场情况，保证余火灭尽。

三人灭火小组的分工为：第一位发现火情的乘务员是灭火的人，要观察火情，准备灭火瓶等立即灭火，并立即通知第二位乘务员；第二位乘务员是联络的人，要向乘务长和机长报告火情，如火源、火势、火焰颜色、烟雾浓度和气味等；提供援助的乘务员负责收集其余的灭火瓶，穿好防护式呼吸面罩，做好接替工作，监视余火。其他乘务员应及时关闭火源附近的通风口，帮助调换旅客座位，指挥旅客放低身体、用衣袖捂住口鼻（必要时用湿毛巾，以防吸入有毒气体）等，并安抚旅客的情绪。

灭火时的注意事项如下：

（1）保持驾驶舱门关闭，但始终保持与驾驶舱的联络；

（2）搬走火源附近的易燃物（如氧气瓶等）；

（3）禁止使用氧气面罩；

（4）灭火时将喷嘴对准火源的根部，由远及近，由外向里，平行移动；

（5）灭火人员要戴好防护式呼吸面罩，必要时穿上防火衣；

（6）随时准备撤离旅客；

（7）保持旅客的情绪稳定；

（8）关闭机上通风设备。

四、特定设备与环境失火的处置程序

（一）卫生间灭火的程序

若卫生间烟雾探测器发出警报，说明卫生间有烟雾或起火的现象。实施灭火程序前，应先敲门检查卫生间内是否有人。

1. 卫生间有人

（1）如果是旅客吸烟造成烟雾探测器报警，应要求旅客立即熄灭香烟；

（2）打开卫生间的门散烟；

（3）解除警报；

（4）指出旅客行为不当，并通知机长。

2. 卫生间没人

用手背感觉门的温度，如果门是凉的，说明火势不大，还没蔓延：

（1）取出就近的海伦灭火瓶；

(2) 小心地打开洗手间的门（不要正对门缝），观察火的位置；
(3) 为了压住火焰，可以使用潮湿的毛毯，或用海伦灭火瓶对准火源的底部灭火；
(4) 当灭火成功后，通知机长并关闭卫生间的门。

如果门是热的，说明火势较大，应保持门的关闭状态：
(1) 保持门的关闭状态；
(2) 取出灭火瓶和斧头；
(3) 用斧头在门的上方凿个洞；
(4) 将灭火剂从洞口喷入，直至喷完；
(5) 集中其他的灭火瓶喷射，直至火被扑灭；
(6) 灭火成功后，保持卫生间的门关闭，封住洞口；
(7) 通知机长。

卫生间灭火注意事项如下：
(1) 卫生间失火后，使用海伦灭火瓶；
(2) 门上的洞口与喷嘴大小相同，喷完后封住洞口；
(3) 打开卫生间的门时要小心，防止氧气突然进入，加重火情；
(4) 当烟雾从门四周溢出时，应用毛毯堵住。

（二）厨房灭火程序

1. 烤箱灭火程序

(1) 迅速切断厨房和烤箱电源；
(2) 关闭烤箱门，隔绝氧气以窒息火焰；
(3) 若火焰蔓延到烤箱外，使用海伦灭火瓶灭火；
(4) 关闭烤箱门，防止烟雾和有毒气体扩散；
(5) 报告机长。

2. 烧水杯灭火程序

(1) 迅速切断烧水杯的电源；
(2) 取下烧水杯；
(3) 若火不灭，使用海伦灭火瓶进行灭火；
(4) 报告机长。

厨房灭火注意事项如下：
(1) 电器设备起火要首先切断电源；
(2) 要使用海伦灭火瓶进行灭火；
(3) 不要将水倒入过热的烧水杯内。

（三）衣帽间灭火程序

1. 有帘子的衣帽间灭火程序

(1) 立即取用灭火瓶灭火；
(2) 及时搬开未烧着的衣物和其他物品；

(3)检查确认无余火;
(4)报告机长。

2. 有门的衣帽间灭火程序

用手背感觉衣帽间门的温度,如果是凉的:
(1)取出灭火瓶;
(2)小心地开门,找到火源位置;
(3)对准火源根部进行灭火;
(4)如果情况允许,搬走未烧着的衣物和其他物品;
(5)检查、确认无余火;
(6)报告机长。

如果是热的:
(1)保持门的关闭状态;
(2)取出灭火瓶和消防斧;
(3)用消防斧在门或舱壁(高温处)上方凿一个洞,将灭火瓶嘴伸入洞口进行灭火;
(4)检查、确认无余火;
(5)关闭衣帽间,报告机长。

(四)荧光灯整流器灭火程序

荧光灯整流器为上、下侧壁客舱灯提供电流,长时间使用可能因过热而产生有明显气味的烟雾。整流器起火时间短暂,一般自动熄灭,危险较小。一般情况下,可以通知机组关闭相应的灯光。

第三节 应急撤离设备及其使用

当飞机运行遇到严重紧急情况时,如无法扑灭的火灾、设备故障、燃油泄漏、机上人员伤病、迷航、天气突变或劫机等,机组人员需要紧急着陆并快速撤离旅客。我国民航局规定,每个飞行机组和乘务组都有应急撤离的预案和操作程序,一旦发生危险,应熟练运用应急撤离设备,按照处置程序迅速组织旅客撤离飞机以确保生命安全。

一、紧急迫降和应急撤离的类型

根据着陆场地不同,紧急迫降和应急撤离一般分为陆上和水上。陆上是指着陆场地为陆地,水上是指着陆场地在海洋、湖泊等水面上。水上迫降与撤离危险性更高,也应尽可能靠近陆地。

根据是否有准备时间,又分为有准备的和无准备的迫降与撤离。

(一)有准备的迫降与撤离

有准备的迫降与撤离是指飞机、机组以及机场有一定的时间(通常至少有10分钟的准备时间）完成必要的迫降前准备。该时间内，机组与乘务员能够完成规定的撤离准备。有准备的迫降与撤离一般分为两种情况，一是有充分的时间做好各项准备工作，乘务员能够考虑最佳方案和措施，有序组织旅客撤离；另一种是准备时间有限（不足10分钟）。

（二）无准备的迫降与撤离

无准备的迫降与撤离是指飞机和机组几乎没有准备时间，通常由突发性事件引起。此时，飞机着陆并停稳后，机长使用旅客广播系统迅速通告乘务组执行应急撤离。

二、应急撤离与救生设备

（一）应急出口

应急出口包括地板高度出口和非地板高度出口。

1. 地板高度出口

地板高度出口指登机门和服务门，通常装有单通道/双通道救生滑梯，水上迫降时，部分机型（如A320）的救生滑梯可作为救生筏/救生船使用，如图6-17所示。

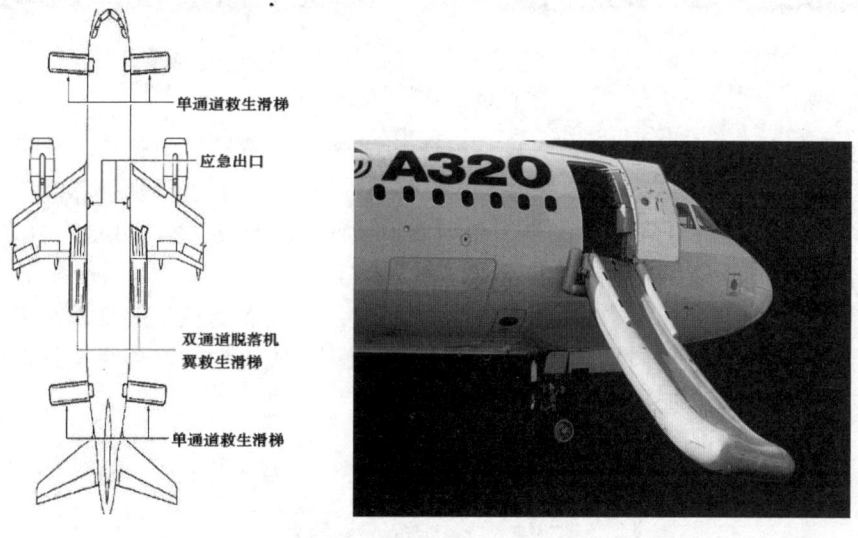

图6-17　地板高度出口

陆地撤离时，确认滑梯充气状态完好，如果滑梯充气失效或漏气，只能当软梯使用。水上撤离时，确认飞机在水面上停稳后，确保机外水位在机门以下，滑梯充气后将其与机体脱离并翻过背面做救生船使用，指挥旅客入水并爬到滑梯上，划到安全区域，使用救生设备求救。注意滑梯作为救生船时只允许少量乘客（老、弱、妇、幼）乘坐。

2. 非地板高度出口

非地板高度出口指机翼上的应急窗，部分机型装有双通道脱离机翼救生滑梯，如图6-18所示，根据机型不同，安装的滑梯种类也不同。空客A320安装的机翼滑梯在机身侧面，是向飞机尾部展开的双通道滑梯，不能用作救生船，只供紧急情况下，机上人员陆上撤离时使用。

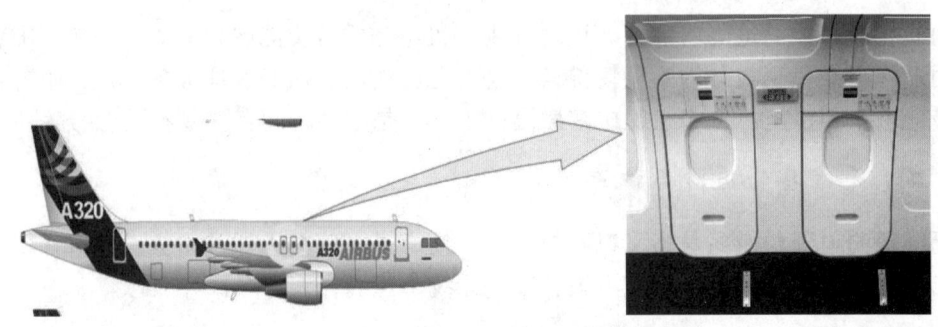

（a）机翼应急窗

（b）机翼滑梯

图 6-18　非地板高度出口

陆地撤离时，开启翼上出口舱门，将滑梯扔出机外，滑梯自动充气，时间约 3 秒；若自动充气失效，则拉动每个应急出口窗框内的人工充气手柄。若滑梯损坏，需要人工将滑梯挂钩挂在机翼表面的圆环上，滑梯下角需要人押住，以形成软梯。陆地迫降遇有大风时，可将逃离绳挂在机翼表面的挂钩上，以便保护旅客撤离。

水上撤离时，开启翼上出口舱门，观察水面情况，将备用救生船推入水中，救生船充气后，组织旅客从翼上出口滑到水中。也可以将机翼门框上角的逃离绳挂到机翼表面的挂钩上，方便旅客撤离，如图 6-19 所示。

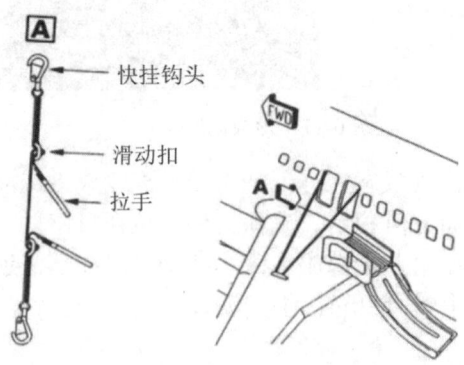

图 6-19　翼上逃离绳

（二）应急灯光

应急灯光包括内部应急灯光和外部应急灯光。内部应急灯是指地板和通道上的撤离指示灯、出口标志灯、舱顶应急灯等；外部应急灯光是指位于每个门后面的滑梯照明灯光、滑梯自带的接地区照明、机翼撤离路线灯等。应急灯光如图6-20所示。

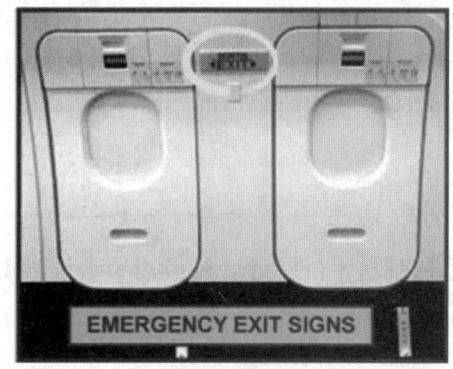
（a）出口标志灯

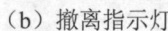
（b）撤离指示灯

（c）机翼撤离路线灯

（d）滑梯照明

图 6-20 应急灯光

应急灯光使用方法如下：

（1）自动方式：当驾驶舱内应急灯光开关位于"ARM"位置时，如图6-21所示，飞机供电系统一旦失效，所有应急灯光（包括内部和外部）将自动接通，照明时间可持续12～20分钟。

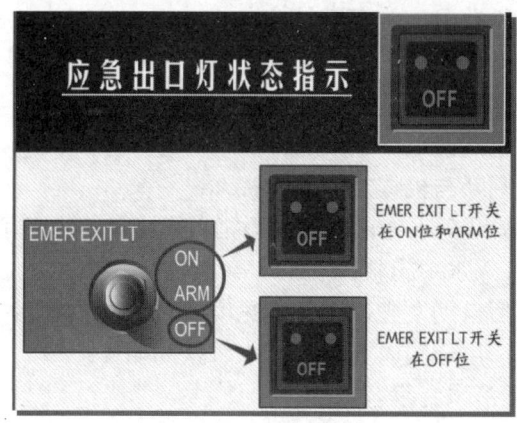

图 6-21 A320驾驶舱应急灯光开关

（2）人工方式：当驾驶舱内应急灯光开关置于"ON"位置时，所有应急灯光都会亮；当客舱乘务员控制面板上的应急灯光开关置于"ON"位置时，所有应急灯光都会亮，并且可以操控驾驶室；通常情况下，客舱乘务员控制面板上的应急灯光开关置于"NORMAL"位置。

使用时的注意事项：飞行前检查并测试所有的应急灯光在正常的工作状态。

（三）救生设备

1. 救生船

救生船用于水上迫降时撤离旅客，存储在头等舱指定位置或应急出口上方行李架上，每条圆形救生船载客46～69人，充气时间为30秒，重量103磅，结构如图6-22所示。

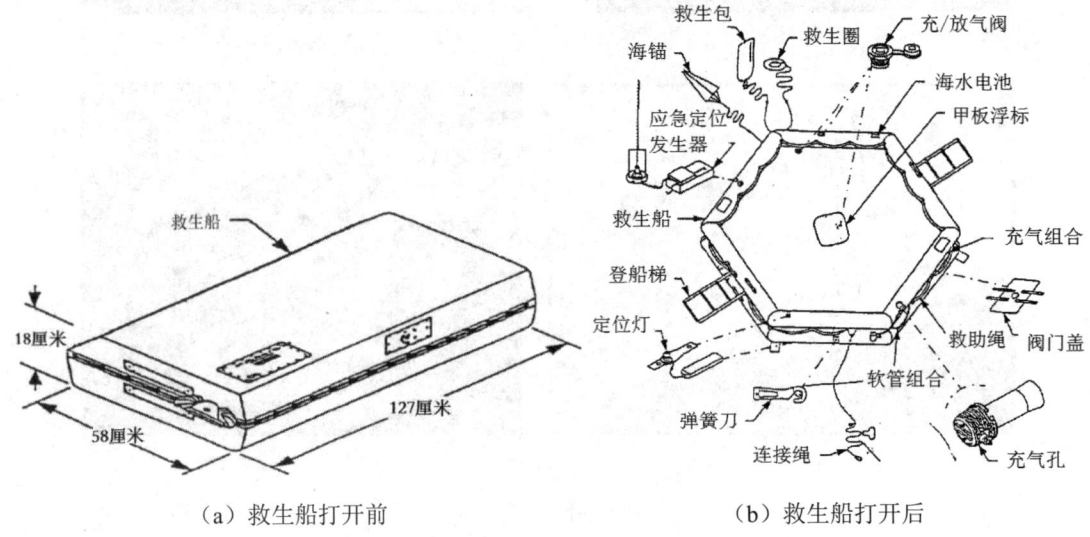

（a）救生船打开前　　　　　　　　　　（b）救生船打开后

图6-22　救生船

救生船内的设备、用途和使用方法如下：

（1）救命包：救生包通过绳子系在船上，撤离时需将其拉入船内，用于迫降后救生。内有救生船使用说明书；

（2）天棚：用于遮风挡雨，防寒避暑；

（3）天棚柱：用于支撑天棚，加大船内空间；

（4）海锚：用于固定救生船，提高船的稳定性，当船划到安全区后在上风侧抛锚；

（5）连接绳：用于连接其他的救生船；

（6）弹簧刀：用于割断与机体之间的连接绳；

（7）救助绳：用于救助落水者，将救助绳扔入水中，落水者可以抓住橡皮；救助者也可以将圈套在肩膀上，跳入水中施救；

（8）定位灯：遇水后自动发光，用于能见度低时识别救生船；

（9）内、外救助绳：用于船内人员或落水者扶助船体；

（10）登船梯：用于落水者攀登上船；

（11）海水电池：遇水后自动发生化学反应，用于定位灯供电；

(12)充气孔：用于给船体充气；
(13)应急定位发生器：用于发射求救信号，可在陆上或水上使用；
(14)手动打气泵：用于给救生船补气。将手泵旋进充气孔，用手向里面压气。

救生船的使用方法如下：

(1)从舱顶取出救生船，搬到机翼上或舱门处；
(2)打开救生船的红色盖布，取出 D 型环和短绳，如图 6-23 所示；

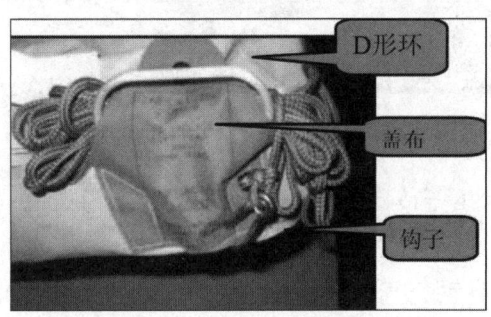

图 6-23　救生船的配套设备

(3)将短绳的钩子钩住机翼表面的环或机门的手柄；
(4)抓住 D 形环，将救生船抛出远离飞机 4 米以外；
(5)待救生船浮出水面，拉动 D 形环进行人工充气，30 秒充气完毕；
(6)将充气完毕的救生船拉近机翼，组织旅客上船；
(7)待全员登船完毕后，用弹簧刀割断短绳，划离飞机。

救生船使用安全注意事项如下：

(1)搬运救生船时，不要触动 D 形环，避免救生船在舱内充气；
(2)适用于乘坐 10～25 人的救生船的充气时间为 10 秒；适用于乘坐 46～69 人的救生船的充气时间为 30 秒；
(3)船中央的救生包挂在船帮上，需将其拉入船内，救生包被多层真空包装，1～3 个小时不易浸湿；
(4)救生船的地板上有很多英文字母、数码以及点状符号，每一项都代表着不同的求救信号。乘务员可以根据当时的情况，利用手电筒和反光镜向救助人发射信号，如三短三长三短，代表 SOS。

2．救生衣

救生衣用于水上迫降应急撤离时，机上人员水中漂浮时使用。救生衣存储在客舱内旅客座椅下方或扶手内。为便于区别，机组人员的救生衣为红色，旅客的救生衣为黄色，旅客的救生衣又分为成人救生衣和婴儿救生衣。

救生衣的组件包括定位灯、人工充气管、海水电池、人工充气手柄和腰带等，如图 6-24 所示。

(1)定位灯：用于夜间水上迫降时使用，便于救护人员寻找。入水后拔掉救生衣上的标志（Pull to light），定位灯接通电源。

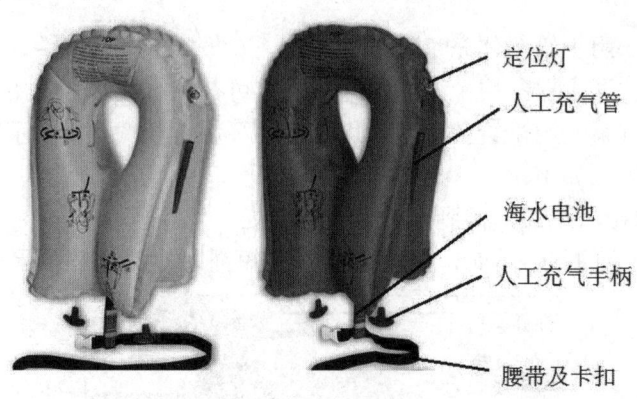

图 6-24 救生衣

（2）海水电池：用于给定位灯供电。电池浸水后，几秒钟内定位灯自动发光，并可持续 8～10 小时。

（3）人工充气管：当自动充气失败或充气不足时，用嘴通过人工充气管向救生衣充气。

（4）人工充气手柄：用于救生衣充气。上船之前拉动人工充气手柄，救生衣中两个小型气瓶为救生衣充气。

（5）腰带及卡扣：用于固定救生衣。救生衣经头部穿戴好后，系紧腰带并插好卡扣。

成人救生衣的使用方法如下：

（1）取出救生衣，经头部穿戴好；

（2）将腰带卡扣系紧扣好；

（3）拔掉救生衣上的"Pull to light"标志；

（4）拉动人工充气手柄；

（5）充气失败或不足时，拉动人工充气管，用嘴吹气。

儿童救生衣的使用方法如下：

（1）取出救生衣，由成年人协助穿戴好；

（2）将带子放在两腿之间并系紧扣好；

（3）拔掉救生衣上的"Pull to light"标志；

（4）拉动人工充气手柄；

（5）充气失败或不足时，拉动人工充气管，用嘴吹气。

救生衣使用安全注意事项如下：

（1）成年人穿好救生衣后，上船前充气；

（2）儿童离开座位时将救生衣充气；

（3）不能自理或上肢残废的旅客，穿好后立即充气；

（4）如需放气，用手按住人工充气管的顶部即可；

（5）除非救生船已坏，否则不要尝试穿救生衣游泳。

3. 救生包

救生包为应急撤离后的自救提供帮助，存放在滑梯或救生船内，陆上应急撤离后，救生包悬挂在滑梯上，水上应急撤离到达安全区域后应将救生包从水中捞出。

救生包内一般包含以下设备,如表 6-5 所示。

表 6-5 救生包内设备清单

序 号	设 备 名 称	数 量
1	信号筒	2 个
2	安全灯棒	4 个
3	反光镜	1 块
4	海水手电筒	2 个
5	海水着色剂	1 块
6	水桶、海绵	1 个/块
7	修补夹具	2 个
8	人工充气泵	1 个
9	乘晕宁	1 瓶(共 100 片)
10	水净化药片	1 瓶(共 50 片)
11	消毒绷带包	1 包
12	碘酒擦	1 瓶
13	烧伤药膏	6 支
14	眼药膏	4 支
15	唇膏	/
16	蔗糖	2 条
17	饮用水	2 瓶(每瓶 1L)
18	哨子	1 个
19	多功能刀具	1 把
20	生存指南	1 本

信号筒用于向外界发出求救信号,如图 6-25 所示。其具有两种工作方式,白天用橘黄色盖子平滑的一端,发射橘黄色烟雾;夜晚用红色盖子凸起的一端,发射红色烟雾。

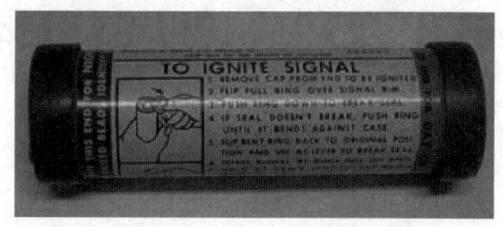

图 6-25 信号筒

使用方法如下:

(1)打开橘黄色或红色一端的外盖;

(2)拉动 D 形环开关,打开密封盖;

(3)站在下风侧并举过头顶;

(4)信号筒冒烟或冒火。

使用时注意事项如下:

(1)使用时最好戴上手套。

(2)放到船外使用。

(3)拉动 D 形环时要用力快速。

(4)与下风侧水平方向成 45°角。

(5)一端用完后,用水蘸灭,另一端可以继续使用。

（6）单侧持续时间为 20～30 秒。

安全灯棒主要用于夜晚辨别方向或发射求救信号，如图 6-26 所示。

使用方法如下：

（1）取出安全棒；

（2）从中部弯折；

（3）用力摇晃；

（4）系在船外侧的绳子上或自己身上。

使用时注意事项如下：

（1）弯折时不要折断。

（2）使用时间为 12 个小时。

反光镜用于反射日光或月光，从而对地面及空中搜救设备发出求救信号，如图 6-27 所示。

图 6-26　安全灯棒

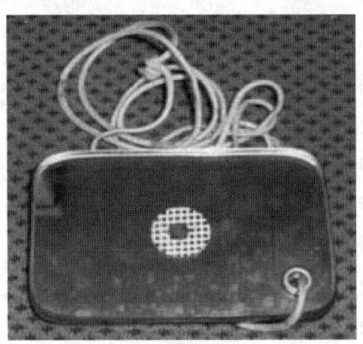

图 6-27　反光镜

使用方法如下：

（1）用镜子的反射光对准近处物体，然后用眼睛对准中央视孔寻找这个光点；

（2）调整镜子，慢慢移动光点，对准救援物体；

（3）使光点和救援物体重叠在视孔的中心；

（4）系在船外侧的绳子上或自己身上。

使用时注意事项如下：

（1）在晴朗的天空下使用。

（2）一般发射距离为 14 千米以上。

（3）近距离时，不要向目标反射光源。

（4）使用时，将其挂在脖子上，以防掉落。

海水手电筒用于照明和发出求救信号，如图 6-28 所示。

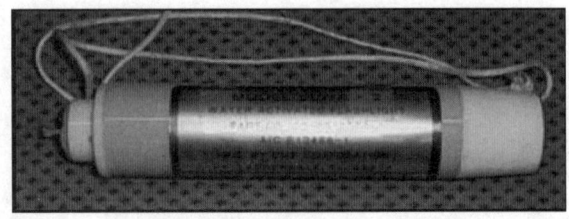

图 6-28　海水手电筒

使用方法如下：
(1) 打开封盖；
(2) 灌入海水或盐水；
(3) 盖上封盖；
(4) 手电筒发光。

使用时的注意事项：当光减弱时，可以继续灌入海水或盐水，继续使用。

海水着色剂用于将周围海水染成荧光绿色而发出求救信号，如图 6-29 所示。

图 6-29 海水着色剂

使用方法如下：
(1) 打开包装，将绳索套在把手臂上，然后将燃料洒在船的周围；
(2) 燃料在水中散发出荧光绿色；
(3) 在静态环境中，通过搅动海水来增大流速，以使燃料扩散。

使用时注意事项：在白天无风浪时，绿色的荧光燃料可在水中保持 2～3 小时。

水桶用于存放淡水或舀出船内积水，海绵用于吸收船内的积水，如图 6-30 所示。

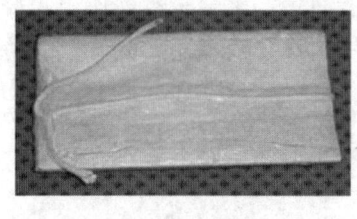

图 6-30 水桶、海绵

修补夹具用于修补救生船、救生衣和水桶的破损，如图 6-31 所示。

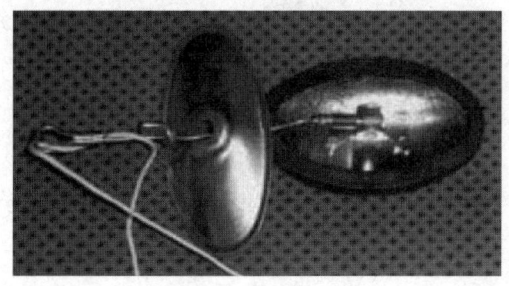

图 6-31 修补夹具

使用方法如下：
(1) 松开螺丝帽，分离夹子；
(2) 将手穿入线绳上的布环内；
(3) 将密封盖插入破损处；
(4) 将另一个盖子盖在密封盖上；

（5）将螺丝帽拧紧。

使用时的注意事项：拧紧螺丝帽前要拉紧线绳。

人工充气泵用于救生船气囊充气，如图6-32所示。

使用方法如下：

（1）打开救生船的充气/放气活门；

（2）将手泵拧入充气/放气活门；

（3）重复按压手泵的风箱，使救生船充气；

（4）将手泵从充气/放气活门移开；

（5）关闭充气/放气活门。

使用时的注意事项：

（1）使用时固定好人工充气泵的绳索，防止其脱落。

（2）充完气后确认充气/放气活门关闭完好。

乘晕宁用于海上晕船时服用。

使用方法如下：

（1）成人每隔4~6小时服用1~2片（50~100毫克），24小时内不能超过8片；

（2）儿童（6~12周岁）每隔6~8小时服用0.25~0.5片（12.5~25毫克），24小时内不超过1.5片。

使用时的注意事项：乘晕宁有副作用，最好在医生的指导下服用。

水净化药片用于净化淡水，如图6-33所示。

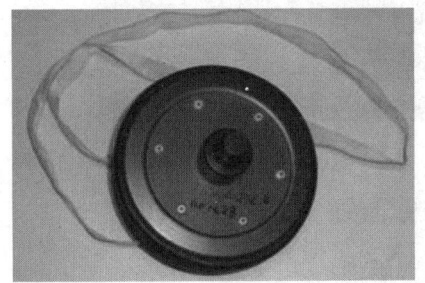 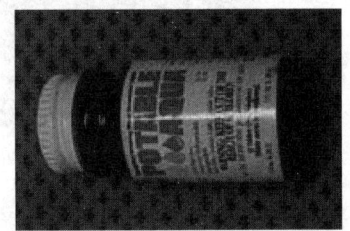

图6-32 人工充气泵　　　　　　图6-33 水净化药片

使用方法如下：

（1）正常情况下，净化1升淡水需放入1片药片，充分摇匀，沉淀后（10分钟）方可饮用；

（2）如果水很凉或很脏的情况下，净化1升淡水需放入2片药片，充分摇匀，沉淀后（20分钟）方可饮用。

使用时的注意事项：

（1）水净化药片只能净化淡水，无脱盐功能，不能净化海水；

（2）水净化药片不可直接吞服；

（3）使用时注意淡水和药片的比例。

消毒绷带包用于外伤包扎，内含三角巾、绷带、敷料、创可贴和防水胶布，如图6-34所示。

碘酒擦用于外伤涂抹，如图6-35所示。

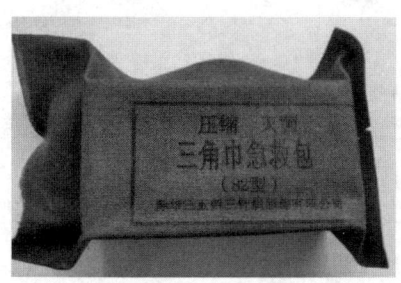
（a）三角巾

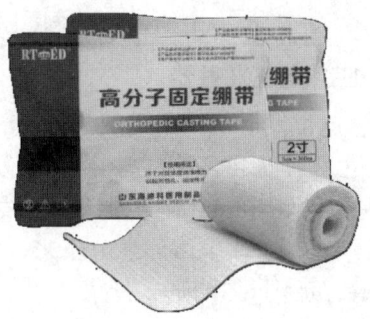
（b）绷带

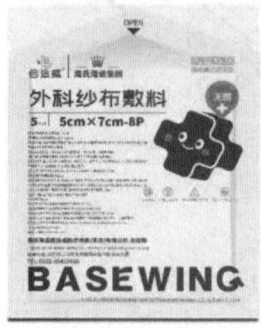
（c）敷料

（d）创可贴

（e）防水胶布

图 6-34 消毒绷带包

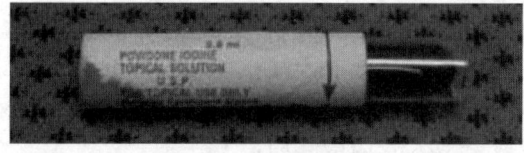

图 6-35 碘酒擦

使用方法如下：

（1）拔下纸套；

（2）挤捏瓶体；

（3）涂抹伤口。

使用时的注意事项：此药仅限于外伤使用，不可涂抹于眼部。

烧伤药膏，用于烧伤、晒伤、擦伤和虫咬。

眼药膏，用于治疗眼部疾病、眼部疼痛或干涩。

唇膏，用于防止因曝晒或缺水而导致唇部或其他部位干裂。

蔗糖，用于补充能量和滋润口腔。

饮用水，即可以饮用的淡水，以 2 瓶（每瓶 1L）或分 8 袋软包装。注意保存好，必要时才可饮用。

哨子，用于集合和发出求救信号。

多功能刀具，用于割断绳子。

生存指南，即幸存者救生手册，内有救生船及设备维护说明，野外生存的求生求救方法。注意：生存指南用塑料纸印刷，浸水后不易腐烂。

4．应急定位发射器

应急定位发射器用于飞机遇险后，向外界发出求救信号。应急定位发射器分为自浮式双频定位发射器和便携式应急定位发射器。自浮式双频定位发射器的发射频率为民用 121.5MHz 和军用 243MHz 的调频无线电信号（国际民航组织遇险求救通用频率），持续时间为 48 小时，工作范围约 350 千米，结构包括天线、水溶性固定带、电池护盖、绳索、使用标牌等，如图 6-36 所示。

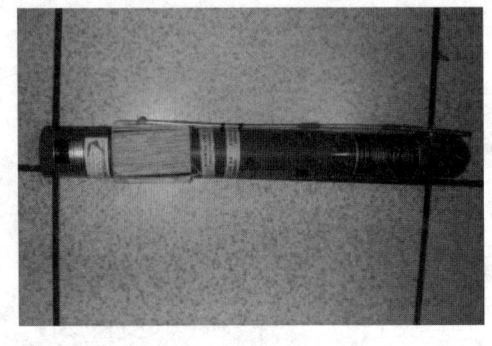 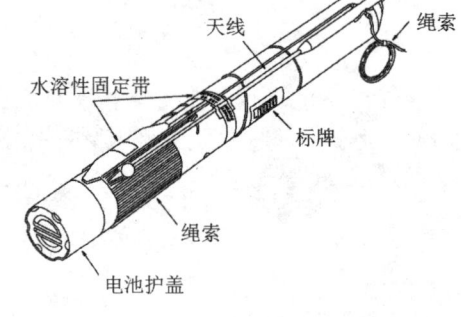

（a）应急定位发射器外形　　　　　　（b）应急定位发射器结构

图 6-36　应急定位发射器

应急定位发射器的使用方法如下：

在陆上使用时的操作过程：

（1）取下应急定位发射器的套子或袋子；

（2）解开绳索，割断水溶带，拔出天线；

（3）将套子或袋子装入一半含有电解质的水（矿泉水、咖啡、果汁或尿，不能装入油）；

（4）把应急定位发射器放入套内或袋内；

（5）应急定位发射器 5 分钟后自动开始发报。

陆上使用应急定位发射器如图 6-37 所示。

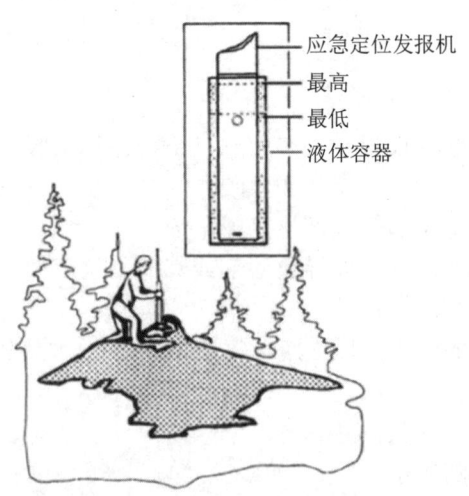

图 6-37　陆上使用应急定位发射器

在水上使用时的操作过程：

（1）取下应急定位发射器的套子或袋子；

（2）将应急定位发射器末端的绳索系在救生船上，将其扔入水中，与救生船保持和绳索一样的长度；

（3）应急定位发射器天线自动竖起，5秒后自动开始发报。

水上使用应急定位发射器如图6-38所示。

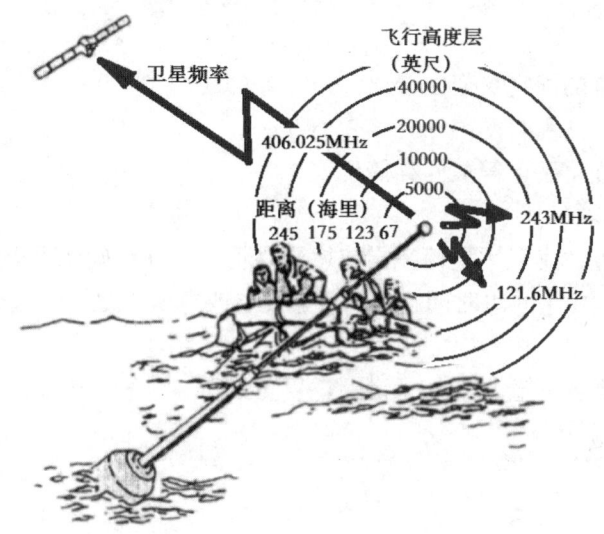

图6-38　水上使用应急定位发射器

应急定位发射器安全使用注意事项如下：

（1）应急定位发射器在海水中5秒后即可发报，在淡水中要5分钟后才能发报。

（2）陆上使用时，应急定位发射器应放在较高的位置，周围不能有障碍物，并且不能横放或倒放。

（3）每次只能使用一个应急定位发射器。

（4）应急定位发射器不能随意拆卸，一旦意外激活工作，应立即关闭并向最近的航空管制报告。

（5）使用后关闭时，将其从水中取出，折回天线，使其躺倒在地上。

（四）其他辅助设备

1．麦克风

麦克风存储在客舱行李架上方，用于飞机电源切断时内话系统失灵或应急撤离时发布信号，如图6-39所示。

麦克风的使用方法如下：

（1）拿起麦克风朝向旅客；

（2）将麦克风靠近嘴部，按下手柄上的送话开关；

（3）开始讲话，根据声音大小调节音量。

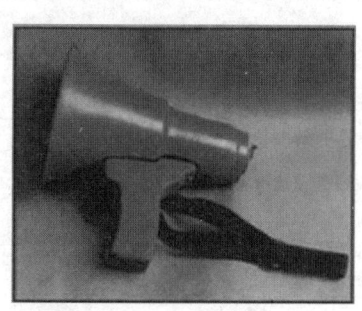

图6-39　麦克风

麦克风使用时的注意事项：

（1）不要将麦克风的音量调得过大或对着机身讲话，会出现回音；

（2）禁止用麦克风对着人的耳朵讲话，以免受伤。

2. 手电筒

手电筒存储在乘务员座椅下方，用于飞机电源切断或应急撤离时发布求救信号、指挥、搜索，如图6-40所示。

使用方法如下：

（1）从存储位置的固定支架中取出；

（2）自动发光，使用时间约0.5～4.2小时；

（3）使用后必须将手电筒放回存储位置。

图6-40　手电筒

使用时的注意事项：

（1）飞行前检查：确认手电筒在指定位置并且固定好；确认手电筒的电能LED检测灯3～5秒闪亮一次，如果间隔时间超标，可能没电或电量不足，应通知地面机务人员及时更换。

（2）禁止用扩音器对着人的耳朵讲话，以免受伤。

（五）设备分布

1. 设备标志

常用应急撤离与救生设备的标志如表6-6所示。

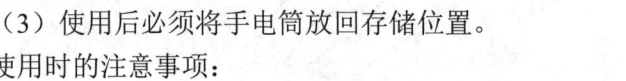

表6-6　应急撤离与救生设备标志

图　标	中文名称	英文名称
![CO2]	二氧化碳灭火瓶	Extinguisher
![H2O]	水灭火瓶	Water Extinguisher
![DC]	干粉灭火瓶	Dry Chemical Extinguisher
![BCF]	海伦灭火瓶	Hallon/BCF Extinguisher
![O2]	便携式氧气瓶	Portable Oxygen Bottle

续表

图　标	中文名称	英文名称
	带有防烟面罩的手提氧气瓶	Portable Oxygen Bottle With Smokemask Attached
	一次性氧气面罩	Disposable Oxygen Mask
	氧气面罩	Full Face Oxygen Mask
	防烟面罩	Smokehood Protective Breathing Equipment
	没有撤离滑梯的出口通道	Exit Path Without Escape Strap
	带有逃离绳的出口通道	Exit Path With Escape Strap
	带有撤离滑梯的出口通道	Exit Path With Escape Slide
	圆形救生船	Life Raft
	应急发射机	Emergency Transmitter
	救生衣	Life Vest
	防护手套	Protective Gloves
	防烟镜	Smoke Gooles
	斧子	Crash Axe

续表

图 标	中文名称	英文名称
	扩音器	Megaphone
	指挥棒	Baton
	手铐	Handcuffs
	手电筒	Flashlight
	应急药箱	Emergency Medical Kit
	急救箱	First Aid Kit
	手提出口灯	Portable Exit Light
	人工呼吸器	Resuscitator
	人工释放工具	Release Tool
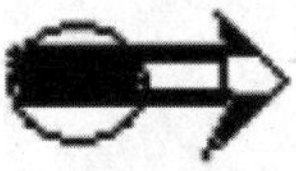	带有撤离滑梯/救生船的出口通道	Exit Path With Slide/Raft
	救生包	Survival Kit
	安全演示包	Demonstration
	救生绳	Lifeline

2. 设备分布图

B737-800 机型的应急设备分布有三种情况，如图 6-41 所示，图中所对应的设备参阅

表 6-6 中图例所示。

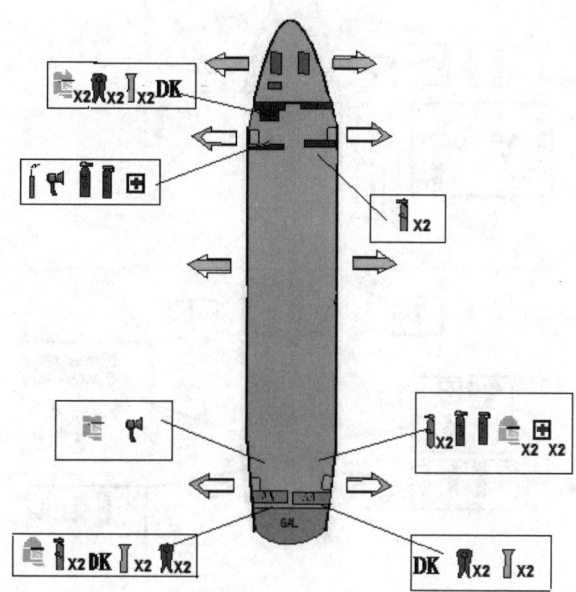

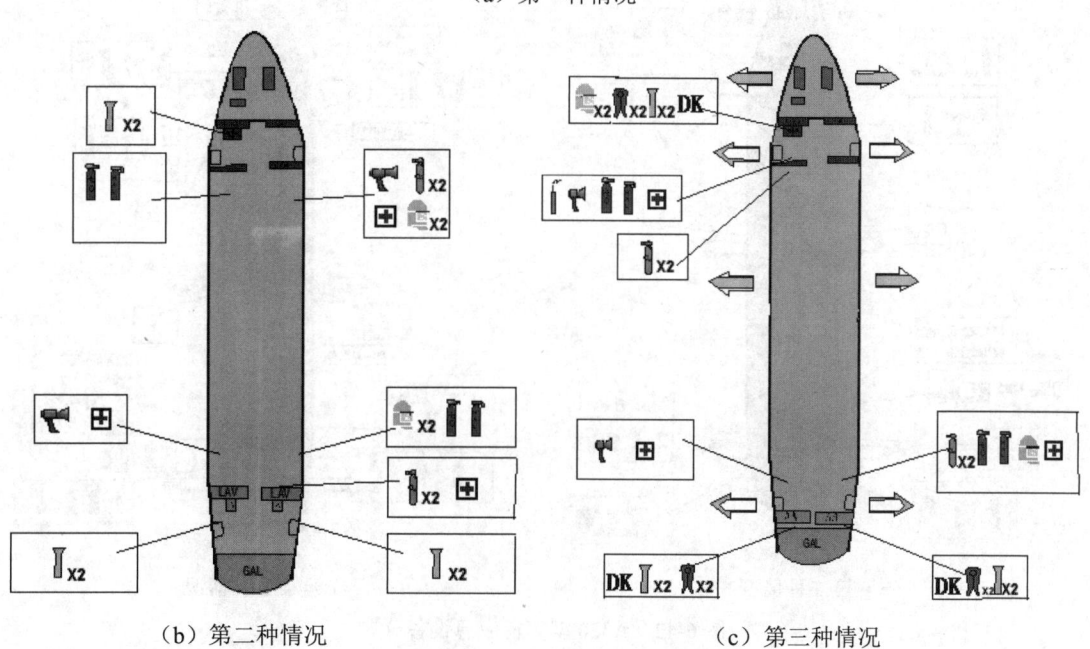

图 6-41 B737-800 型客机应急设备分布

3. A320 型客机应急设备分布

A320 机型的应急设备分布有三种情况，如图 6-42 所示，图中所对应的设备参阅表 6-6 中图例所示。

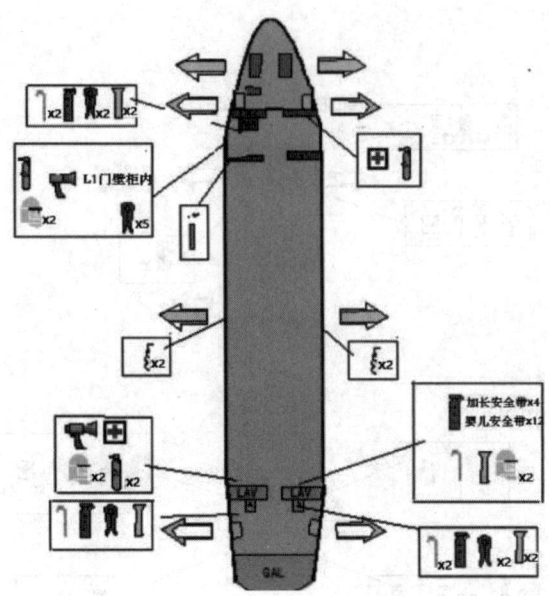

(a) 第一种情况

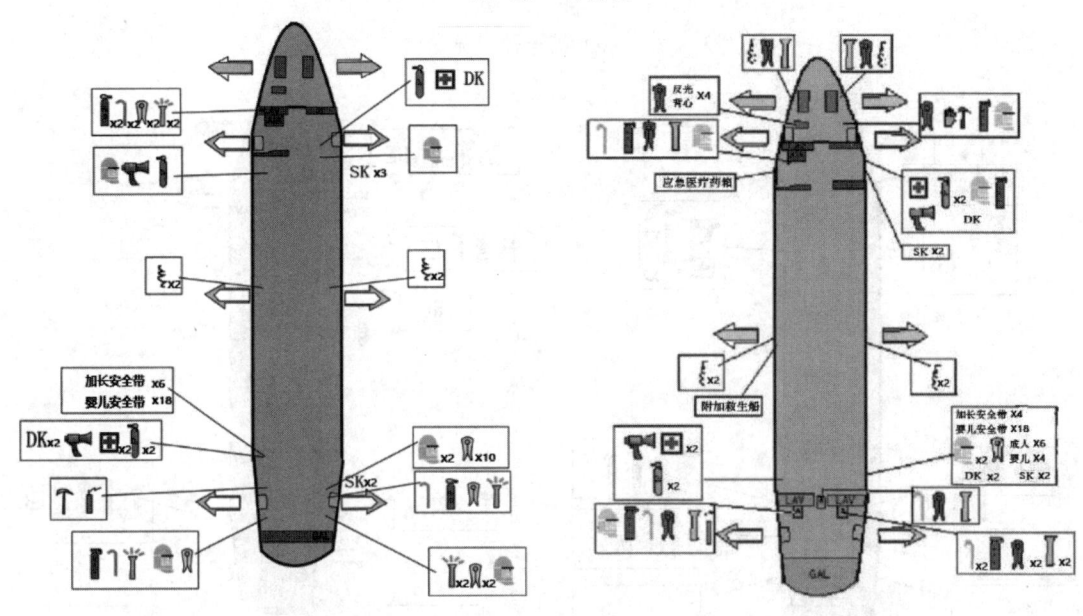

(b) 第二种情况　　　　　　　　　　(c) 第三种情况

图 6-42　A320 型客机应急设备分布

三、紧急迫降和应急撤离的基本处置

(一) 基本处置原则

（1）听从机长指挥。

（2）迅速正确地判断。包括性质（异常声响、客舱释压、烟雾火灾等）和地点（客舱、货舱、洗手间、发动机等）。

(3) 准备处置的措施。
(4) 随机应变。
(5) 沉着冷静。
(6) 维持秩序。
(7) 团结协作。

(二) 机组人员的职责

1. 机长的职责

（1）在任何需要撤离或可能撤离的非正常情况下，机长应通告乘务长紧急情况的性质和客舱准备的可用时间，并要求乘务组完成应急撤离前旅客和客舱的准备。

（2）使用旅客广播通知旅客有关紧急情况的性质和要求，并将计划着陆后撤离及所需援助报告空中交通管制。

（3）发布撤离口令。

（4）协助指挥撤离。

（5）确认所有旅客及机组人员离机，完成清舱工作后作为最后一名撤离飞机的机组成员。

（6）在救援人员到达前，组织旅客和机组人员远离飞机到达安全地带，救治伤员，发出求救信号。

（7）如果机长不能履行其职责，接替机长职责的工作人员顺序为本次航班机长、资深副驾驶、副驾驶、飞行观察员、驾驶舱其他成员（必须是该机型经批准合格的飞行员）、乘务长、客舱乘务员。

2. 飞行组其他成员的职责

（1）在执行应急撤离程序时，飞行组其他成员应在机长的统一指挥下，分工负责，协调配合，并按照机长的决断和指令，负责与空中交通管制和客舱乘务组的联系。

（2）离场高度150米（500英尺）时，向客舱发布"500英尺"高度警告，客舱所有人员应做好防冲撞准备；离地高度30米（100英尺）时，向客舱发布"30米"高度警告，客舱所有人员开始保持防冲撞姿势。

（3）协助指挥撤离。

（4）在救援人员到达前，协助组织旅客远离飞机到达安全地带，救治伤员，发出求救信号。

3. 乘务员的职责

（1）向旅客介绍防冲撞姿势、救生衣和座椅浮垫（水上迫降）的使用方法、应急出口的位置等。

（2）按照当时情况的需要重新安排旅客的座位，确保有行动能力的旅客被安排在应急出口处，确认援助者及其分工。

（3）客舱乘务员应确认所有行李和松散物品已固定（含尖锐物品的收取）。

（4）如果是陆地撤离，各号位乘务员必须确认机门滑梯预位，水上撤离则要解除滑梯。

（5）当客舱已完成应急撤离准备时（含区域划分等），乘务长应报告机长。

（6）根据机长应急撤离口令，组织旅客实施撤离。

（7）完成清舱工作后撤离飞机。

（8）在救援人员到达前，在机长的统一指挥下，使用规定口令组织旅客和机组人员远离飞机到达安全地带，救治伤员，发出求救信号。

（三）基本知识

1. 选择应急出口

根据当时环境和机长的指令、飞机着陆（水）时的姿势，选择应急出口。

（1）陆上迫降。飞机在正常情况下，所有出口均可使用。

（2）前轮和主轮全部折断。翼上应急出口不能使用，因为发动机触地可能发生火灾。

（3）前轮折断。所有出口均可使用，但应考虑后舱门离地高度及滑梯长度能否接地。

（4）飞机尾部拖地。所有出口均可使用，但应考虑前舱门离地高度及滑梯长度能否接地。

（5）飞机侧趴，主轮一侧折断。靠近地面一侧翼上应急出口不能使用，因为发动机触地可能发生火灾。

（6）水上迫降。翼上应急出口一般不用，若需使用应挂逃离绳，其他出口视飞机浸水情况而定。

2. 撤离时指挥

（1）乘务长负责客舱指挥。

（2）一名指定的乘务员先下飞机负责地面（水上）指挥。

（3）乘务员打开舱门后应迅速用双臂封门，判断滑梯、救生船充气情况，充气完毕后指挥旅客撤离。

（4）若负责的出口不能使用，应堵住出口，迅速指挥旅客从附近出口撤离。

（5）陆上撤离应指挥旅客"一个接一个跳、坐"；水上撤离应指挥旅客先将救生衣充气，再上船。

（6）乘务员的口令应简洁、准确、响亮，起引导作用。

3. 选择撤离方向

（1）陆上撤离，选择上风向，远离飞机至少 100 米以外。

（2）水上撤离，选择下风向，远离燃油区和燃烧区。

4. 撤离时间

（1）陆上撤离时间为 90 秒，从飞机完全停稳到机上最后一个旅客撤离为止。

（2）水上撤离准备时间为 6 分钟，从机长广播迫降到机长广播着水为止。飞机入水后，一般头高尾低，在水面漂浮 20 分钟，必须在这段时间内撤离完毕。

5. 选择援助者

（1）选择对象：从民航从业人员，军人、警察、消防人员，医护人员，健壮男性中挑选。

（2）援助者的任务：协助乘务员做好撤离工作，帮助弱者。

（3）援助者的职责：援助者的职责如表 6-7 所示。

表 6-7 援助者的职责

撤离类型	援助者的位置	援助者的职责
陆上撤离	机舱门	1号：打开门，第一个滑行下飞机，站在滑梯左侧，抓住一边，帮助滑下来的旅客
		2号：第二个滑下飞机，站在滑梯右侧，抓住一边，帮助滑下来的旅客
		3号：第三个滑下飞机，带领并指挥撤出旅客远离飞机，撤向集合点
		4号：若乘务员受伤，协助其撤离飞机；若情况正常，则职责同 3 号，需要时进行急救
		5号：在乘务员失去指挥能力时，代替其指挥旅客
	翼上出口	1号：观察情况，打开窗户，站在机翼上靠近出口的地方，帮助旅客撤离
		2号：站在机翼底下的地面上，协助旅客从翼上滑下
		3号：站在离飞机较远的安全地方，呼喊旅客集中在一起，不许抽烟，不许返回飞机
水上撤离	机舱门	1号：打开门，协助乘务员搬船，第一个上船并爬至船头坐下（圆形则爬向中央），安排其他旅客靠近坐下
		2号：第二个上船，到船的另一边坐下，指挥并帮助其他旅客
		3号：第三个上船，指挥并帮助旅客
		4号：站在舱门左侧，引导并帮助旅客撤离，上船后需要时进行急救
		5号：站在舱门右侧，在乘务员失去指挥能力时，代替其指挥旅客
	翼上出口	1号：观察情况，打开窗户，协助使用救生船。把救生船搬运到机翼上，投入水中使之充气，并帮助旅客进入救生船
		2号：进入救生船，帮助安排好旅客
		3号：站在翼上出口边，帮助旅客撤出，并提醒旅客给救生衣充气

6．跳滑梯姿势

（1）正常人从滑梯撤离，应双臂平举、轻握拳头，或双手交叉抱拳，从舱内跳出，落在滑梯上时手臂位置不变，双腿及脚后跟紧贴梯面，收腹弯腰，身体略微前倾滑到梯底，站起跑开。

（2）抱小孩的旅客，把孩子抱在怀中，坐着滑下滑梯。儿童、老人和孕妇也坐着，在梯面的姿态与正常人相同。

（3）伤残旅客可根据自身的情况，坐滑或由援助者协同坐滑撤离。

7．防冲撞姿势

（1）面向机尾方向坐的乘务员紧紧系牢肩带和座椅安全带，双臂伸直，用手抓住座椅边缘，头靠椅背，双脚平放用力蹬地。

（2）面向机头方向坐的乘务员紧紧系牢肩带和座椅安全带，双臂伸直，收紧下颚，用手抓住座椅边缘或交叉抱住双臂，双脚平放用力蹬地。

（3）儿童和前排旅客身体前倾，头贴在双膝上，双手抱紧双腿，双脚平放用力蹬地，系好安全带。

（4）携带婴儿的旅客用衣服或毛毯包好婴儿并斜抱怀中，面部朝上，头部朝向通道内侧。旅客俯下身，安全带系于腹部，两脚用力蹬地。

（5）成人旅客双臂交叉，伸出双手抓前排座椅靠背，头部紧贴在交叉的双臂上，双脚平放用力蹬地。

（6）特殊旅客（肥胖的人、孕妇、高血压患者、高大者）双手紧抓座椅扶手，或双手抱头，同时收紧下颚，双脚用力蹬地。

8．调整旅客座位

（1）将援助者安排于出口处或需要协助的旅客附近的座位。

（2）特殊旅客安排于应急出口的第二排中间座位。

（3）相连的同一排座位不能同时安排两名特殊旅客。

（4）担架旅客安排于客舱最后一排，并将担架固定。

（5）将孕妇调整至非隔板座位，并提供毛毯、枕头垫在其腹部。

（6）应避免将团体旅客或旅客中的家庭成员分开。

9．检查固定设备，清理出口和通道

（1）检查所有出口，确保其处于待用状态。

（2）检查所有卫生间，确保其无人并锁好门。

（3）固定厨房设备，关闭厨房电源。

（4）取下舱内所有门帘、隔帘，打开遮光板。

（5）从行李架上取下大的、重的物品放在卫生间并锁好。

（6）检查旅客的安全带是否系好，小桌板、脚垫、椅背是否收到正常位置。

（7）收好所有耳机，关闭娱乐系统。

10．取下锐利的松散物品

（1）确认旅客取下锐利物品，如首饰、发夹、钢笔、标志牌等，放入各自行李袋内。

（2）确认旅客取下松散物品，如眼镜、助听器、假牙等，放在迫降后能取到的位置（如外衣口袋）。

（3）确认脱下高跟鞋和带钉子的鞋，放入行李袋内。

（4）确认旅客已经放松衣服，取下领带和围巾，放入行李袋内。

（5）确认旅客未将任何物品放入座椅后面的口袋内。

11．乘务员自身准备

（1）脱下高跟鞋、取下锐利物品、领带及丝巾。

（2）脱下丝袜及尼龙制衣物（时间允许）。

（3）弄湿头发，以防被火引燃。

（4）迫降须穿好救生衣。

（5）乘务员应准备自身的携带物品，如文件、资料、各种必要的设备和物品等，并存放在安全、易于拿取的位置。

（6）做静默30秒复查，复查内容包括防冲撞姿势、情绪控制、判断情况、协助配合、组织撤离。

12．撤离前的最后准备

（1）重新检查客舱和厨房。

(2)审阅应急撤离职责和应急撤离检查单。
(3)打开应急灯,调暗客舱灯光。
(4)坐在乘务员座椅上,系好安全带和肩带。
(5)报告乘务长和机长。
(6)做好防冲撞准备。

13．撤离后清舱

(1)旅客撤离完毕后,客舱乘务员清理所负责的区域,确认无人后报告乘务长,各区域都无须帮助后即可撤离。
(2)乘务长负责客舱的最后清理,确认无人后,陆上迫降从后门撤离(L2门或R2门),水上迫降从R1门撤离。
(3)机长负责最后的检查,确认无人后,最后一个撤离。

14．水上迫降

(1)介绍座椅垫、救生衣、撤离滑梯(作为浮艇)的使用方法。
(2)为儿童及陪伴者单独介绍,儿童穿上救生衣后先充一部分气;婴儿应在迫降后将其抱离座位再充气。
(3)成年人的救生衣应在撤离至出口处再充气,否则不易迅速到达出口。
(4)救生衣必须穿在所有衣服的外面,以便救援人员识别。机组穿的救生衣为红色,旅客穿的救生衣为黄色。
(5)如果可能,尽量使一家人在一起。
(6)提醒旅客撤离飞机时应带小毯子和保暖衣服,不要带个人行李。

(四) 基本处置程序

有准备的陆地应急撤离程序如下:
(1)乘务长从机组获取紧急迫降信息。
(2)乘务长召集民航乘务员,传达紧急迫降的信息并对乘务员进行责任分工。
(3)紧急迫降前,乘务组需完成以下工作:
① 广播通知旅客航班需要紧急迫降的决定;
② 确认旅客坐好并系好安全带;
③ 收直椅背、扣好小桌板、收起脚踏板;
④ 关闭厨房电源及娱乐系统,固定客舱和厨房设备,清理出口和通道;
⑤ 按照援助者的选择方式在本航班上寻找合适的援助者并调整旅客座位;
⑥ 广播介绍应急撤离出口位置、路线;
⑦ 要求旅客取下随身佩戴的锐利物品,放松衣服、存放好行李;
⑧ 演示防冲撞姿势;
⑨ 乘务员自身准备工作完成后,报告乘务长;
⑩ 乘务组准备工作完成后,由乘务长报告机长"乘务员和客舱准备工作完毕"。
(4)防止冲撞。
① 当飞机下降到300米(1000英尺,着陆前1.5分钟),机组发出"准备冲撞"口令,

乘务员提醒旅客"系好安全带，做好防冲撞姿势"；

② 当飞机下降到 30 米（100 英尺，着陆前 15 秒），机组发出"冲撞开始"口令，乘务员必须坐在乘务员座椅上并系好安全带和肩带，高喊三遍"全身用力，Brace"；

③ 当飞机完全停稳后，乘务员提醒旅客"解开安全带、不要动、听从指挥"。

（5）当飞机着陆停稳后，机长宣布"撤离"命令。如果广播系统失效，撤离警报响或应急灯亮，乘务员应立即组织旅客撤离。

（6）开启舱门，撤离飞机。

① 判断飞机完全停稳，确认滑梯预位，观察外面的情况（如无烟、无火、无障碍物）后，打开所需要的机舱门和出口；

② 确认滑梯充气状况，指挥旅客撤离，远离飞机；

③ 旅客撤离完毕后，乘务组检查客舱后报告机长，随之带好所需物品撤离飞机；

④ 机长做最后的清舱工作并撤离飞机。

（7）应急撤离后续工作。

① 把旅客安排在远离飞机至少 100 米的安全距离之外；

② 清点旅客和机组成员人数，报告机长；

③ 组织救治伤者；

④ 发出求救信号；

⑤ 尽可能设置一名机组成员做警卫，以确保邮件、包裹或飞机各部分不受干扰。

有准备的水上撤离程序与陆上撤离程序的前 5 项基本相同，第 3 项增加了救生衣演示以及帮助旅客在舱内穿好救生衣。6、7 项程序不同，归纳如下：

1～5 项同陆上撤离程序。

（8）开启舱门，撤离飞机。

① 确认飞机在水上完全停稳后解开安全带；

② 判断水面状况，确认机舱门在水面上、分离器在预位位置后打开所需要的机舱门和出口；

③ 救生船自动充气后检查充气状况，若充气不足或未完成，则拉动人工充气手柄；

④ 救生船充气完成后，指挥旅客撤离飞机（撤离顺序：L1 门船和尾部的船最先撤离，R1 门的船最后撤离，其他各船上满载后即可撤离）；

⑤ 旅客撤离完毕后，乘务组检查客舱后报告机长，随之带好所需物品撤离飞机；

⑥ 机长做最后的清舱工作并撤离飞机；

⑦ 机上人员全部撤离后，释放救生船，并切断机体与救生船之间的连接绳。

（9）应急撤离后续工作。

① 水上撤离应选择风下侧，撤离后组织旅客在远离飞机至少 100 米的安全距离以外，离开燃油区和燃烧区；

② 组织营救落水者和救治伤者；

③ 到达安全区域后，连接救生船并固定位置，清点旅客和机组成员人数，报告机长；

④ 使用求救设备发出求救信号；

⑤ 尽可能设置一名机组成员做警卫，以确保邮件、包裹或飞机各部分不受干扰。

有限时间准备的水陆撤离程序与有准备的水陆撤离程序基本相同，乘务员工作优先次序如下：

（1）固定好客舱厨房设备；

（2）检查座椅靠背、小桌板恢复正确位置；

（3）系好安全带；

（4）介绍防冲撞姿势；

（5）介绍撤出口位置及撤离路线。

飞机着陆前和停稳后，乘务员的工作与有时间准备的应急撤离程序相同。

无准备的陆地应急撤离程序如下：

（1）乘务员迅速判断，下达系好安全带等指令，直至飞机完全停稳；

（2）呼叫机长，听从机长指令，协调应急撤离；

（3）确认或打开应急灯；

（4）开舱门前，观察外面情况，是否无烟、火或障碍；

（5）指挥旅客撤离并远离飞机；

（6）撤离后，执行有准备的应急撤离程序。

无准备的水上应急撤离程序如下：

（1）协助旅客穿好救生衣；

（2）开舱门前，观察外面情况，确认舱门在水上面；

（3）开门后，观察救生船充气情况；

（4）指挥旅客上船撤离并远离飞机；

（5）撤离后，执行有准备的应急撤离程序。

第四节　应急医疗设备及其使用

根据《大型飞机公共航空运输承运人运行合格审定规则》（CCAR-121-R5）规定，现代民航运输机上都配有应急医疗箱、急救箱和卫生防疫包，提供机上应急处理所需的药品和设备仪器。应急医疗箱、急救箱和卫生防疫包存放在机组人员易于取用的位置，并且能够防尘、防潮、防不适宜的温度造成的损坏。

一、应急医疗箱

（一）组成

应急医疗箱用于对旅客或者机组人员意外受伤或者医学急症的应急医疗处理，外形如图 6-43 所示，箱内至少配备的医疗用品和物品如表 6-8 所示。

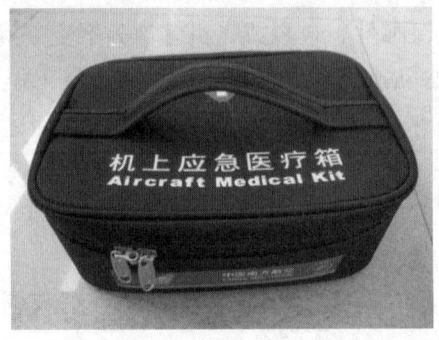
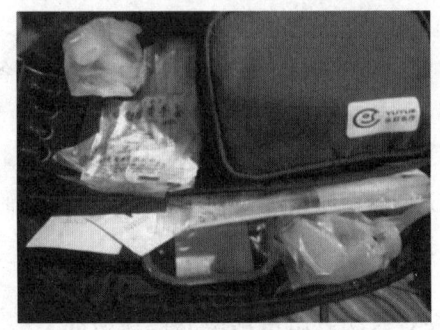

(a)应急医疗箱外形　　　　　(b)应急医疗箱内部物品

图 6-43　应急医疗箱

表 6-8　医疗用品和物品清单

序　号	项　　目	数　量
1	血压计	1个
2	听诊器	1副
3	口咽气道（大、中、小）	各1个
4	静脉止血带	1根
5	脐带夹	1个
6	医用橡胶手套	2副
7	医用口罩	2个
8	体温计（非水银式）	1支
9	注射器（2ml、5ml）	各2支
10	皮肤消毒剂	4片
11	0.9%氯化钠	至少250ml
12	1∶1000肾上腺单次用量安瓿	2支
13	盐酸苯海拉明注射液	2支
14	硝酸甘油片	10片
15	醋酸基水杨酸（阿司匹林）口服片	30片
16	消毒棉签	40支
17	箱内医疗用品清单和药物使用说明	1份

（二）使用

应急医疗箱使用注意事项如下：

（1）每架飞机在载客飞行时至少配备一个应急医疗箱以及相关医疗用品和物品；

（2）应急医疗箱用于旅客或机组人员有急重伤病的应急医疗处理；

（3）仅持有行医证明的医生可以使用应急医疗箱的物品，特殊情况下，机长有权打开并使用相关物品；

（4）使用应急医疗箱内物品应保证被帮助者或者其同行人知晓使用说明，使用处方类药品时必须经医疗专业人员诊疗后方可使用，使用非处方药应由被帮助者或者其同行人签署同意；

（5）使用应急医疗箱后，需填写一式三份的使用记录，并由机长、使用医生和乘务长签字，一份由使用医生保管，一份由乘务长保管，一份下机后上交有关部门。

二、急救箱

（一）组成

急救箱用于对旅客或者机组人员受伤后的止血、包扎、固定等应急处理，外形如图6-44所示，箱内至少配备的医疗用品如表6-9所示。

（a）急救箱外形

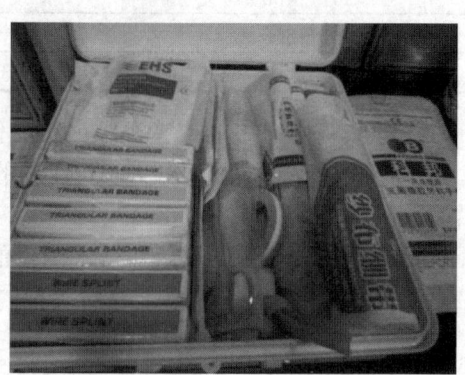
（b）急救箱内部物品

图 6-44 急救箱

表 6-9 医疗用品清单

序 号	项 目	数 量
1	绷带（5列）	5卷
2	绷带（3列）	4卷
3	消毒棉签	20支
4	敷料（10×10cm）	8块
5	三角巾	5条
6	止血带	1条
7	外用烧伤药膏	3支
8	手臂夹板	1副
9	腿部夹板	1副
10	胶布（宽度：1cm、2cm）	各1卷
11	剪刀	1把
12	橡胶手套或者防渗透手套	1副
13	单向活瓣嘴对嘴复苏面罩	1个
14	急救指导	1份
15	事件记录或机上应急事件报告单	1本

（二）使用

急救箱使用注意事项如下：

（1）每架飞机在载客飞行时至少配备的急救箱数量如表 6-10 所示，并均匀放在飞机客舱前后指定位置；

表 6-10　急救箱数量清单

客舱座位数量/个	急救箱数量/个
100 以下（含 100）	1
101～200	2
201～300	3
301～400	4
401～500	5
500 以上	6

（2）急救箱用于旅客或者机组人员受伤时止血、包扎、固定等应急处理；

（3）经过急救训练的乘务人员、在场的医务人员或经过专门训练的人员均可打开并使用箱内物品；

（4）使用急救箱后，需填写一式两份的使用记录，并由机长和乘务长签字，一份由使用人存留，一份留箱内下机后上交有关部门。

三、卫生防疫包

（一）组成

卫生防疫包用于清除客舱内血液、尿液、呕吐物和排泄物等潜在传染源，外形如图 6-45 所示，包内至少配备的医疗用品如表 6-11 所示。

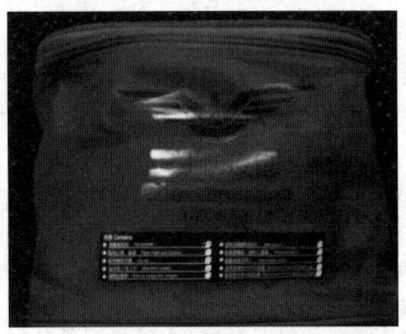
（a）卫生防疫包外形

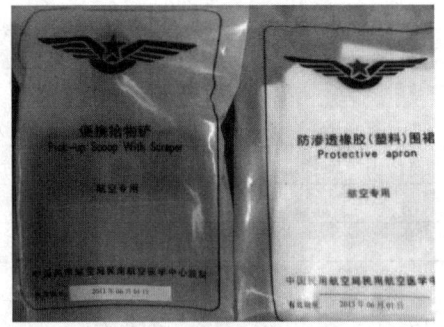
（b）卫生防疫包内部物品示例

图 6-45　卫生防疫包

表 6-11　医疗用品清单

序　号	项　　目	数　　量
1	液体、排泄物消毒凝固剂	100 克
2	表面清理消毒杀菌剂	30～50 克
3	皮肤消毒擦拭纸巾	10 块
4	医用口罩和眼罩	各 1 副
5	医用橡胶手套	2 副

续表

序号	项目	数量
6	防渗透橡胶（塑料）围裙	1条
7	大块吸水纸（毛）巾	2块
8	便携拾物铲	1套
9	生物有害物专业垃圾袋	1套
10	物品清单和使用说明	1份
11	事件记录或机上应急事件报告单	1本

（二）使用

卫生防疫包使用注意事项如下：

（1）每架飞机在载客飞行中卫生防疫包不少于每100个旅客座位1个（100座以内配1个，B737-800配有2个），存放在前舱指定位置；

（2）卫生防疫包用于清洁、消除客舱内具有潜在可传染性的血液、尿液、呕吐液等时候使用，并在护理可疑传染病病人时提供个人护理；

（3）经过消毒隔离知识、消毒器械操作培训的乘务员和具有相应专业资质的人员方可使用卫生防疫包，严格按照使用说明操作，避免二次感染；着陆后交由地面卫生防疫部门处置消毒防疫工作；

（4）填写"机上应急医疗事件报告单"，报相关部门处理。

 **思政拓展**

男孩在航班中发病，中外医生联合急救

背景资料：

北京时间2017年12月14日9:00左右，南航CZ326航班从悉尼机场起飞前往广州。两小时二十分钟后，上舱三区乘务员给前舱打来电话说，有一对澳大利亚籍夫妻旅客在客舱求救，他们的孩子服用自己携带的坚果后可能出现过敏反应，呼吸困难。主任乘务长勾蕾得到信息后立即启动机上应急救护程序，第一时间通过广播寻找医生。这时，一位中国籍旅客医生和一位美籍亚裔旅客医生迅速联系乘务员。经过医生对孩子父母的询问和认真的诊断，医生觉得这名儿童是哮喘症加上坚果过敏反应引起全身过敏及呼吸道过敏，乘务组拿来应急医疗箱取出肾上腺素并做好所有记录和填写所有所需单据，并问询客舱的其他乘客有无帮助缓解的药物为患儿进行救治，之后，儿童转危为安。

资料来源：王天琪．男孩航班上发病，中外医生联合急救[EB/OL]．（2017-12-18）[2024-05-15]. https://baijiahao.baidu.com/s?id=1587083660315052274&wfr=spider&for=pc.

思政启发：

启发1：特殊情况面前，勇于担当

乘务员的职责包括为旅客提供优质的服务，确保旅客出行舒适与安全，以及处理突发事件。当机上突发特殊情况时，乘务员既是守护旅客的战士，也是协助机长的得力助手，勇于担当是乘务员的职责所在。本次事件中，南航乘务长反应迅速：寻求医生、紧急救护、

填写记录等工作有序进行，可见其业务娴熟，具有过硬的应急事件处置能力。

启发 2：救死扶伤，大爱无疆

本次事件中，机上协助施救的旅客医生来自不同的国家，但都在危难关头伸出援助之手，救死扶伤，大爱无疆。

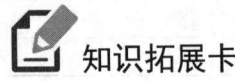 知识拓展卡

未来客舱设施设备发展

未来，客舱设施将朝着高效节能、绿色环保、更人性化的方向发展。这主要集中在客舱的设计方面，例如，在一安静舒适的环境中，安装新型 LED 灯管，这不仅能大大减少使用传统灯管所需的发电量，还能降低发动机发电机的负荷。同时，如果舱内照明设施布置得当，灯光会照射在侧壁的弧面上，使客舱内光线更加柔和。在客舱顶部设置不同亮度的灯光，可以营造出昼夜的视觉氛围，帮助乘客调节时差。每个厨房都配备了吧台和冰箱，为长途旅行者增添了一些乐趣。未来，客舱设备将实现模块化，这可以降低客舱设计的时间和费用。模块化的客舱设计理念能最大限度地增加旅客的个人空间和随身行李空间，为航空公司在最初配置客舱时提供更大的灵活性。经济舱仍然采用最早设计的过道两侧的双座设计，这种设计可以提高乘客的舒适度和上下机的效率。此外，通过重新设计窗户，客舱在视觉上得到了扩展。客舱还配备了航空硬件设备，通过智能加固硬件设备，可以大大减少空乘人员的工作量，并为乘客提供最大的便利。当然，客舱座椅的发展将更贴合生态原则，采用自我净化的高效材质，更加洁净，并能依据乘客的需求轻松改变外形，提供更好的舒适感。目前，客舱座椅是一个不可变的座椅，座椅罩中有海绵垫。使用一段时间后，空气中会飞扬灰尘和棉绒，影响舱内空气的清洁度。并且，座椅的外形和尺寸都是一样的，这对那些体型偏胖的乘客来说可能会感到不适。新型主动可变形座椅的应用将彻底适应各种身材乘客的座椅空间需求。新座椅还将采用自净化功能，以始终确保机舱的空气质量。新座椅还可以依据乘客的需求控制按钮以实现 360 度自由扭转，让乘客随时与朋友自由交流。现在，3D 打印技术也越来越成熟，一些航空公司将利用 3D 打印技术为特殊客舱打造独特的客舱座椅。与传统的金属框架座椅相比，它的重量会减轻许多，选择座椅的成本也会降低许多。无论座椅的开发如何演变，目标都是在有限的空间内为乘客提供最舒适的座椅，并将越来越多的功能性控制融入座椅中，实现乘客在飞行过程中所需要的各种服务。

资料来源：1. 李璇. 飞机客舱内饰的未来发展方向[EB/OL].（2018-08-13）[2024-05-15]. https://www.sohu.com/a/340305940_120333406.

2. 李静. 智慧客舱，科技向善：计算机网络技术在现代客舱管理中的前景及应用[EB/OL].（2021-10-29）[2024-05-15]. http://att.caacnews.com.cn/zsfw/kjrs/202110/t20211029_59524.html.

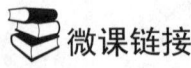 微课链接

本章授课与学习思路引导

推荐阅读

1. 张丰紫等. 智慧+服务 擦亮中国民航品牌[N]. 中国民航报, 民航新闻, 2023-05-10.
2. 李航. 航空应急救援现状及发展策略[J]. 科技创新与应用, 2019（6）：135-136.

本章总结

本章学习了机上通用应急设备，从乘务员使用角度阐明了应急供氧设备、灭火设备、应急撤离设备、应急医疗设备的种类、功能和使用方法。

思考与复习

思考题

1. 机上应急设备通常在什么位置？
2. 机上应急设备实用技能与客舱安全有什么关系？

复习题

1. 机上应急供氧设备有几种？适用条件和对象是什么？
2. 客舱火灾类型有哪些？用什么灭火设备？
3. 机上应急撤离设备有哪些？分别适用于什么情况？
4. 机上应急医疗设备有哪些？分别适用于什么情况？

第三篇
客舱设备管理

第七章 客舱设备管理的法规与规范

【学习目的】

规则与制度是民航安全的生命线,"欲安全,必规范"是大量在血的教训的基础上总结出来的"法宝"。在复杂的飞机系统中,客舱设备与乘务组、旅客直接联系,使用与操作有严格的要求和规定,按规则操作、按规则处理问题是民航不可动摇的思维模式,按规则管事、按程序办事、按规范操作已经成为民航人的铁的纪律,并成为自觉行动。只有将客舱安全规则、规范内容内化于心,外化于行,才能发挥客舱设备的应有的作用。通过本章的学习,应达到以下目的:

1. 理解客舱设备管理的内容;
2. 理解客舱设备管理法规及规章;
3. 掌握乘务组的客舱设备使用责任与分工;
4. 了解客舱设备使用资质与如何获得这些资质;
5. 理解客舱设备操作失误的原因与预防。

【核心思想】

1. 客舱设备作用的发挥需要科学的管理,"管"是为了有效地"用";
2. 客舱设备法规制度是客舱发挥作用的保障,依法依规是客舱设备管理与使用的基本特征;
3. 客舱设备是在科学分工与责任划分基础上的协调与合作,各尽其责才能发挥客舱设备的整体效能;
4. 严格的培训与资质的审核是最基础的工作,忽视就等于放弃客舱安全的一道防护网;
5. 客舱设备使用的重要性决定了减少操作失误需要提高技能培训和提高心理素质。

【素质目标】

1. 树立法律观,规范观;

2. 塑造自身从业民航的素质。

【能力目标】

1. 法规和规范的执行能力；
2. 独立担当与合作能力。

【引导案例】

机身一道微小的裂痕导致客舱天花板解体

美国阿罗哈航空243号是从夏威夷希洛飞往檀香山的定期航班。1988年4月28日，执飞航班的波音737-200型客机从希洛机场起飞，爬升后达到了7315.2米的巡航高度，突然客舱内传来一声巨响。爆炸性减压瞬间将飞机顶部撕裂开一个大洞，驾驶舱后方延伸至机翼5.6米长的飞机蒙皮消失了，爆炸瞬间便将一名56岁的乘务员科莱博·蓝星（Clarabelle Lansing）吸出舱外。机上剩余的93名乘客命悬一线，客机前五排的座椅全部暴露在空中。乘客虽然躲过了灾难初期的强大气流，但是此时机舱已经完全失压，他们仍然危急重重，缺氧和严寒都有可能导致他们丧命……最富戏剧性的转折是飞行员在险象迭生中将客机平稳降落在卡富鲁伊机场。不可思议的背后，除了得益于机长高超的驾驶技术和茂伊岛的强风的平息，正是安全带保护了大家的性命。图7-1所示为失去天花板的阿罗哈243号和惊魂未定的乘客。

图7-1 失去天花板的阿罗哈243号和惊魂未定的乘客

经调查，事故是由裂缝氧化导致金属疲劳引起的，而之前没有被检查出来，并且有一名乘客登机时发觉机身有裂痕，可能造成危险，但他并没有告诉任何人。裂痕位于登机门附近，此裂痕很可能就是飞机经过89 090次飞行后所造成的金属疲劳。可见，飞机的检查事关旅客的生命安危，不可有丝毫疏忽。

资料来源：龙腾. 阿罗哈航空243号班机事故[EB/OL]. https://baike.baidu.com/item/%E9%98%BF%E7%BD%97%E5%93%88%E8%88%AA%E7%A9%BA243%E5%8F%B7%E7%8F%AD%E6%9C%BA%E4%BA%8B%E6%95%85/3662402?fr=ge_ala.

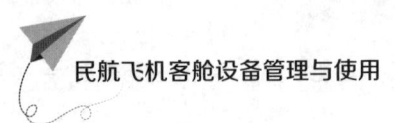

民航飞机客舱设备管理与使用

第一节 客舱设备管理的概念与内容

一、客舱设备管理

客舱设备管理需要从两个层次去理解：一是从航空公司整体角度，二是从客舱设备的使用角度。

（一）广义的客舱设备管理

从航空公司整体角度看，客舱设备管理是指为了保证客舱设备符合飞行运行的适航条件，对客舱设备实施的整体管理，包括维护、维修、使用前的检查和使用过程的事故反馈。

广义的客舱设备管理符合一般设备管理的一般规律，它是一个全过程的、全面的、全员的管理，需要遵守客舱设备管理的法律、规范，通过实施有效的管理过程，保证客舱设备处于完好的可用状态。其管理的主体是航空公司、机务部门和机组成员，也包括特殊设备使用中的相关旅客。

（二）狭义的客舱设备管理

狭义的客舱设备管理是指根据客舱设备使用的技术要求和客舱服务规范对客舱设备用前维护，飞行实施阶段的设备检查、规范使用以及故障反馈等活动。

狭义的客舱设备管理面对的是客舱设备的实际使用，按适航标准，由机务人员进行维护，使设备航前处于完好的可用状态，在飞行的直接准备阶段，由机组成员实施客舱设备检查并进行必要的操作，确认客舱设备处于可用状态，随时发挥客舱设备在安全方面和服务旅客的作用。

二、客舱设备管理的内容

客舱设备管理是指客舱设备处于完好的可用状态，随时可以发挥客舱设备在安全和服务旅客方面的作用。解决怎么使客舱设备处于良好状态，包括客舱设备的维护与维修、发现客舱设备存在的问题——客舱设备检查，及时汇总与反馈；客舱设备的"管"围绕着"用"而展开，为用而管，没有管理，使用也无法得到保证。

（一）保障客舱可用状态

保障客舱设备可用，是通过两个环节来实现的，其一是机务的保障环节，其二是机组按规范做航前检查工作。

1. 航线机务的保障环节

一般在航后到航前期间，由机务人员进行航后维护，分为例行工作、非例行工作以及排故工作。例行工作指航后反复重复的常态化工作维护，包括绕机检查、驾驶舱检查与飞机各系统测试，客舱设备检查以及一系列勤务工作；非例行工作指由于时间、人力、钢材、工具、设备等条件限制导致的遗留工作，经过工程师的评估，保证飞机在适航的前提下开出"非卡"，组织机务人员进行维护；排除故障工作就是要解决例行检查时发现的缺陷。客舱记录本上机组或乘务员留下的飞机存在的缺陷记录通常是描述性的，如"机长与副驾驶高度表指示有偏差"的描述，机务人员就要根据这个故障描述进行故障排除，直到飞机处于适航状态，达到放行要求。

对飞机短停过站航班，除了要完成绕机检查，机务人员还要进行客舱设施设备检查和驾驶舱检查，确保飞机适航后才可以签字放行。

2. 航前检查

这是机组直接准备阶段的主要工作。机组完成航前检查，做好航前准备。航前准备的工作内容很多，其中设备检查是检查飞机设备：

（1）飞行机组的工作：登机后，机长穿着反光背心下飞机做机外检查，副驾驶检查驾驶舱基本设备（氧气、逃生斧、逃生绳等），然后在飞行管理计算机内输入飞行计划。机长做完机外检查后核对副驾驶输入的飞行计划，副驾驶再次进行机外检查。

（2）乘务组的工作：乘务员完成预先准备阶段后，一般需要提前一个半小时到飞机上检查客舱的各种设备，主要包括出口的可靠性，对客舱紧急设备和其他服务设备进行检查，在检查结束后，须将检查情况通告机长，发现有不能使用的马上通知机务上机进行修理，以保证所有客舱设备符合飞机要求，之后乘务员须按照客舱服务规范进行清舱，根据机长发布的上客指令，准备后续航程。

（二）保障设备放置位置正确

每一个客舱设备都具有独特的功能，特别是应急设备，它们放在特定的区域和位置。要发挥客舱设备最大的作用，要求每一个客舱设备不仅完好，也必须按规定正确摆放。

（三）保障设备周围环境无干扰

客舱里的每一个物品的放置都非常讲究，因此，客舱里不能随意增加或减少摆设的物品，否则有可能影响飞行安全。如任何物品都不能放置在影响机组接近应急设备或遮挡旅客看到信号指示牌的任何区域内；任何物品都不能占用使用出口或机上通道。另外，应急出口座位的安排看似小事，关键时候却事关重大，如果临近座位的旅客不能正确履行责任，就可能成为设备使用的障碍，而非援助者。

（四）保证设备故障及时反馈

对客舱设备的使用，一是航前检查时及时维修，二是航后填写飞行记录，对客舱设备问题进行反馈，便于机务维修。将故障填写于《乘务日志》和《客舱维修记录本》；对影响旅客使用的设备，需要采取措施告知，如设置"故障标牌"；客舱乘务员折叠式座椅发生故障，需要在故障座位明示：限客舱乘务员使用；不可或缺的设备出现故障时，必须采取替代方案，如驾驶舱/客舱内话机出现故障时，可使用旅客广播系统，或乘务组与驾驶舱制定另一种通信联络方式；等等。

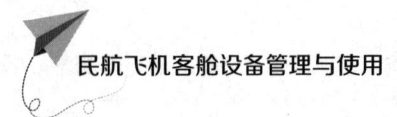

（五）乘机旅客的协同配合

广义地讲，旅客是乘机旅行的享受者，但从客舱设备使用来说，他们不是旁观者，更不是有意无意之间客舱设备失效的行为者，而应该是协同配合者。这需要加强乘机旅客的教育，普及关于客舱设备的常识，全员提高民航基本知识。

有一个典型的案例，某航空公司机务人员在对波音 737-500 型飞机进行航后例行检查时，发现该飞机左侧应急窗口的遮阳板严重破损，在客舱的 62 块遮阳板中，有两个应急门上的遮阳板结构复杂。工作人员经过拆卸应急门、装饰板、封严条、窗框等一系列烦琐工序后，竟吃惊地发现，一张当天的报纸被夹在了遮阳板的滑槽内，技术人员维修时花了近两个小时，直接经济损失达 2340 元人民币。从该遮阳板的折痕分析，不排除因乘客随意用报纸遮光，不慎将报纸滑入缝隙处，在未告知乘务员的情况下，又擅自用力收放导致遮阳板损坏。仅仅 0.3 元一张的报纸紧紧地卡入飞机应急窗口，带来的也许是灾难性的潜在安全隐患，一旦玻璃破损，将会造成机舱释压的严重后果。

第二节　客舱设备管理法规及规章

交通部 2021 年颁布的第七次修订的《大型飞机公共航空运输承运人运行合格审定规则》（CCAR-121，简称《规则》）中，除机上飞行设备外，对客舱设备配置提出了明确规定，要求加强客舱设备的管理，特别是应急设备的管理，制定应急和安全设备的清单及其使用说明。同时，各航司制定了客舱设备操作规范、客舱设备检查标准和差错管理规定。

一、客舱设备的配置与管理

（一）应急设备的配置与管理

1. 只有装备符合标准的应急设备的飞机，方可按照本规则实施运行

（1）依照运行规范中规定的检验周期予以定期检验，以确保其处于持续可用和立即工作的状态，执行其预定的应急用途；

（2）位于客舱的设备应当易于旅客取用；

（3）具有清楚的标识和标记，指明其使用方法，文字说明应当至少有中文；

（4）当装在某一舱室或者某一容器中时，在该舱室或者容器上易于观察的地方至少用中文标明其所装物品以及上次检验的日期。

2. 驾驶舱、客舱、厨房内的灭火设备的配置与管理

（1）厨房隔舱。对于位于客舱、货舱或者驾驶舱之外的每个隔舱内的厨房，应当至少装备一个便于厨房取用的手提灭火器；

（2）驾驶舱。驾驶舱内应当至少装备一个便于飞行机组使用的手提灭火器；

（3）客舱。在客舱使用的手提灭火器应当放置于方便拿取的位置。

3. 急救和应急医疗设备与防护手套配置管理

必须按规范要求配备急救药品、器具和手套。如配置急救箱，按旅客座位数配置，0～50个座位配置1个；50～150个座位配置2个；151～250个座位配置3个；超过250个座位配置4个。每架飞机在载客飞行时应当至少配备一个应急医疗箱，并存放在机组人员易于取用的位置。

（二）附加应急设备配置与管理

在许多航空公司的应急设备分类中，把应急撤离设备纳入附加应急设备系列。

（1）应急撤离设施在起飞和着陆期间应当处于待命状态。

（2）机内应急出口标记要求每个旅客应急出口本身及其位置应能从客舱宽度距离上清晰辨认。每个旅客应急出口的所在位置应当用机上人员能看到的沿客舱主通道的标志指明，并配置出口标志的照明。

（3）应急出口操纵手柄。当任一操作手柄或者操作手柄外罩的发光度（亮度）降至100微朗伯以下时，该手柄或者手柄外罩不得继续使用。

（4）手电筒、应急灯必须处于可工作状态。

（三）卫生间防火设备配置与管理

（1）除经局方批准外，按照本规则运行的载客飞机应当在每个厕所装备烟雾探测系统或者等效装置，并能在驾驶舱提供警告灯光，或者在客舱中提供易于客舱机组发现的警告灯光或者音响警告。

（2）除经局方批准外，按照本规则运行的载客飞机应当在每个厕所每个处置纸制品或者废物的容器内配备内置式固定灭火器。该固定灭火器必须设计成当容器内失火时，能自动向容器内喷射灭火剂。

（四）座椅、安全带配置与管理

（1）可以供机上每一个2周岁以上人员使用的经批准的座椅或者卧铺，单独使用的经批准的安全带；2周岁以下或航路飞行可以按规定另行执行；

（2）在每个无人乘坐的座椅上，若装有安全带或者肩带装置，则应当将其固定好，使其不妨碍机组成员执行任务或者应急情况下人员的迅速撤离。

（五）供氧与呼吸保护装置配置及管理

（1）每个飞行机组成员都应当对其所使用的氧气设备进行飞行前检查，以确保氧气面罩功能正常、固定合适，并连接到适当的供氧接头上，且供氧源及其压力适于使用；

（2）每个飞行机组成员都应当对其所使用的氧气设备进行飞行前检查，以确保氧气面罩功能正常、固定合适，并连接到适当的供氧接头上，且供氧源及其压力适于使用。

二、航空公司的客舱设备的差错管理

在客舱设备管理中，与飞行差错管理一样，必须对操作差错进行管理，以分清危害，总结原因,杜绝差错再次发生。在客舱安全差错标准中,通常把差错分为严重差错和一般差错两种。

(一)严重差错

(1)擅自移动机上设施、设备,造成航空器损坏或人员受伤;
(2)各种舱门、盖板等未关好或锁好,航空器起飞;
(3)机组或旅客行李放在客舱过道、出口以及没有限动装置的隔间,造成后果;
(4)未按规定程序操作舱门,造成滑梯未预位,航空器起飞;
(5)未按规定巡视客舱,包括出口、厨房及洗手间,并且造成后果。

(二)一般差错

(1)各种舱门、盖板等未关好或锁好,航空器滑出;
(2)未按程序操作,造成救生筏、滑梯、浮筒等设备充放;
(3)未完成飞行前服务设施和应急设备的检查;
(4)未按规定向旅客进行安全介绍,致使旅客打开航空器紧急门(窗);
(5)机组或旅客行李放在客舱过道、出口及没有限动装置的隔间;
(6)未按规定程序操作舱门,造成滑梯未预位,航空器滑出;
(7)未按规定巡视客舱,包括出口、厨房及洗手间;
(8)未按规定程序操作舱门,航空器无地板高度出口时,滑梯未预位;
(9)未按规定检查和填写《客舱设备记录本》。

第三节 乘务组客舱安全设备管理的分工与职责

一、乘务组内涵

(一)乘务组定义

《国际民航公约》附件6对客舱机组做出了明确定义:"为了乘客的安全,受运营人或机长指派执行值勤任务,但不得作为飞行机组成员的机组成员。"AR-121-R4规章对客舱乘务员的定义是:"出于对旅客安全的考虑,受运营人指派在客舱执行值勤任务的机组成员。"这些规章都明确了在航空器上配备客舱乘务员的主要目的是出于保障飞行安全的需求,客舱乘务员的主要职责是保证航空器和所载人员的安全。

(二)客舱乘务员的定位

客舱乘务员是机组的必须成员,是保证飞行安全的人员之一,其角色定位首先是安全职责,即保障客舱安全。飞行全程应严格落实安全标准与规范,在机长的领导下,协助机长和空中安全保卫人员工作,切实保障自身、全体乘员和飞机的安全,当安全责任与服务责任出现冲突时,首先履行安全责任。

乘务员——客舱内的灵魂人物，我们需要以客舱安全管理为基础，提高业务水平，按流程规范操作，肩负起客舱内部安全以及对旅客进行安全管理的重任。客舱安全取决于乘务人员和旅客的相互理解和相互配合，所以乘务人员不仅要做好本职工作，还要担负起管理、引导旅客，建立安全协助关系的责任。

二、客舱乘务组成员客舱设备操作及管理职能

乘务组成员客舱设备操作及管理职能均在不同号位乘务员的岗位职责中体现，体现在B737-800机型各号位乘务员的责任（见第五章表5-2）及A320客舱乘务员岗位职责（见第五章表5-4）。

第四节 客舱设备使用资质与获得

凡是使用客舱设备的人，必须是具有使用能力的人，而是否具备使用能力的衡量体系就是资质准入，即通过客舱设备使用培训、实训和考核获得等级资质。获取资质的完整、科学、严谨的培训、考核及审核体系，为民航旅客出行筑起一道安全屏障。

一、资质种类

目前，客舱乘务员的客舱设备使用与操作的资质包含在客舱乘务资质中，类别包括客舱乘务员、客舱乘务员教员和客舱乘务检查员。

（一）客舱乘务员

客舱乘务员泛指飞行期间在飞机上履行客舱安全职责的机组成员（含同时履行安全保卫职责的客舱乘务员）。客舱乘务员完成初始训练并通过放飞资格检查后，航空公司为其颁发客舱乘务员训练合格证。

（二）客舱乘务员教员

客舱乘务员教员指满足相应经历要求的，在航空公司经批准的训练大纲中承担客舱安全训练与教学任务的人员。

（三）客舱乘务检查员

客舱乘务检查员指满足相应经历要求的，经局方认可，在航空公司经批准的训练大纲中履行航空公司客舱安全资格检查职责的航空检查人员。

二、乘务员资质获得

（一）初级乘务员

1. 岗前培训获得培训合格证

凡符合民航局客舱乘务员招聘条件的乘务员，必须按局方批准的乘客乘务员培训大纲，

接受具有民航局办法的培训资质，且在所服役的航空公司认可的培训机构的培训中心培训与考核，并由民航局审核颁发乘务员初始训练合格证。

2. 客舱乘务员资格获得

具有培训合格证的新聘客舱乘务员需要经过航线飞行资格检查，即在局方认可的客舱服务检查员的监督下，履行规定职责至少 5 个小时的飞行时间，经资格审查合格后，方可获得乘务员资格。

（二）客舱乘务员培训种类

（1）新雇员训练；
（2）初始训练；
（3）差异训练；
（4）转机型训练；
（5）定期复训；
（6）重新获得资格训练；
（7）按 CCAR-276 部规定应当进行危险品运输训练的训练。

（三）不同航空公司资质差异

目前，由于不同航空公司的机型、服务规范以及培训大纲的差异，不同航空公司客舱乘务员资质还没有做到互认。

（四）培训机构的资质

客舱乘务员的培训均应由获得局方颁发的培训资质的机构完成，一般航空公司均设有资质培训机构，一般高校的培训中心或没有取得民航局颁发的培训资质的培训，目前只能作为基本技能训练，而不能作为乘务员上岗资质。

目前，资质培训机构可以完成：飞行培训、乘务培训和职业培训。主要包括乘务新雇员训练、初始训练、应急生存训练、定期复训、转机型训练、差异训练、重新获得资格训练、国内/国际（地区）头等（公务）舱乘务员资格训练、国际（地区）航线乘务员资格训练、国内航线乘务长/带飞教员资格训练、国际（地区）航线乘务长资格训练、乘务理论教员资格训练、乘务检查员资格训练等。

（五）培训资质的获得

凡资质培训机构，必须按局方规定，由第三方专业评估机构按民航局《客舱训练设备和设施标准》的规定，对客舱训练设备和设施进行评估，这保障了训练机构的训练设备和设施符合局方要求。目前，绝大部分的培训机构均是各航空公司的附属机构，独立于航空公司以外的培训机构较少，这也是目前航空服务资质培训领域的特点之一。

第五节 客舱设备使用失误的原因与预防

一、客舱设备使用失误的原因

(一) 岗位训练不足

伊春空难的调查结论中指出:"对乘务员的应急培训不符合民航局的相关规定和河南航空训练大纲的要求。负责河南航空乘务员应急培训的深圳航空乘务员培训中心没有 E190 机型舱门训练器和翼上出口舱门训练器,乘务员实际操作训练在 E190 机型飞机上进行,并且部分乘务员没有进行开启舱门的实际操作训练。河南航空采用替代方式进行乘务员应急培训,没有修改训练大纲并向民航河南监管局申报,违反了民航局《客舱训练设备和设施标准》和《关于合格证持有人使用非所属训练机构乘务员训练有关问题》等相关规定,影响了乘务员应急训练质量,难以保障乘务员的应急处置能力。"

(二) 规范执行不严格

对于制度的坚决执行是保障安全的前提,任何操作流程均需要严格按照规定程序进行标准化作业,"听—看—想—动—查—说"这六字开门,已经是每次航前准备会必讲的内容,但在实际操作的过程中,仍然存在走过场的现象。

又比如自查互查:是否真的做到了在落地开门前互相确认红色飘带可见?有些情况下,大家觉得自查互查只是一个形式,并没有严格按照六字开门方针进行机门操作,因此,也就留下了安全隐患。

在乘务员提高自律的同时,客舱经理与乘务长是否真正担负起管理与督导职责也是很重要的环节。严格按照程序操作,通过自查与互查有效建立了自我与外部监督体制,才能有效杜绝产生紧张心理而造成的操作差错。

(三) 乘务员心理素质

1. 客观的外部环境压力

比如当时的时间(下午容易烦躁、深夜容易疲倦)与气候影响,拥挤的客舱环境,吵闹的旅客,工作人员之间的相互影响等,这些客观存在的外部环境因素将会对乘务员造成一定的心理压力。

2. 主观认识偏差

主观认识偏差又包括:

(1) 对手册规章了解不充分,对"听—看—想—动—查—说"这六字开门方针的理解还不够透彻、操作还不熟练导致不自信,从而造成紧张心理,尤其是刚刚参加工作的新乘务员容易出现这种情况;

(2) 对后果的过分关注(恐惧/担心),导致对开门操作失误后果的强烈自我暗示,例如,总是想着"如果放出滑梯会被扣多少分?""如果放出滑梯会不会待岗培训、会不

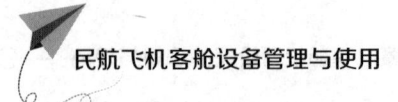

会被开除？"从而造成巨大的心理压力，导致产生紧张情绪；

（3）同时忙碌于多项工作而导致思想无法高度集中，在要求进行开门操作时无法进行充分的准备以及时进入状态，从而导致紧张。

显然，无论何种原因造成的开舱门操作中的紧张心理都会对工作的正常进行造成严重影响。这是因为，强烈的紧张与过大的压力会伴随生理唤醒，导致暂时性的功能失调反应。一方面，心跳加快、血压上升、呼吸急促、肌肉紧张，这些生理唤醒往往难以控制；另一方面，还会出现思维和动作不同步。这就是通常人们在紧张时容易产生的"大脑一片空白""双手不听使唤"现象。

在客舱内，由于环境嘈杂拥挤，乘务员工作强度大、节奏快、标准高，因此，在极端情况下往往容易造成高度的生理唤醒，导致操作失误、程序遗忘、错位。

从心理学的角度讲，客舱服务中的重要设备操作，由于精密性、准确性的要求高，需要调动更高级的逻辑判断功能并协调动作，需要左右脑的高度协调配合，需要精神意志的高度专注与集中。

乘务员在承受巨大压力与紧张情绪的情况下，如果不能及时调整心理状态，就容易在操作中忽略选择最合理的技术动作，遗忘程序，或思想与身体动作不协调，最终导致误操作。

二、客舱设备使用失误的预防

（一）不断强化自身业务水平，增强自信，避免紧张

无论是刚参加工作的新乘务员，还是资深乘务员，对于"安全"这一关系到生产运行命脉的永恒话题，时刻不应放松。

（二）严格执行"听—看—想—动—查—说"开门程序

对于制度的坚决执行是保障安全的前提，任何操作流程均需要严格按照规定程序进行标准化作业，"听—看—想—动—查—说"这六字开门已经是每次航前准备会必讲的内容，但在实际操作的过程中，仍然存在走过场的现象。

（三）在机门醒目位置贴上开门时的注意事项

在每个机门的醒目位置贴上开门时的注意事项，这样可能会成为每位乘务员在执行开门操作时的一个很好的提示工具，航空公司对于刚刚上岗的新乘务员在执行开门操作时有明确要求：在上岗后的半年内需要携带开门检查单，然而在实际操作时，既要对照检查单，又要进行开门操作，容易分心。

（四）执行"两人制"开门时，向开门的乘务员复述机门情况

"两人制"开门的实行的确有助于降低开门误操作的概率。但是如果对方乘务员能在可控制机门开启的范围内向开门的乘务员复述机门的情况，比如：待命把手在非待命位，红色飘带可见，开门时请轻拉慢提，这无疑能在开门前的最后一刻提醒开门的乘务员，制止开门误操作导致滑梯冲出事件的发生。口头提醒比目视监控更有效，因为，通过语言能

够给予对方更加清晰的确认，在意识中形成更加强烈的反射。

（五）对于刚上岗的新乘务员，进行开门操作指导

在直接准备阶段，客舱经理（带班乘务长）对于刚刚上岗的新乘务员给予开舱门程序的指导，这样能使新乘务员在实际操作过程中更好地掌握操作程序，避免失误的发生。在单通道飞机上，可以由资历比较老、经验比较丰富的乘务员担任双门操作的号位。

（六）通过持续性的心理暗示，使乘务员形成条件反射

在以往发生的开舱门操作失误导致滑梯放出的案例中，可以发现一些由于乘务员在非常态的情况下打开舱门的案例，比如由于疏忽而导致忘记进行相应的检查程序，从而导致错误发生。

例如：在客舱靠桥后，外部有工作人员敲门请求进入客舱进行作业。特殊情况是无法避免的，那么，如何使乘务员对开舱门这一操作产生一种条件反射就值得我们去思考。例如：可以通过制定一种简单明了，但针对性极强、蕴含强烈暗示的"关键语句"来反复暗示，作为一种与开舱门操作相关联的条件，比如"开门要确认"或者"先看红飘带"。

通过不断地、强烈的心理暗示，形成条件反射，使乘务员在准备进行开舱门操作时，潜意识中就能立即反射出相应的"关键语句"，从而由"关键语句"联系到开门操作的相关流程，避免误操作的发生。

思政拓展

法规的红线不容践踏——非机组成员非法进入驾驶舱的警示

背景资料：

2019年1月4日，一名女乘客进入桂林空GT1011航班的驾驶舱喝茶、拍照，还发了自媒体。图片中，一名穿非航空制服、未带任何证件的年轻女性在飞机驾驶舱中单手做"V"型手势拍照。这表明有无关旅客在商业航班中进入驾驶舱，并在驾驶座就座。多位飞行员表示，根据网传图片中飞行通话频率、油门位置、水杯茶具等细节判断，应该确有其事。

该事件引发了大众的广泛关注，严重影响了民航的形象。人民日报微博也专门发文进行了评论："你开心了，谁能放心！"桂林航空官方微博表示针对机长违规让无关人员进入驾驶舱的行为，桂林航空决定对当事机长做出终身停飞的处罚，公司的相关责任人也受到了相应的处罚。

资料来源：伊萱. 逾越民航法律"红线"必受惩罚[EB/OL]. （2017-01-13）[2024-05-15]. http://www.caacnews.com.cn/zk/zj/qunyantang/201701/t20170113_1208337_wap.html.

思政启发：

非机组成员非法进入驾驶舱事件看起来并不复杂，在严格的民航安全管理背景下，仍有发生，它带来的舆论界的热炒不是简单的问题，发人深省，耐人寻味，是客舱安全之忧。

启发1：民航规章此时丢到哪里去了？

启发 2：为什么会发生在这家航空公司？这个机长的身上？
启发 3：这位"魄力"乘客的所作所为说明了什么？
启发 4：机组成员如何增强民航安全意识？

知识拓展卡

客舱设施卓越进步奖和创新服务奖

CAPSE 航空服务奖（CAPSE Aviation Services Awards）是权威、公正的航空服务类奖项，为了促进中国民航提升服务和表扬优秀民航实体而设立，主要测评维度包括客服与票务、空乘服务、机上广播、机上餐饮、客舱设施与环境、机上娱乐、值机与离岗、行李服务、不正常航班保障等。CAPSE 航空服务奖中的各大奖项主要根据旅客点评数据进行测评分析产生，旅客的每一次航班点评都是决定奖项归属的重要参考标准。CAPSE 航空服务奖 2014 年诞生，至今每年举办一次，航空服务奖始终代表着旅客真实的声音，也是旅客对于民航服务肯定的体现。航空服务奖项中设立了"客舱设施卓越进步奖和创新服务奖"，对那些采用行业领先的、优质的机上软、硬件服务设施的航空公司进行表彰：天津航空有限责任公司荣获 CAPSE 2016 年度客舱设施卓越进步奖；中国东方航空荣获 2017 年度客舱设施卓越进步奖和创新服务奖；昆明航空公司荣获 CAPSE 2018 年度客舱设施卓越进步奖；河北航空荣获 CAPSE 2019 年度客舱设施与环境提升卓越奖。

微课链接

本章授课与学习思路引导

推荐阅读

1. 王蕾. 南航应用 APS 理论打造优质客舱环境[EB/OL]. （2017-06-22）[2024-05-15]. http://www.caacnews.com.cn/1/6/201706/t20170622_1217407.html.

2. 苏艺虹. 客舱监管工作的系统化工作方法："九九归一法"[EB/OL]. （2021-11-02）[2024-05-15]. http://att.caacnews.com.cn/zsfw/kjrs/202111/t20211102_59995.html.

本章总结

客舱设备是飞行适航标准的基本要求，更是保证客舱安全必不可少的硬件条件。客舱设备管理作为设备使用的前提，管是为了更好地使用，需要遵守法律制度，有明确的分工与责任。同时，通过严格的训练使乘务员获得必备的操作技能，要关注操作中失误的原因，并采取必要的预防措施。

思考与复习

思考题

1. 如何充分认识法律制度与客舱设备使用的关系?
2. 如何发挥客舱设备管理在客舱设备使用中的应有作用?

复习题

1. 客舱设备管理的主要内容包括哪些?
2. 客舱设备管理法规及规章的主要内容?
3. 乘务组在客舱设备使用中承担的责任?如何进行分工?
4. 客舱设备使用资质要求及获得程序?
5. 客舱设备操作失误有哪些主要原因?如何进行预防?

第八章 客舱设备的检查及使用中常见故障处置

【学习目的】

为了保证客舱设备处于良好的待用状态,除了专业部门的例行维护保养外,客舱乘务员需要按规范对执飞客机的客舱设备进行检查,确保各类设备处于良好状态,及时发现问题,做好记录,按程序上报,对可处理的各种故障进行处置。通过本章的学习,应达到以下目的:

1. 客舱设备检查的内容;
2. 客舱设备检查的规范;
3. 客舱设备检查的分工;
4. 了解客舱设备使用中常见的故障;
5. 了解客舱设备使用中常见的故障处置。

【核心思想】

1. 客舱设备是个系统性问题,设备检查是重要的组成部分,也是为了动态保证设备可用性的重要保证。因此,检查是保证设备处于良好的运行状态的前提;
2. 在使用过程中,客舱设备必然会出现磨损或失效,及时发现才能有备无患,才能确保客舱安全落实到实处。

【素质目标】

1. 严谨的态度与一丝不苟的作风;
2. 塑造高度的责任心。

第八章　客舱设备的检查及使用中常见故障处置

【能力目标】

1. 客舱检查法规与程序的执行能力；
2. 处置设备故障的实操能力。

【引导案例】

国航上海客舱部组织乘务员学习排除客舱设备故障

近日，中国国际航空股份有限公司（Air China Limited，简称"国航"）上海分公司客舱服务部为提升空中服务质量，增强乘务人员正确合理使用客舱服务设备的安全意识，有效降低客舱服务设备的故障率，提高客舱乘务人员空中处理简单客舱服务设备故障的业务能力，为旅客带来舒适、美好的空中体验，特别邀请了国航工程技术分公司上海机务维护中心的空中客车 A340 客舱设备维护专业人员为客舱乘务员、乘务长讲解空中如何处理常见的客舱设备故障，并回答了乘务员的提问。

此次培训从国航上海分公司客舱服务部领导到一线飞行的乘务人员都给予了高度的重视，这也是国航上海分公司客舱服务部首次在机务人员和乘务员之间搭建信息沟通的交流"平台"。驻沪的国航本部客舱服务部的主任乘务长也利用了航后休息时间参加了本次培训交流，"这让我们接触到了乘务工作领域之外，与乘务工作息息相关的东西。"这是来自一名国航本部客舱部的主任乘务长对本次培训的感言。

资料来源：顾俊. 国航上海客舱部组织乘务员学习客舱设备故障[EB/OL].（2009-03-06）[2024-05-15]. https://news.carnoc.com/list/127/127809.html.

第一节　客舱设备的检查

一、基础设备检查

（一）舱门检查

飞机舱门是用于进出机舱的一种部件。在正常情况下，面向飞机头的左侧舱门为登机门，供乘客、机组上下飞机使用；右侧舱门为服务门，供对接食品车、清洁车等车辆使用。在紧急情况下，舱门也可以作为应急出口使用。在乘务员进行直接准备检查前，除旅客登机口外，其他舱门已经关闭，在等到机长指令后，关闭旅客登机门。驾驶舱（如 B737-800 机型）有四个舱门指示灯，关闭舱门后如果指示灯是亮的，说明舱门没有关好，必须重新打开、重新关闭。舱门的主要检查包括是否已关闭定位并且没有夹带物品；门内工作灯是否正常工作；滑梯包压力指针是否处于绿色区域。

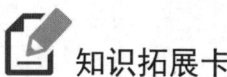知识拓展卡

为什么机舱门关闭之后不能再次打开上客

为了让飞机能准时安全地起飞，须维护机场运营秩序，除非有特殊情况，否则不允许

第二次为旅客登机开舱门。机舱闭门后，只有机组有权力决定是否开门，这与为一般旅客提供个性化服务无关。飞机上多数人的利益排第一位，个别误机的，只能自己承担后果和损失。理由如下：

第一，保证民航飞行秩序。

根据民航有关规定，飞机的起飞时间非飞机离地的时间，而民航班期时刻表向旅客公布的起飞时间是指地面保障工作完毕，飞机关上客、货舱门的时间。

第二，停止办理乘机手续到关舱门之间，机场工作的限制。

在停止办理乘机手续到关舱门之间，机场方面要做大量的保障工作，一旦某一工作延迟，将影响飞机的起飞。

（1）运输值机、配载人员要根据结算旅客人数、行李件数，结合货运装运情况计算飞机载重，画出平衡表和重心位置，做好舱单后送交机组签字。

（2）将旅客托运的行李核对清楚后装上飞机。

（3）要对办完乘机手续的旅客进行安全检查。

（4）广播通知旅客到指定登机口检票，并引导旅客登机。如果登机旅客须使用摆渡车运送，那么耗时将更长。

第三，起飞前客舱工作的限制。

乘务员清点机上旅客人数，并与地面检票情况进行核对，防止有人漏乘。然后进行飞机起飞前的准备工作，向旅客讲解有关注意事项和机上设备使用方法，并检查行李架上的行李是否放好，旅客的安全带是否系好，等等。

（二）客舱座椅

1. 乘务员座椅

乘务员座椅是为机组人员设置的，通常是自动折叠座椅。乘务员座椅由弹跳式座席、肩带、腰带束紧式安全带、防冲撞头垫组成。

检查方法：自动收起状态是否正常，安全带必须收缩自如，两头搭扣是否匹配。

2. 旅客座椅

（1）靠背。乘客座椅的靠背是可以调节的，调节按钮位于座椅扶手上。在飞机起飞、降落、应急撤离时，座椅靠背必须调直。注意：位于紧急出口附近座椅的靠背是不可以调节的，便于在发生紧急情况时快速撤离。

检查方法：旅客座椅的前后调节功能是否正常，在地面时是否处于固定垂直状态。

（2）扶手。座椅扶手上安装有椅背调节按钮、耳机插孔、音频调节按钮等。座椅扶手可以抬起。

检查方法：各种功能是否正常，表面是否干净整洁。

（3）坐垫。飞机在水上迫降时，坐垫可用作漂浮物。

检查方法：配置是否齐全，表面是否干净整洁，无污渍。

（4）安全带。在飞机起飞、下降、颠簸等情况下要系好安全带，以保证安全。

检查要求：

① 旅客座椅具有可前后调节的功能，在地面时必须处于固定垂直状态，安全带的两头

搭扣必须匹配；

② 检查加长安全带、婴儿安全带，确保齐全，无破损、无起毛、无明显污渍。

（5）行李挡杆。行李挡杆位于经济舱座椅下方，在飞机起飞、下降时起到固定行李的作用。

检查内容：是否符合使用要求。

（6）小桌板。经济舱小桌板位于座椅背后，供乘客用餐时使用；经济舱第一排和头等舱的小桌板是折叠式的，位于座椅扶手内。在飞机起飞、下降、应急撤离时需要收起小桌板。

检查要求：是否清洁，操作是否灵便。

（7）座椅口袋。座椅口袋位于座椅背后，一般放置航空公司宣传杂志、安全须知卡、报纸、清洁袋等物品。

检查要求：无杂物，确保整洁，安全须知卡、应急出口旅客须知卡数量正确，并且符合安全规定。

（8）救生衣存放袋。在每个乘客座椅下方或扶手旁口袋内，均备有一件救生衣，在水上逃生时使用。

检查要求：数量是否齐全，是否在位、固定牢固。

（三）检查客舱行李架

行李架存放旅客行李及部分应急设备，是客舱安全与服务的重要设备，需要随时处于良好的可用状态。

检查内容：

（1）清理检查：无遗留物品；

（2）功能检查：表面及内部清洁，没有被损坏，翻盖自如，确认关闭时锁扣可以扣紧；

（3）旅客登机时确保盖板全部开启，其他时间必须关好扣紧。

（四）观察窗及遮光板检查

每个客舱均有若干窗口，即观察窗，并配置遮光板，应急出口遮光板向下打开，其他窗口的遮光板均向上打开。飞机起飞或降落时，均须打开遮光板，这样便于发现机外情况，消除安全隐患。

检查要求：整洁无污渍，遮光板开闭自如。

（五）检查衣帽间及储物柜

衣帽间用于放置头等舱乘客的衣物、婴儿摇篮和其他物品。须检查：是否干净整洁，无异物；确认门可关闭并锁闭。

二、检查客舱服务设备

（一）检查卫生设备

1. 卫生间的使用状态

当有人占用卫生间并把门闩锁上时，卫生间门口的显示牌显示"OCCUPIED"（有人）；

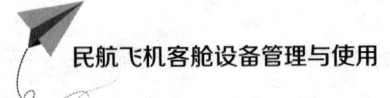

民航飞机客舱设备管理与使用

卫生间没被占用时,卫生间门口的显示牌显示"VACANT"(无人)。

特殊情况下,乘务员可以从外部打开或锁上卫生间的门,方法是:打开卫生间门口显示牌上方的盖板,向左侧或右侧拨动盖板下的门闩即可。

2. 检查卫生间主要设备状态

(1)烟雾探测器。每个卫生间的顶部均安装有烟雾探测器。当卫生间烟雾达到一定浓度时,探测器会自动启动,发出警报,同时探测器的红色警报指示灯亮。待烟雾驱散干净后,红色警报指示灯熄灭,同时警报声停止。

检查方法:确认烟雾探测器电源指示灯亮。

(2)自动灭火装置。自动灭火装置位于洗手池的下方,包括一个海伦灭火器和两个指向垃圾箱的热启动喷嘴以及一个温度指示器。

通常情况下,灭火器的喷嘴是用密封剂封住的,温度指示器标牌为白色。当卫生间温度达到77~79℃时,指示器标牌由白变黑,灭火器喷嘴的密封剂自动融化,开始喷射。当灭火剂释放完后,灭火器喷嘴颜色由黑变白。

洗手间自动灭火装置的检查内容:

① 检查洗手间内废物箱上方自动灭火装置的压力表,指针必须在绿色区域内,热溶帽必须呈白色或黑色;

② 废物投入处的金属盖板必须能自动闭合;

③ 温度指示标牌的所有圆点均为白色,如果任何一点呈黑色都要及时改换。

3. 卫生设备服务状态检查项目

(1)确定卫生间内无外来人、外来物;

(2)确保马桶抽水系统工作正常;

(3)确保垃圾箱盖板、坐便器盖板放好,并且能正常工作;

(4)确保洗手池用水系统正常;

(5)确保台面、镜面、坐便器、地面干净;

(6)检查卫生用品(香皂、卫生纸、马桶垫纸、清洁袋、香水等)是否放于指定位置并摆放整齐。

(二)检查厨房设备

1. 厨房主要设备的状态

(1)烤箱:烤箱用于加热食物。操作时,应根据食物性质选择确定时间、温度后启动;

(2)热水器和烧水杯:热水器和烧水杯都是用来烧煮热水的。热水器可将冷水加热到88℃,可让乘客饮茶、喝咖啡时使用;烧水杯可将热水器内的水加热到100℃。

2. 厨房设备检查项目

(1)确定厨房内无外来人、外来物;

(2)检查、确保厨房电器设备处于正常状态;

(3)检查、确保厨房水供应充足(后乘务员面板控制);

(4)检查厨房地板、服务台、烤炉、冰箱等是否清洁;

（5）检查餐车、水车、储物柜的锁扣是否齐全且扣好。

（三）检查旅客服务组件

旅客服务组件是直接为旅客提供个性服务的设备，单通道客机位于座位的上方，须保证其功能正常。

设备检查要求：确认服务组件的通风孔、阅读灯及其开关、呼叫按钮、扬声器、氧气面罩储存面板、信息指示牌等功能正常，使用情况良好。

（四）检查乘务员控制面板

不同机型的乘务员控制面板的功能和模式相同，一般设有前乘务员控制面板和后乘务员控制面板。控制面板都是模块集成，乘务员只需检查其完好与否，是否处于良好的工作状态。

（五）客舱通信系统检查

1. 客舱内话系统

客舱内话系统可以实现驾驶舱成员、客舱乘务员以及全机各个维护和服务区域之间的通话。在进行客舱内话时，应取下内话机，然后按压相应按键呼叫相关人员。按压"RESET"键或将内话机挂回支架，则通信终止。

检查要求：确认是否处于正常工作状态。

2. 检查乘客广播系统

乘客广播系统主要用于对客舱进行广播。驾驶舱广播、乘务员广播以及预录通告都是通过乘客广播系统完成的。该系统通过扬声器从驾驶舱或客舱乘务员处向客舱区域、厨房区域和盥洗室区域进行乘客广播。

设备检查要求：确认是否处于正常工作状态。

（六）检查其他服务设备

1. 检查婴儿摇篮

要确保功能正常，干净无污渍。

2. 检查机上轮椅

要确保在位、轮椅功能正常，干净清洁、无污渍。

3. 检查麦克风

麦克风必须存放在一个规定的可快速释放的固定架上，还要检查其音响效果。

4. 检查扩音器

要确保扩音器在位、安装牢固，干净，无污迹。

三、检查应急设备

乘务员登机后，根据各自的职责对照《应急检查单》，检查、核实应急设备的位置，

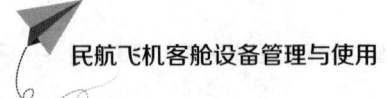

确认处于待用状态。发现问题应立即通知机务部门,并在《客舱记录本》上完整记录。

(一)检查灭火器

飞机上均配有水剂灭火器和海伦灭火器。水剂灭火器内装有水和防冻剂混合液,适用于扑灭 A 类火情,如布类、纸张的灭火。海伦灭火器内装有加压液化气,适用于任何类型的火情。

设备检查的要求:

(1)确保手提灭火器在位,安装牢固,无使用过的痕迹;

(2)压力指示针在绿区,灭火瓶表面干净整洁,无污迹。

检查中的风险提示:① 检查时误将封签、保险丝、安全销等弄坏;② 通过压力指示、安全销、铅封和保险丝检查、确认有无被使用。

(二)检查防烟镜和防烟面罩

防烟镜一般在烟雾充满驾驶舱时使用,可以保护机组人员的眼睛不受伤害,从而保证继续飞行。防烟面罩一般在失火和有浓烟的客舱封闭区域使用,可以保护机组人员的眼睛和呼吸道不受烟雾、毒气伤害。

检查内容:防烟面罩(PBE)在位、PBE 安装盒是否完好、安装封签是否封严、适用性指示器状态是否正常、PBE 安装盒上的透明盖板或标签是否完好。

检查中的风险提示:检查时误将封条弄坏,标签标牌容易脱离。

(三)检查石棉手套

石棉手套位于驾驶舱的储藏箱内,具有防火隔热的作用,当驾驶舱失火时,飞行员戴上它可以继续操控飞机;乘务员灭火时也可使用。

检查要求:确认在位,数量符合要求,处于可用状态。

(四)检查盥洗室的烟雾探测器和自动灭火装置

盥洗室的烟雾探测器在烟雾达到一定浓度时,能够及时发出警报以便乘务员及时处理。自动灭火装置在盥洗室温度达到一定高度时,能够自动启动,喷射海伦灭火剂。

盥洗室的烟雾探测器检查要求:确认烟雾探测器的绿色电源灯供电之后保持亮灯状态。

洗手间自动灭火装置的检查要求:

(1)检查洗手间内废物箱上方自动灭火装置的压力表,指针必须在绿色区域内,热溶帽必须呈白色(或黑色);

(2)废物投入处的金属盖板必须能自动闭合;

(3)温度指示标牌的所有圆点均为白色,如果任何一点呈黑色都要及时改换。

(五)检查氧气供给设备

氧气系统的功能是确保在飞行中飞机机身在失压的紧急情况下为机上人员提供呼吸用氧气。飞机氧气系统由两套完全独立的氧气系统,空勤氧气系统、旅客氧气系统(包括乘务员)组成,此外各机型客舱内还配有便携式氧气装置。

1. 氧气面罩

氧气面罩是在紧急情况下供机上人员吸氧的工具。飞机上的氧气面罩分别储藏在驾驶舱飞行机组控制台座席前面、乘客服务组件内、盥洗室内及乘务员座椅上方。

当飞机的座舱高度超过 4200 米时,氧气面罩会自动脱落。此外,乘客氧气面罩也可由驾驶舱人工操作使其脱落。

氧气面罩检查内容:

(1) 每次飞行前,使用防护式呼吸装置的飞行机组成员应当对其值勤位置上的防护式呼吸装置进行检查,以确保该设备功能正常,适于工作;

(2) 安装在飞行机组成员工作位置以外的每个防护式呼吸装置应当由指定的机组成员检查,确保每个装置都存放适当,适于工作,对于非化学氧气发生器系统,呼吸气源应充满;

(3) 合格证持有人在其运行手册中应当指定至少一名机组成员在该飞机当天首次起飞前进行上述检查,如果更换机组,则应当重新执行该检查。

2. 便携式氧气瓶

便携式氧气瓶通常供在飞行中出现突发病的乘客使用。此外,还可以在客舱释压的应急情况下使用。

检查内容:

(1) 确保在位、安装牢固、无使用过的痕迹,每个氧气瓶至少配备一个氧气面罩,多余的氧气面罩无须拆除;

(2) 气瓶压力指示针在绿区,表面干净,无污迹。

检查中的风险提示:检查时勿触碰开关。

(六) 检查救生船

救生船用于水上迫降时撤离乘客。救生船为圆形或者椭圆形,折叠后装入包装袋中,储藏在行李箱或舱顶。在发生紧急情况时,应迅速为救生船充气并投入使用。救生船的断开手柄、人工充气手柄、缠绕好的系留绳位于包装袋上一块颜色鲜明的盖布下。配件包括:(1) 救生包;(2) 天棚;(3) 天棚支柱;(4) 通风窗口;(5) 海锚;(6) 刀子;(7) 定位灯;(8) 救助绳;(9) 充气孔。

检查要求:确保救生船安装在位,包装完好,包装绳无松动或损坏现象,拉手绳索妥善存放在侧面包装袋中。

检查中的风险提示:救生船侧面包装袋中的绳索易脱出或包装绳索散包时,可能导致救生船失效,后续搬运时有易释放的风险。

(七) 检查救生衣

救生衣是机上应急救生设备之一,供漂浮时使用。在乘客座椅的下方或扶手旁边的口袋里备有一件成人救生衣,此外,机上还备有儿童救生衣和婴儿救生衣。为了便于区分,一般乘客救生衣是黄色的,而机组人员救生衣是红色的。

救生衣上安装有定位灯,遇水自动亮起,便于救护人员寻找落水人员。

检查要求：

(1) 确保旅客、备用救生衣齐全在位，救生衣干净整洁、无破损、无明显污迹；

(2) 救生衣盒安装牢固、无脱落；

(3) 备用救生衣在有效期内。

检查中的注意事项：

(1) 救生衣的有效期可以通过核实救生衣包本体、救生衣包装本体、实寿标签或新 RFID 标签上的寿命进行判断；

(2) 旅客救生衣与备用救生衣可以互换使用。当旅客救生衣失效或缺失时，备用救生衣可以直接放入旅客座椅上使用，并只需办理留用手续，无须办理旅客座位限制。

（八）检查应急照明灯

当发生紧急情况，飞机主电源失效时，机上应急照明灯会自动运行。机上应急灯照明包括机内照明和机外照明两个部分。机内照明包括区域应急灯、出口指示灯和出口路径灯。机外应急灯为逃生滑梯提供照明。

检查要求：打开应急灯开关，查看应急灯是否处于完好状态。（注意：地板应急指示灯连续 2 个以上不亮，飞机便不允许起飞。）

（九）检查应急手电筒

在乘务员座椅下方备有手电筒，从座椅下方取出后会自动亮起。当飞机遇到紧急情况中止照明时，乘务员可迅速取出手电筒提供照明。

检查要求：确保应急手电筒安装在位，绑带无破损或丢失，手电筒或支架上的 LED 常亮或正常闪亮。如有问题，参照手册或文件处理。

（十）检查应急斧

检查要求：确保应急斧在位、安装牢固；安装支架无破损、无松动。

（十一）检查应急定位发射机

应急定位发射机（简称 ELT）是飞机上的应急通信设备，具有自动向卫星发送地点信号的功能，可用于飞机发生事故后的应急定位，有助于搜救。

检查要求：确保 ELT 在位、安装牢固；安装支架无破损、无松动、无脱落。

（十二）检查出口座位

出口座位是指飞机客舱紧急出口旁边的乘客座位。乘客从该座位可不绕过障碍物直接到达应急出口。

民航法规要求，坐在出口座位的乘客在发生紧急情况时，应能够协助机组人员。因此，在乘客登机关闭舱门之前，应该对坐在出口座位的乘客进行评估，以确保其对乘客安全须知卡上列明的责任是理解的。

检查要求：查看《出口座位乘客须知卡》是否在座椅背后的口袋里，与所飞机型是否相符，有无破损。

(十三) 检查应急医疗箱和急救箱

根据我国民用航空局《航空安全 CCAR-121 手册》的规定，民航飞机在载客时，应配备至少一个急救医疗箱以及与飞机所容纳人数相对应的数个急救药箱，存放在机组人员便于取用且防尘、防潮、防损坏的地方。

检查项目包括：

（1）查看应急医疗箱（emergency medical kit）及指示标签安装在位，数量和位置与应急清单保持一致；

（2）检查急救箱（first aid kit）及指示标签安装在位，数量和位置与应急清单保持一致；

（3）检查、确保卫生防疫包及对应标牌安装到位，数量和位置与应急清单保持一致。

检查中的注意事项：

急救箱应用于对旅客或机组成员受伤止血、包扎、固定等应急处理，使用情况、状态和有效期由乘务和航医中心负责控制。

检查中的风险提示：急救包与救急箱为同一部件，如果在其他文件中或标签中出现"急救包"时，所指为应急箱；注意区分应急医疗箱和急救箱；检查时勿将发条和铅封弄坏，勿与急救箱混淆。

（十四）检查紧急逃离滑梯

1. 检查紧急逃离滑梯硬件

（1）确保滑梯包在位，滑梯包罩牢固，无松动、无脱落；

（2）滑梯包气压瓶压力指示在蓝色区。

2. 检查紧急逃离滑梯操作

（1）起飞前关闭机舱门，"滑梯预位"。

在飞机起飞前，报告机长并得到允许后关闭机舱门，乘务长通过广播系统下达"滑梯预位"指令：各号乘务员依乘务长指令"操作滑梯预位"，并相互检查；各舱门滑梯预位后，乘务员依照乘务长的指令，通过内话系统报告滑梯预位情况；乘务长报告机长滑梯预位情况。

（2）航班到达时，"解除滑梯预位"。

在飞机到达停机坪机位，"系好安全带"指示灯熄灭后，乘务长通过客舱广播系统下达"解除"指令，各号位乘务员执行解除滑梯预位操作，互相检查，起飞前，报告机长并得到允许后关闭机舱门，乘务长通过广播系统下达"滑梯预位"指令：各号乘务员依乘务长指令"解除滑梯预位"。

（十五）检查应急灯光

按乘务员控制面板上的应急灯光按键。机门口和应急窗口的出口标志灯及出口指示灯必须亮起，机门口和应急窗口地板灯、客舱天花板应急灯、地板上或椅腿上的撤离路径灯必须亮起。

（十六）检查其他应急设备

1. 检查《旅客安全须知》

所有《旅客安全须知》必须与该机型匹配，出口座位的《旅客安全须知》必须配备齐全。

2. 检查防寒抗浸服

确保在位，铅封无损坏，表面干净、无污渍。

3. 检查体外自动除颤仪

确保体外自动除颤仪在位。

4. 检查机载信标机

机载信标机必须存放在一个规定的可快速释放的固定架里，其天线必须固定在天线夹内，塑料袋必须裹在信标机机体上，并被信标机的拖线缠住。

第二节 客舱设备使用中的故障处置

客舱设备均由机务人员进行维护，使其符合适航标准。乘务员进入客舱进行飞行准备时，均按岗位分工，检查客舱设备，对出现的客舱设备问题请求机务维修，在飞行使用过程中，若发现问题，需要快捷地处置。

一、客舱乘务员折叠式座椅故障处置

一旦客舱乘务员折叠式座椅损坏，主任乘务长/乘务长必须报告机长，并做以下处置：
（1）损坏的客舱乘务员座椅不能安排任何人员就座；
（2）该席位客舱乘务员应被安排在距离损坏座椅最近的客舱座位上，其职责不变；
（3）该客舱乘务员就座的客舱座位应注明"限客舱乘务员使用"；
（4）将该故障填写在《客舱维修记录本》和《乘务日志》上。

二、登机门故障的处置

一旦登机门出现故障，主任乘务长/乘务长必须报告机长，并做以下处置：
（1）根据最低设备放行清单限制旅客数量；
（2）出现故障的登机门不可以使用，客舱乘务员应随时监控该登机门；
（3）在该登机门的显眼位置贴挂"故障标牌"；
（4）调整坐于该登机门附近的旅客；
（5）通告旅客使用其他登机门；
（6）发生紧急情况时，客舱乘务员应留守在该登机门旁边，通告旅客使用其他有效出口撤离飞机；

(7)将故障填写在《乘务日志》和《客舱维修记录本》上。

三、内话机故障的处置

一旦内话机出现故障，主任乘务长/乘务长必须报告机长，并做以下处置：

（1）驾驶舱/客舱内话机出现故障时，可使用旅客广播系统，或乘务组与驾驶舱制定另一种通信联络方式；

（2）将故障填写在《客舱维修记录本》和《乘务日志》上。

四、"系好安全带/禁止吸烟"灯故障的处置

一旦出现"系好安全带/禁止吸烟"灯故障，主任乘务长/乘务长应报告机长并将故障填写在《客舱维修记录本》上，必要时广播通知旅客。

五、旅客广播系统故障的处置

一旦旅客广播系统出现故障，主任乘务长/乘务长必须报告机长，制定与旅客联系的方式，并考虑旅客的座位安排和服务需要，联系的备份方式采取以下方式：

（1）个别简介；
（2）小组形式简介；
（3）使用扩音器；
（4）将故障填写在《客舱维修记录本》上。

六、厨房非正常情况的处置

一旦厨房出现非正常情况，主任乘务长/乘务长必须报告机长，并按表8-1所示内容进行处置。

表8-1 厨房非正常情况处置方法

序 号	情 况 描 述	处 置 方 法
1	跳开关跳出	查阅"厨房火警"处置
2	烤箱异常声响或其他故障	
3	烧水杯不能正常工作	
4	烧水器不能正常工作	
5	冷藏装置故障	
6	电器连接电源后指示灯不亮	
7	红色锁扣松动或脱落	
8	下水道堵塞，水阀门失效	1. 通告机务人员。 2. 相应的储藏柜/区域不可以存放任何物品。 3. 禁止使用该水槽。 4. 下水道堵塞后，关断水阀门。

注：主任乘务长/乘务长根据厨房非正常情况填写《客舱维修记录本》和《乘务日志》

七、餐车故障的处置

一旦餐车出现故障,客舱乘务员应报告主任乘务长/乘务长,再由主任乘务长/乘务长将卫生间的非正常情况报告机长,并做如下处置:

(1) 在出现故障的餐车上贴挂"故障标牌";

(2) 将该故障填写在《乘务日志》上。

八、卫生间非正常情况的处置

一旦卫生间出现非正常情况,客舱乘务员应报告主任乘务长/乘务长,再由主任乘务长/乘务长将卫生间的非正常情况报告机长,并按表8-2所示内容进行处置。

表8-2 卫生间非正常情况处置方法

序号	情况描述	处置方法
1	马桶冲刷手柄不能自动复位	拉出位于马桶外侧底部的人工关闭手柄
2	洗漱池水阀门故障	转动供水阀门至仅供抽水马桶位或关断位
3	出现烟雾或烟雾探测器鸣叫,并有火警提示(温度指示标牌的颜色由灰白变黑、客舱乘务员必须熟知该卫生间自动灭火装置的两个喷嘴颜色由黑变白) 注:通常情况下,灭火器的喷嘴是用密封剂封住的,温度指示器标牌为白色。当卫生间温度达到77~79℃时,指示器标牌由白变黑,灭火器喷嘴的密封剂自动融化,开始喷射。当灭火剂释放完后,灭火器喷嘴的颜色由黑变白	1. 倒空废纸箱,关闭卫生间,除机组成员检查外,不作任何使用 2. 客舱乘务员必须熟知该卫生间最近距离的灭火器位置
4	水加热器火警	查阅"卫生间火警"规范
5	水加热器发生故障	将水加热器电门拨至关断"OFF"位
6	内外卫生间门上的烟灰缸不齐全	倒空废纸箱,挂上故障标牌,禁止旅客使用
7	卫生间的门不能正常打开	查阅"卫生间"规范

注:主任乘务长/乘务长根据卫生间的非正常情况,填写《客舱维修记录本》和《乘务日志》

思政拓展

客舱门交叉检查——相互信任与监督

背景资料:

民航客机的舱门配备滑梯,用于紧急情况下,在舱门处于关闭状态时,直接开启舱门,滑梯自动充气弹出，让大家迅速撤离。为此，乘务组始终将安全隐患"零容忍"的工作作风贯穿于飞行全过程，对重要设备检查环节，如清舱检查、机门检查、应急设备检查，实施"交叉检查"，即"两人制"操作机门制度。

交叉检查是飞行员和乘务员通用的术语，意思是"你检查我的工作、我检查你的工作"。在机舱里，乘务员会相互检查他人的工作以确定舱门的疏散滑道是否被启动。

交叉检查的英文是"crosscheck"，意思是机组成员之间、设备间、机组和空中交通管制员（ATC）之间进行相互检查和证实。之所以强调交叉检查，其理论基础就是：凡是人都会出错。有一组实验数据：1992年，有个研究团队对一组飞行员进行了44小时的飞行观察，观察员（认知心理学家）觉察到机组犯了162个错误，这是在无法将所有立即改正的错误都统计在内的保守估计。在这162个错误中，机组觉察到了157个错误并立即改正。得克萨斯大学一位教授在3500个航段的观察员位置进行观察后，得出了参照错误率：72%的飞行至少有一个错误，平均一次飞行有两个错误，85%的错误未造成任何后果，15%的错误对飞行有影响，违规或不按程序操作占错误总量的54%，常规程序错误占29%。

只有交叉检查能够形成管理闭环，各种操作才能正确地落到实处，加强个人和团队安全监控的标准策略。它既是集体型的错误检测工具，也是机组进行错误管理的专业工具。它认证了一句老话，"旁观者清，别人往往比自己可能更容易觉察到错误的存在。"

资料来源：1. 郝继颖，张可. 客舱服务部乘务三分部开展"交叉检查、互学共进"主题安全活动[EB/OL]. （2023-02-18）[2024-05-15]. https://mp.weixin.qq.com/s?__biz=MzAxMTYzMjEwNw==&mid=2650011373&idx=5&sn=fc6221ecf65da52d03619fbaab38fecd&chksm=83b97a69b4cef37faa126b9146c442fdf4199d93c0f64dc13265bd99c962843fc44c72f65629&scene=27.

2. 赵宇. 舱门安全管理研讨[EB/OL]. （2013-04-22）[2024-05-15]. http://news.cnair.com/c/201304/47527.html.

思政启发：

客舱安全无小事，客舱设备检查与操作是客舱安全的重要组成部分，民航安全的一系列措施都是民航人不断探索与智慧的结晶。"交叉检查"看似普通不过的道理，但给民航安全带来的进步远远超过这四个字本身。

启发1： 从早期飞行探索到今天现代民航的安全飞行，你能体会出什么？

启发2： 管理闭环是使一件事做得更加完美的重要举措，客舱设备检查，特别是安全设备检查，不仅是责任心的问题，更是正确方法的保证。

启发3： 在安全问题方面，民航人具有非凡的品质，这需要博大的胸襟和不懈的追求。

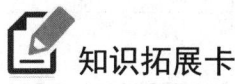 知识拓展卡

乘务员客舱检查单（仅供参考）

乘务员客舱检查单如表8-3所示。

表8-3 乘务员客舱检查单

检查项目		航前 是(√)否(×)	航后 是(√)否(×)	情况说明
应急设备	灭火瓶在有效期内，铅封完好			
	手提式氧气瓶压力指针在红色区域，氧气瓶在有效期内			
	防烟面罩铅封完好，在有效期内			
	救生衣数量、位置准确			
	座位安全带、肩带完好			
	个人手电筒有电，可亮灯			
	客舱记录本记录故障已排除			
	客舱安全演示设备齐全可使用			
	水表满格			
	烟雾探测器绿灯闪亮			
	厨房及厕所的废物箱门关好			
	急救药箱在固定位置，铅封完好			
	应急医疗药箱在固定位置，铅封完好			
卫生间	马桶垫圈是否完好整洁			
	洗手池及周边台面是否洁净			
	蓝液是否按标准配备（豪客2包，319/湾流4包）			
	洗手池水龙头可否正常使用			
客舱	座椅及沙发移动功能正常，无异物染色、污渍残留和异味			
	灯光正常照明			
	小桌板可自由抽放，表面无污渍残留、无异味			
	地毯及脚垫表面无污渍残留、污染，无异物染色和异味			
	侧装饰板/顶板表面无污渍残留、污染，无异物染色和异味			
	遮光板收放自如			
	娱乐系统显示器、可收放式显示器活动自如，可正常播放			
	厨房/客舱内抽屉抽拉自如，锁扣完好可用，内部清洁无冰块或水等异物残留			
	隔舱遮帘，帘布平整、表面无污染和异物染色，无异味			
	毛毯、被子是否干净完好			
	靠垫是否干净完好			
	门帘按扣及滑块是否完好			
	隔舱门开启自如			
	客舱服务设备是否正常			
	安全须知及应急出口须知是否配备			

第八章　客舱设备的检查及使用中常见故障处置

续表

检查项目		航前 是（√）否（×）	航后 是（√）否（×）	情况说明
服务间	烧水杯是否洁净，能否正常工作			
	咖啡壶是否洁净，能否正常工作			
	烤箱是否洁净，能否正常工作			
	微波炉是否洁净，能否正常工作			
	抽屉是否洁净			
机供品	机供品是否按标准配发，质量是否合格			
	机供品剩余情况			
航后	进行客舱清舱检查			
	与航食交接餐具签单			
	打扫客舱卫生			
	马桶冲水是否正常，是否有堵塞现象			
	换组交接工作及注意事项			

备注：应急设备的检查只需要航前检查即可！字体加粗项为最低检查项（客人需要马上起飞，航前准备时间不充分时可只检查字体加粗项，但要在情况说明中说明原因）。

执行飞行任务前后，当班乘务员须根据以上项目检查并记录应急设备、客舱环境卫生、客舱设备及机供品剩余情况并反馈给服务保障部。

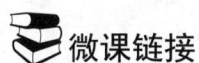 微课链接

本章授课与学习思路引导

 推荐阅读

视频第十八期《客舱十五项安全检查》[EB/OL]．（2021-08-25）[2024-05-15]．https://v.qq.com/x/page/k3270vo945z.html．

 本章总结

客舱设备检查与故障处置是客舱运行与客舱安全的基础工作。客舱设备的功能是面向安全的与服务的，规范操作、检查是保证客舱设备正常运行的基础。其中，客舱设备检查是乘务员在飞行直接准备阶段的核心工作，需要规范与程序，根据每个乘务员的分工，进行检查或交叉检查，并能及时发现问题，妥善处理，而客舱设备使用中故障处置更侧重于发现问题，及时对故障进行处置，特别是飞行过程中出现的问题，需要乘务员具备一定的技能。

思考与复习

思考题

1．客舱设备的老化所带来的功能失效，对飞行中客机的影响与其他地面运输设备的影响有什么不同？

2．如何认识客舱乘务员了解客舱设备常识与具备维护基本素质的必要性？

复习题

1．客舱设备检查的基本要求。

2．客舱主要设备检查的主要内容。

3．客舱主要设备容易出现的故障及基本处理方法。

参 考 文 献

[1] 张丽，谢春讯. 客舱设备运行及管理[M]. 2版. 北京：旅游教育出版社，2010.

[2] 航空知识. 内蒙古首家支线航空公司成立，国产ARJ21成主力军[EB/OL]. [2018-08-21]. https://www.sohu.com/a/249213695_628944.

[3] 辜英智，刘存绪，魏春霖. 民航客舱设备常识[M]. 成都：四川大学出版社，2017.

[4] 贾丽娟. 客舱服务技能与训练[M]. 北京：旅游教育出版社，2009.

[5] 盛美兰，江群. 民航客舱设备操作与管理[M]. 北京：中国民航出版社，2013.

[6] 何佩，刘小红. 客舱安全与应急处置[M]. 北京：中国民航出版社，2007.

[7] 薛佳秋. 民航客舱应急[M]. 北京：中国民航出版社，2016.

[8] 汤黎，何梅. 客舱安全管理与应急处置[M]. 北京：国防工业出版社，2016.

[9] 赖怀南. 民航运输服务概论[M]. 北京：中国民航出版社，2009.

[10] 周为民，苗俊霞，车云月，等. 民用航空客舱设备教程[M]. 北京：清华大学出版社，2014.

[11] 苗俊霞，周为民，杨桂芹，等. 民用航空安全与管理[M]. 北京，清华大学出版社，2015.

[12] 赵鸣，徐振领. 客舱设备与服务[M]. 北京：国防工业出版社，2013.

[13] 孙佳，王文俊，张向晖，等. 民航安全管理与应急处置[M]. 北京：中国民航出版社，2012.

[14] 《飞机设计手册》总编委会. 飞机设计手册11：民用飞机内部设施[M]. 北京：航空工业出版社，1998.

[15] 龙江，周斌，庞杰. 飞机系统[M]. 成都：西南交通大学出版社，2017.

[16] 今夜秋水02. 商用航空百年简史[EB/OL].（2014-01-06）[2019-01-03]. http://www.360doc.com/content/14/0106/07/11434012_342954450.shtml.

[17] 适航与安全. 民用航空器客舱安全的起源与发展[EB/OL].（2015-01-12）[2019-01-03]. http://news.carnoc.com/list/303/303891.html.

[18] 昂海松，余雄庆. 飞行器先进设计技术[M]. 2版. 北京：国防工业出版社，2014.

[19] 徐剑. 民用飞机客舱布置方法研究[J]. 科技信息，2012（28）：435-436.

[20] 柳智慧. 民航飞机客舱设备选型的研究和思考[J]. 中国民用航空，2008（10）：90-91.

[21] 王黎静. 飞机人因设计[M]. 北京：北京航空航天大学出版社，2015.

[22] 周连斌. 基于情景分析的客舱安全文化场景管理研究[J]. 交通企业管理，2014（7）：68-70.

[23] 王忠义. 客舱设备运行[EB/OL].（2018-06-30）[2018-09-15]. http://wenku.baidu.com/view/45677381f524ccbff12184a3.html.